Wolfgang Holzner • Johann Glauninger

ACKER*UN*KRÄUTER

Bestimmung • Biologie • Landwirtschaftliche Bedeutung

stv

Wolfgang Holzner
Johann Glauninger

ACKERUNKRÄUTER

Bestimmung • Biologie • Landwirtschaftliche Bedeutung

Leopold Stocker Verlag
Graz – Stuttgart

Titelbild: Wolfgang Holzner, Wien
Bilder im Textteil: Wolfgang Holzner und Johann Glauninger
Zeichnungen im Text: Vera Csapody, Heide und Gerold Hügin, Elvira Hörandl und Wolfgang Holzner

Bibliografische Information der Deutschen Nationalbibliothek
Die Deutsche Nationalbibliothek verzeichnet diese Publikation in der Deutschen Nationalbibliografie; detaillierte bibliografische Daten sind im Internet über http://dnb.d-nb.de abrufbar.

Hinweis:
Dieses Buch wurde auf chlorfrei gebleichtem, unter den Richtlinien von ISO 9001 hergestelltem Papier gedruckt. Die zum Schutz vor Verschmutzung verwendete Einschweißfolie ist aus Polyethylen chlor- und schwefelfrei hergestellt. Diese umweltfreundliche Folie verhält sich grundwasserneutral, ist voll recyclefähig und verbrennt in Müllverbrennungsanlagen völlig ungiftig.

ISBN 978-3-7020-0988-5

Grafik, Layout und Repro: Werbeagentur Rypka GmbH, A-8143-Dobl-Zwaring, www.rypka.at

Inhalt

Vorwort

Das vorliegende Werk hätte die zweite Auflage des Büchleins von 1981 werden sollen. Dieses war vergriffen, und außerdem hatte sich inzwischen doch Vieles geändert, sodass eine überarbeitete Neuauflage notwendig war. So beschlossen wir, diese Gelegenheit zu nutzen und dem Text eine übersichtlichere, straffere Form zu geben, obwohl dies bis zu einem gewissen Grad auf Kosten der Kreativität gehen musste. Außerdem sollten nun endlich die Farbbilder dazukommen, die auf der Rückseite der ersten Auflage versprochen worden waren. Überdies sollte die Neuauflage mit noch mehr und profunderen Angaben zur landwirtschaftlichen Bedeutung und Bekämpfung ausgestattet werden, wofür der zweite Autor gewonnen wurde.

Im Laufe der letzten Jahrzehnte hat sich in der Unkrautflora sehr viel geändert. Eine ganze Reihe von neuen Arten ist entweder von weither eingewandert bzw. eingeschleppt worden, oder von anderen Standorten wie Bahnanlagen oder Straßenböschungen in die Äcker eingewandert. Die meisten davon konnten hier aufgenommen und auch im Bild dargestellt werden. Obwohl es auf dem Unkrautsektor immer wieder Neues gibt und ganz lokal völlig unerwartete Arten überraschend Probleme bereiten, mussten wir dieses Projekt zu einem bestimmten Zeitpunkt und bei einer limitierten Zahl von Arten zum Abschluss bringen, um die rechtzeitige Erscheinung dieses Buches nicht zu gefährden und den Rahmen nicht ganz zu sprengen. So wird es in den Äckern immer wieder Neues zu entdecken geben. Für Nachmeldungen sind wir Ihnen dankbar!

Auf der anderen Seite verschwand eine ganze Reihe von Arten (aus landwirtschaftlicher Sicht) in die Bedeutungslosigkeit und es wurden daher nicht alle aus der alten Auflage übernommen. Wohl aber haben wir praktisch alle typischen Ackerwildkräuter, d.h. solche, deren Hauptlebensraum oder sogar einziger Lebensraum die Äcker sind, mit hineingenommen, auch wenn sie im Zuge der modernern Landwirtschaft zu Raritäten geworden oder praktisch ganz ausgestorben sind. Die beiden Schwerpunkte sind also einerseits die landwirtschaftlichen Problemunkräuter, denen sehr viel Raum gewidmet wurde, und andererseits die Raritäten und Rote-Liste-Arten. Damit wird das Buch sowohl für Landwirte als auch für Naturschützer interessant (und besonders natürlich für jene, die beides sind, Landwirt und Naturfreund).

Durch all diese Veränderungen wurde aus der „verbesserten Neuauflage" ein völlig neues Buch. Der Nachteil war, dass der Verleger und vielleicht auch der eine oder andere Interessent viele lange und bange Jahre auf das Buch warten mussten, denn inzwischen war der erste Autor an der Seuche MAM (megamultiple activity madness) erkrankt, die heute fast die ganze Bevölkerung so genannter hochentwickelter Nationen in dauernde hektische Betriebsamkeit versetzt, was paradoxerweise dazu führt, dass letztlich nur wenig wirklich zustande gebracht wird.

Ein Vorteil dieser völlig neu gestalteten Neuauflage ist, dass die alte Auflage ihren Wert behält, denn sehr vieles von dort konnte nämlich nicht in das neue Werk hinübergenommen werden, behält aber weiter seine Gültigkeit. Das mag ein Trost für diejenigen Altbuchbesitzer sein, die so lange warten mussten und die wir hiermit um Nachsicht bitten.

Ein schwer lösbares Problem war die Frage nach der Anordnung der Arten im Buch. Zwei für Nicht-Botaniker geeignete Möglichkeiten, nämlich die Ordnung nach der landwirtschaftlichen Bedeutung oder nach den Gattungs- bzw. Artnamen in alphabetischer Reihenfolge, hätte nahe verwandte und damit ähnliche Gruppen auseinandergerissen. Die Gruppierung nach Pflanzenfamilien bot sich somit an. Dadurch entstanden aber mehrere Probleme: Die Ordnung ist für Laien schwer nachvollziehbar, und auch in der Fachliteratur ist die Aufgliederung und Reihung der Familien nicht einheitlich. Dem Vorteil, dass nahe verwandte Gattungen in ihren Familien beieinander stehen, gaben wir den Vorzug. Die Familien selbst haben wir in eine alphabetische Reihung gebracht, was das Auffinden erleichtern mag. Innerhalb der Familien haben wir die oben erwähnte praxisrelevante Gruppierung gewählt und die landwirtschaftlich wichtigen und häufigen Arten vorgezogen. Diese werden auch besonders ausführlich behandelt. Die selteneren Arten, also jene, welche gerade für Naturfreunde besonders interessant sind, sind am Ende der Familie zu finden und konnten aus Platzgründen leider meist nur kurz abgehandelt werden.

Die Namensgebung richtet sich größtenteils nach der „Exkursionsflora von Österreich", E. Ulmer Verlag, 1994. Den primären Bearbeitern dieses Werkes, Wolfgang Adler, Raimund Fischer und Karl Oswald sowie dem Redakteur Manfred A. Fischer, sei hier gedankt. Auch die Angaben über die Verbreitung in Österreich und Einiges an Bestimmungshinweisen verdanken wir diesem Buch. Für die Absicherung der eigenen Vorstellungen zur Ökologie, vor allem der Wuchs- und Lebensformen, waren die verlässlichen Angaben im „Rothmaler: Exkursionsflora von Deutschland", Band 4, 2002, Spektrum Akademischer Verlag Heidelberg – Berlin, eine große Hilfe. Diese Bücher sind auch die erste Wahl, wenn es darum geht, sich genauer mit schwierigen Artengruppen zu beschäftigen.

Die Zeichnungen stammen wie in der ersten Auflage von der inzwischen verstorbenen ungarischen Botanikerin Vera Csapody. In den wenigen Fällen, wo dies nicht zutrifft, ist es eigens angegeben. Abschließend möchten wir uns noch bei Karin Böhmer und Monika Kriechbaum für die kritische Durchsicht und die vielen hilfreichen Kommentare, bei Beatrix Grand für die Hilfe bei den Schreibarbeiten und schließlich und vor allem auch beim Verleger bzw. dem Fachlektor Walter Gaigg für die unglaubliche Geduld bedanken, mit der sie viele Jahre lang mahnend, aber immer freundlich die Fertigstellung des Manuskripts abwarteten.

Wir hoffen, das alles hat sich gelohnt und das Buch wird zunächst denjenigen eine Hilfe sein, die Probleme mit unerwünschten Pflanzen in ihren Kulturen haben. Das Wort „Unkraut" gilt zwar heute als unfein, man sagt „Wildkraut" oder „Beikraut". Doch wie man die Pflanzen auch nennen mag, der Name ändert nichts an der Tatsache, dass einige von ihnen den Acker- und den Gartenbau behindern. Umgekehrt gibt es eine viel größere Zahl von Pflanzenarten, die zwar in Äckern neben den Kulturpflanzen wachsen, aber keinerlei Schaden anrichten, ja eventuell sogar nützlich sein können, auf jeden Fall aber eine Bereicherung der Landschaft sind. Nicht jedes „Unkraut" im Acker ist schädlich, und es war uns besonders wichtig, darauf entsprechend hinzuweisen. Darum haben wir bei den wichtigen Arten angegeben, wie wir ihre Konkurrenzkraft einschätzen, von (5) sehr stark bis (1) sehr gering. Dabei ist natürlich zu beachten, dass die Konkurrenzkraft eine relative Größe ist, die von den beteiligten Partnern in der Pflanzengemeinschaft und natürlich auch von den Mengenverhältnissen abhängt. Ein an sich konkurrenzschwaches Unkraut kann zwischen noch schwächeren Kulturpflanzen durchaus Schaden anrichten.

Mit dem Wissen, welche Unkräuter Sie scharf im Auge behalten müssen – und dass es nur relativ wenige sind(!) – haben Sie die Möglichkeit, das Pflanzenleben im Acker entspannt zu beobachten: was da so an Arten von Jahr zu Jahr kommt und geht, wie manche Unkräuter es schaffen, unter diesen schwierigen Bedingungen nicht nur zu überleben, sondern sogar gut zu gedeihen, dass es hier naturschutzwürdige Raritäten gibt und dass man hier immer etwas Neues entdecken kann. Unkräuter gehören nun einmal zu Acker und Garten so wie Sonne, Regen und Wind. Man kann sie nicht einfach abschaffen, sondern muss lernen, mit ihnen auszukommen. Und wenn diese Pflanzen nun schon einmal da sind: viel Spaß mit Ihren Unkräutern wünschen Ihnen

Wolfgang Holzner, Voitsau und
Johann Glauninger, Harmannsdorf-Rückersdorf
Februar 2005

Die Unkrauttypen

In der Landwirtschaft werden die Unkräuter üblicherweise nach ihrer Lebensdauer eingeteilt. Als Wurzelunkräuter bezeichnet man die ausdauernden, als Samenunkräuter die einjährigen Unkrautarten. Dieses System kann man noch etwas verfeinern, etwa dadurch, dass man zwischen überwinternd einjährig (d.h. Keimung im Herbst) und sommer-einjährig (Keimung im Frühling) unterscheidet. Trotzdem ist diese Einteilung noch immer eine sehr wirklichkeitsferne Vereinfachung und daher unbefriedigend, denn genau genommen ist jede einzelne Unkrautart etwas Besonderes für sich und hat ihren eigenen Weg des Überlebens im Acker entwickelt. Der englische Ökologe Grime unterscheidet drei Grundstrategien, die Pflanzen das Überleben im Konkurrenzkampf mit anderen ermöglichen:

1. **Pioniere oder Kolonisten:** Sie sind darauf spezialisiert, offenen Boden rasch zu erobern. Die dazu nötigen Eigenschaften sind bei Ackerunkräutern natürlich meist vorhanden.
2. **Kompetitive** sind die Ellenbogentypen unter den Pflanzen. Ihre starken Konkurrenzeigenschaften sorgen dafür, dass sie sich, günstige Wuchsbedingungen vorausgesetzt, im Konkurrenzkampf gegenüber Anderen durchsetzen. Für den Landwirt ist tröstlich, dass nur ein sehr geringer Teil der Unkräuter hierher gehört.
3. **Stresstolerante** sind anspruchslos und vermögen extreme Boden- und Klimabedingungen zu ertragen. Daher können sie sich auf Standorten halten, wo die Kompetitiven entweder gar nicht überleben oder ihre Stärke nicht ausspielen können.

Kombiniert man die beiden groben Systeme miteinander und mit allem, was sonst noch über Lebensweise, Ansprüche und Verbreitung der Unkrautarten bekannt ist, so kommt man zur folgenden feineren Untergliederung. Im Buch haben wir bei den wichtigeren Arten angegeben, zu welchem Typ sie am besten passen. Manche Arten mit besonders eigenwilligem Charakter konnten dabei allerdings nur mit Vorbehalt zugeordnet werden oder mussten zwischen zwei Typen gestellt werden.

I. EINJÄHRIGE (Samenunkräuter)

FRÜHREIFE

Die Samenbank (so nennt man den Samengehalt) von Böden in der Umgebung des Menschen enthält praktisch überall keimbereite Samen dieses Typs. Frühreif heißen die Arten deshalb, weil sie nach der Keimung sobald wie möglich zum Blühen und Fruchten kommen. Unter günstigen Umständen schaffen sie dies in fünf bis sechs Wochen. Wenn dann ihre Stunde schlägt, weil der Bauer ackert, der Gärtner umgräbt, Dürre, Frost oder Herbizide sie töten, so haben sie die Aufgabe der Arterhaltung bereits erfüllt und die Samenbank im Boden wieder reichlich aufgefüllt. Bleiben die Lebensumstände aber günstig, so bilden sie immer neue Blüten und Früchte und können viel länger als zwölf Monate am Leben bleiben.

Die Frühreifen sind auf allen Standorten zu finden, auf denen der Boden zumindest vorübergehend offen war, und man findet sie auch praktisch zu allen Jahreszeiten, weil sie fast das ganze Jahr über keimen können. Ein Teil ihres Samenvorrats ist nämlich immer keimbereit und wartet im Boden auf günstige Bedingungen. Obwohl die Samen wie tot im Boden liegen, vermögen sie die Umweltbedingungen genau zu beobachten. Sie registrieren Temperaturschwankungen, das Verhältnis von Sauerstoff und Kohlendioxyd in der Bodenluft, die Konzentration verschiedenster Ionen in der Bodenlösung, die Feuchtigkeit und vermutlich noch anderes, worüber wir noch nicht Bescheid wissen. Von Hirtentäschelsamen ist nachgewiesen, dass sie sogar die Lichtqualität analysieren können. Dies ist überlebenswichtig, da die Keimlinge unter einem dichten Kronendach anderer Pflanzen aus Lichtmangel verhungern würden.

Die Frühreifen sind also typische Pionierpflanzen (Kolonisten): Sie bauen einen langlebigen Samenvorrat im Boden auf, können fast das ganze Jahr hindurch keimen und daher jede günstige Gelegenheit nutzen, sind rasch- und kurzlebig. Für eine optimale Entwicklung benötigen sie günstige Standortbedingungen. Dadurch, dass sie so anspruchsvoll sind, setzen sie sich zwar der Konkurrenz stärkerer Arten aus. Durch ihren raschen Lebenszyklus können sie aber doch eine Population aufbauen bzw. erhalten. Außerdem ertragen sie Schatten und fühlen sich daher bis zu einem gewissen Grad auch unter höherwüchsigen Pflanzen wohl.
Herkunft: Einheimisch; Kolonisatoren gelegentlich auftretender offener Bodenstellen in sonst mit dichter Vegetation bewachsenem Gelände (Viehtritte, Maulwurfshügel, Erdrutsche,...).

Landwirtschaftliche Bedeutung: Häufig, aber nur unter bestimmten Umständen, vor allem bei dichtem Auftreten in konkurrenzschwachen Kulturen, bekämpfungswürdig. Als Unkräuter kann man sie also nur in Ausnahmefällen bezeichnen, denn ihre Überlebensstrategie besteht nicht darin, anderen Pflanzen Licht und Nährstoffe wegzunehmen, sondern in ihrer Vielseitigkeit und ihrer Raschheit bei der Samenproduktion.

Naturschutz: Erfolgreich und daher fast weltweit verbreitet; menschliche Aktivitäten gefährden sie meist nicht, sondern fördern sie eher.
Beispiele: Hirtentäschel, Einjährige Rispe, Gewöhnliches Greiskraut.

STEPPENKRÄUTER (STEPPENBLUMEN)

Überwinternd einjährige Arten, die mit Trockenheit und geringer Nährstoffversorgung gut zurecht kommen; Herbstkeimer, Samenreife im Frühsommer, knapp vor oder während der Getreidereife; konkurrenzschwach, dafür stresstolerant. Angepasst an mediterranes Winterregen-Sommerdürre-Klima (wie unsere Getreidearten); wärmeliebend, Hauptverbreitung daher in Ostösterreich; in den wärmsten Gebieten Mitteleuropas können sie auf fast allen Böden gedeihen, in kühleren Gegenden ziehen sie sich auf kalkhältige Böden zurück.
Herkunft: Mit dem Getreidebau aus Vorderasien und Südosteuropa eingewandert;
Landwirtschaftliche Bedeutung: Konkurrenzschwach, nicht bekämpfungswürdig, im Gegenteil: Zierde der Äcker, selten gewordene Blumen im Wintergetreide (viele Arten haben besonders auffällige hübsche Blüten!).
Naturschutz: Stehen auf der Roten Liste der bedrohten Arten, erhaltenswert, am besten durch ungespritzte Ackerränder (siehe das Photo beim Orient-Rittersporn) und Ökostreifen bzw. Wildkrautstreifen in Extrem-Ackerlagen (trockene Hänge, Kalk-Kuppen, Schotterrücken,...) oder extensiven Ackerbau im Rahmen von Naturschutzgebieten.
Beispiele: Rittersporn, Österreichische Hundskamille, Hasenohr, Adonis-Arten.

Acker-Hahnenfuß und Blasser Erdrauch bevorzugen schwere, tonige Böden. Sie waren ursprünglich vielleicht Besiedler von in der Trockenzeit austrocknenden Gewässern und ließen sich auch als eigener Typ fassen. Schwere Böden trocknen wegen der kapillaren Saugkraft in Trockenzeiten besonders rasch aus. Daher müssen die Pflanzen sehr flexibel sein und sowohl im Herbst, ja sogar im Winter als auch im Frühling keimen können.

SPEZIALISTEN

sind Steppenkräuter, die im Laufe des Jahrtausende langen Ackerbaues so viele Kulturpflanzeneigenschaften angenommen haben, dass sie darauf angewiesen sind, mit den Kulturpflanzen gemeinsam angebaut zu werden. Da sie außerhalb der Äcker nicht überleben können, sind sie vom Aussterben bedroht. Hauptursache ist dabei die moderne Saatgutreinigung. (Ausführlicheres siehe Kornrade).
Herkunft: Heute kaum mehr feststellbar, da sich die Pflanzen im Laufe der Agrargeschichte stark verändert haben.

Landwirtschaftliche Bedeutung: Heute fast verschwunden (vor allem durch Saatgutreinigung).

Naturschutz: Erhaltenswürdig, jedoch außerhalb der Kulturen, z.B. in Ökostreifen am Ackerrand (Wildkrautstreifen), zur Demonstration alter Getreidesorten in Äckern in Freilichtmuseen, als Zierde in Parkanlagen (Pflückäcker).
Beispiele: Kornrade, Kuhnelke, Roggen-Trespe, Taumel-Lolch.

HUNGERBLÜMCHEN

Wie der Name schon andeutet, handelt es sich um besonders zarte und anspruchslose Pflänzchen. Sie sind kurzlebig. Im Gegensatz zu den Frühreifen ist ihr Lebenszyklus aber im Jahresverlauf genau festgelegt. Sie keimen im Herbst, überwintern geschützt dicht am Boden und blühen bereits im März oder April. Im Mai haben die meisten schon die Samenreife wieder hinter sich und sind bereits wieder dürr. Im Sommer bemerkt man von ihnen nichts mehr. Nur ihre Samen liegen auf dem oder im Boden, keimen aber nicht mehr aus, sondern beobachten die Temperatur. Steigende Temperaturen hemmen ihre Keimung, erst wenn diese wieder abzusinken beginnen, werden sie keimbereit.

Die Hungerblümchen sind also anspruchslose (stresstolerante), sehr konkurrenzschwache Zwerge mit streng an die Jahreszeiten angepasstem Lebensrhythmus: Überwinternd einjährig, d.h. Keimung im Herbst, Blüte zeitig im Frühling, Samenreife im späten Frühjahr. Danach scheinen die Pflanzen vom Acker verschwunden zu sein.
Herkunft: Südeuropa und warme (südseitige) Trockenhänge in Mitteleuropa. Auf solchen Standorten kann sich die Vegetation wegen mangelnder Wasserversorgung in der sommerlichen Dürreperiode nicht dicht schließen. Die so entstandenen Lücken können die Hungerblümchen nützen. Der Sommerdürre weichen sie aus, indem sie in den widerstandsfähigen Samenzustand flüchten. Auch feuchte Sommer können sie nicht aus der Keimruhe reißen, dafür haben sie zu sehr Gefühl für die richtigen Keimtemperaturen im Herbst. So ein Frühsommerregen kann ja trügerisch sein und die zarten Keimlinge würden in der nachfolgenden Dürre zugrunde gehen.

Landwirtschaftliche Bedeutung: Hübsche Bodendecker in Wintergetreide und Weingärten, bilden hier mit den Frühreifen einen zarten Vorfrühlingsschleier, in dem die Farben Weiß und Blau vorherrschen. Als Unkräuter kann man sie nicht bezeichnen, denn sie nehmen den Kulturpflanzen nichts weg. Im Gegenteil: wahrscheinlich positive Wirkung durch Hemmung der Keimung und des Aufwuchses langlebigerer Unkräuter, selbst bei dichtem Auftreten kann das Getreide eventuelle anfängliche Ertragsminderungen leicht wieder aufholen, da die Pflanzen früh absterben. Daher: Bekämpfung ist Geldverschwendung und bringt eher Schaden als Nutzen.

Naturschutz: Schutzwürdig.
Beispiele: Hungerblümchen, Finger-Ehrenpreis (und einige andere Arten der Gattung), Mannsschild.

KRAFTLACKEL

Die Vertreter dieses Typs sind typische Kompetitive (s.o.). Sie versuchen durch raschen und hohen bzw. breiten Wuchs und gierige Nährstoffaufnahme möglichst viel Platz zu besetzen. Für den Anfangserfolg sorgen ihre nährstoffreichen Samen. Der reichliche Proviant, den sie von ihrer Mutter mit auf den Lebensweg bekommen haben, sorgt für ein rasches Keimlingswachstum und dafür, dass sie nicht gleich verhungern, wenn sie anfänglich von anderen überwuchert werden. Frühlingskeimer (d.h. sommer-einjährig), hohe Samenproduktion und langlebige Samen sorgen für einen großen Samenvorrat im Boden (Samenbank, über Jahrhunderte keimbereit!); die nährstoffreichen Samen sorgen für konkurrenzstarke, raschwüchsige Keimlinge. Wie bei fast allen Ackerunkräutern keine speziellen Einrichtungen zur räumlichen Samenverbreitung, die Pflanzen lassen die reifen Samen einfach fallen. Dies können sich die Unkräuter leisten, denn der beste Samenfernverbreiter ist der Landwirt selbst (Schmutz an Reifen und sonstigen Geräteteilen, Schuhen, Saatgutverunreinigungen, Mist, usw.).
Herkunft: Einheimische Kolonisatoren offener Bodenstellen, die in unregelmäßigen Zeitabständen auftreten; können ihre Strategie vor allem unter nährstoffreichen

Bedingungen (Uferschlamm, Erdrutsche, Tierbauten) erfolgreich einsetzen.

Landwirtschaftliche Bedeutung: Sehr konkurrenzstarke Problemunkräuter.

Naturschutz: Wegen ihrer nährstoffreichen Samen und der Deckung für Tiere, die sie bieten (z.B. Rebhühner, Fasane, Hasen), sehr wertvolle Begrüner von Ökobrachen und Wildkrautstreifen am Rande von Äckern. Wegen des ohnehin immer riesigen Samenvorrats in jedem Ackerboden macht die zusätzliche Produktion nichts aus. Die Samen der Kraftlackel fallen direkt unter der Mutterpflanze zu Boden, fliegen also nicht von der Brache in den benachbarten Acker hinein und werden außerdem, falls im Herbst keine Bodenbearbeitung stattfindet, zum Großteil von Tieren verzehrt, kommen also nur zum geringen Teil in die Samenbank. Brache oder Ökostreifen sind daher keine gefährlichen Infektionsherde.
Beispiele: Weißer Gänsefuß, Acker-Senf, Hederich, Stechapfel, Ampfer-Knöterich.

WÄRMELIEBENDE RIESEN

Ähnlich den Kraftlackeln, benötigen aber viel höhere Bodentemperaturen zum Keimen (Subtropische Kraftlackel), daher Keimzeit Mai – Anfang Juni.
Herkunft: Sommerwarme-sommerfeuchte Klimaräume, hier als Kolonisatoren an Ufern, auf Erdrutschflächen.

Landwirtschaftliche Bedeutung: Konkurrenzstärkste Unkräuter.

Naturschutz: Ähnlich zu betrachten wie Kraftlackel.
Beispiele: Rauer Amarant, Schlanker Amarant, Hirsen.

SOMMERREGENWÜSTEN-PIONIERE

In manchen Teilen der Erde (z.B. in Kalifornien) gibt es Gegenden, die zwar niederschlagsarm sind, in denen der wenige Regen aber in der warmen Jahreszeit fällt. Die Pflanzen zeigen hier ganz spezielle Anpassungen, wie etwa C4, eine spezielle Form der Kohlenstoff-Assimilation, die auch die Wärmeliebenden Riesen auszeichnet. Die Sommerregenwüsten-Pioniere sind die stresstolerante Variante davon und sozusagen das Sommerregen-/Winterdürre-Gegenstück zu den Winterregen-/Sommerdürre-Steppenkräutern. Unter unseren Unkräutern dürften der Weiße Amarant und die Grüne Borstenhirse zu diesem Typ gehören. Übrigens: eine ganze Reihe unserer einjährigen Gartenblumen stammt aus Sommerregenwüsten und gehört daher auch hierher.

ANSPRUCHSVOLLE KLEINE

Frühlingskeimende Pionierpflanzen mit langlebigen Samen (Samenbank!) und insofern verwandt mit den Kraftlackeln, aber relativ schwachwüchsig, konkurrenzschwach und etwas schattentolerant. Daher werden sie in Äckern selten dominant, sondern sind meist nur beigemischt.
Herkunft: Einheimisch, ähnliche Standorte wie Kraftlackel.

Landwirtschaftliche Bedeutung: Harmlose Beikräuter, nur unter bestimmten Umständen und in bestimmten Kulturen problematisch.

Naturschutz: Nicht gefährdet, da sie außerhalb der Äcker an vielen verschiedenen Standorten zu gedeihen vermögen.
Beispiele: Vielsamiger Gänsefuß, Spreiz-Melde, Floh-Knöterich.

ANSPRUCHSLOSE BEGLEITER

Stresstolerante, eher kleinwüchsige Herbst- und Frühlingskeimer, im Unterschied zu den Hungerblümchen langlebig, Samenreife erst im Sommer. Gedeihen sowohl auf kalkreichen wie kalkfreien, sauren Böden; grob gesprochen: praktisch in jedem Acker zu finden.
Herkunft: Anpassung an magere und/oder trockene Standorte in eher sommerfeuchtem Klima; die meisten Arten sind wohl bei uns heimisch.

Landwirtschaftliche Bedeutung: Konkurrenzschwache Beikräuter, nicht bekämpfungswürdig (außer in Ausnahmefällen, z.B. in konkurrenzschwachen Kulturen).

Naturschutz: Vermögen sich in ausreichendem Maß außerhalb der Äcker auf mageren Standorten (z.B. Böschungen) durchzusetzen.
Beispiele: Acker-Vergissmeinnicht, Sandkraut, Acker-Stiefmütterchen.

SANDBLÜMCHEN

Ebenfalls anspruchslos, jedoch spezialisiert auf nährstoffarme saure Sandböden.
Herkunft: Vermutlich (Süd-)Westeuropa.

Landwirtschaftliche Bedeutung: Bedeutungslose, konkurrenzschwache Pflänzchen.

Naturschutz: Die meisten sind heute selten, einige sogar vom Aussterben bedroht, da sie empfindlich gegenüber Intensivierung sind. Durch Kalkung und Düngung werden sie verdrängt. Auch werden die extremen Ackerlagen, in denen sie zu Hause sind, heute oft aufgegeben. Auf älteren Brachen oder außerhalb der Äcker vermögen sie sich kaum zu halten. Erhaltung am ehesten mit entsprechenden Ackerwildkrautstreifen oder in extensiv bewirtschafteten Äckern im Rahmen von Naturschutzgebieten und Freilichtmuseen möglich.
Beispiele: Mäuse-Klee, Lämmersalat, Knäuel.

SCHLAMMZWERGE

Erstbesiedler von Schlamm am Rand austrocknender Gewässer, sehr kleinwüchsige, konkurrenzschwache Frühlingskeimer.
Herkunft: Einheimisch.

Landwirtschaftliche Bedeutung: Auf sehr schweren, vernässten Böden vor allem nach feuchten Frühjahren; bevorzugt in Traktorspuren. Konkurrenzschwach, als Unkräuter keine Bedeutung.

Naturschutz: Aus den Äckern größtenteils verdrängt; manche Arten sind mangels geeigneter sonstiger Standorte sehr selten geworden.
Beispiele: Kröten-Binse, Mäuseschwänzchen, Kleinling.

FLEXIBLE

Das Überlebensrezept der Flexiblen ist Anpassungsfähigkeit im Lebensrhythmus und Allgegenwart der Samen (sowohl in der Samenbank als auch Verbreitung im Raum). Langlebige Einjährige (z.T. sogar mehrjährig), sehr anpassungsfähig, was die Keimzeit, Wuchsform und Lebensdauer betrifft: Herbstgekeimte Pflanzen überwintern mit Rosette und blühen im nächsten (Vor-) Frühling; im Frühling gekeimte wachsen zunächst üppig vegetativ, bevor sie zur Blüte kommen; später gekeimte bleiben hingegen schwach und kommen möglichst rasch zum Blühen und Fruchten. Langlebige und teilweise auch weit fliegende Samen, daher kommen die Vertreter der Gruppe zumindest einzeln fast überall auf, wo der Boden offen ist, und vermögen sich durch ihre Konkurrenzkraft auch durchzusetzen. Auf allen Böden, wenn sie nicht ausgesprochen trocken und/ oder nährstoffarm sind, optimale Entwicklung jedoch nur auf gut mit Wasser und Nährstoffen versorgten Standorten.
Herkunft: Einheimische Kolonisatoren offener Bodenstellen an Ufern, Erdrutschflächen, aber vor allem auch in Felsritzen.

Landwirtschaftliche Bedeutung: Mäßig konkurrenzstark, häufig in fast allen Äckern aber meist nur vereinzelt; nur unter speziellen Bedingungen, wie etwa in konkurrenzschwachen Kulturen, Problemunkräuter.

Beispiele: Echte Kamille, Geruchlose Kamille, Acker-Hundskamille, Kohl-Gänsedistel, Raue Gänsedistel, Acker-Täschelkraut.

STREUNER

Zum Unterschied zu den typischen Ackerunkräutern, deren Samen kaum spezielle Verbreitungseinrichtungen haben, weil der Landwirt dafür sorgt, dass sie in der Welt herumkommen, haben wir hier Pionierpflanzen vor uns, die ihre Nachkommenschaft dem Wind oder Tieren anvertrauen. Herbst- und Frühlingskeimer, wobei die herbstgekeimten Pflanzen die erfolgreicheren sind: sie überwintern als Rosette und können im Frühling rasch in die Höhe wachsen. Die Lebensweise ist also ähnlich wie die der vorigen Gruppe, doch sind die Streuner nicht so flexibel und langlebig, dafür aber gegenüber der Versorgung mit Wasser und Nährstoffen viel anspruchsloser.
Herkunft: Pionierpflanzen offener Bodenstellen in Trockengebieten; Südeuropa bzw. Nordamerika.

Landwirtschaftliche Bedeutung: Haben eigentlich einen zu langen Lebenszyklus, um sich in Äckern behaupten zu können – ihr Schwerpunkt sind Ackerbrachen im zweiten Jahr und Windschutzgürtel. Neuerdings stärker in Äckern; vor allem auf sehr trockenen Böden können die gut angepassten Zigeuner eine Konkurrenz für das ohnehin gestresste Getreide darstellen.

Beispiele: Kanadisches Berufkraut, Kompass-Lattich, Taube Trespe, Dach-Trespe.

II. ZWEIJÄHRIGE

Zweijährige Pflanzen können nicht im Jahr ihrer Keimung zur Blüte kommen. Sie bilden zunächst eine an den Boden gedrückte Blattrosette, die überwintert. In diesem Zustand bleiben sie solange, bis die Pflanze sich stark genug fühlt. Dann erst treibt sie einen langen Blütenstand. Nach der Fruchtreife stirbt sie ab. Die Bezeichnung zweijährig stimmt also nicht immer. Unter ungünstigen Lebensumständen kann die Pflanze mehrere Jahre im vegetativen Stadium verharren. Sie spart sozusagen Reservestoffe für das eine große Ereignis in ihrem Leben: Blüte und Frucht. In der Fachsprache spricht man nicht von Zweijährigen, sondern von monokarpen (nur einmal fruchtenden) Ausdauernden. Der Unterschied zu den Überwinternd-Einjährigen ist etwas schwieriger zu definieren. Diese sind jedenfalls kurzlebiger als die Zweijährigen und können unter Umständen oder regelmäßig auch im Jahr ihrer Keimung zur Blüte kommen (sind dann also sommer-einjährig).

PIONIERKERZEN

Zweijährige mit staubfeinen Samen, die direkt bei der Mutterpflanze zu Boden fallen und im Boden Jahrtausende überdauern können. Hier liegen sie, scheinbar wie tot, doch beobachten sie genau ihre Umwelt, Bodentemperatur, Feuchtigkeits- und Lichtverhältnisse. Sie vermögen sogar zwischen Licht, das durch die Blätter anderer Pflanzen gefiltert wurde, und direktem Sonnenlicht zu unterscheiden. Liegen sie im vollen Licht, nachdem z.B. der Boden aufgewühlt wurde, und passen sowohl Temperatur als auch Feuchtigkeit, so keimen sie. Der Rest ihres Lebens geht dann so weiter, wie oben beschrieben wurde.

Herkunft: Einheimische, sehr anspruchslose Besiedler offener Böden in Waldlandschaften. Ihre Strategie hilft ihnen, im Boden abzuwarten, um sporadisch in großen zeitlichen Abständen auftretende Standorte zu nutzen: Erdrutschflächen, Schotterinseln in Flüssen. In der Kulturlandschaft auf Straßenböschungen, in Steinbrüchen, Schottergruben und auf Waldschlägen.

Landwirtschaftliche Bedeutung: Haben normalerweise in Ackerland keine Chance; eventuell gebildete Rosetten fallen der Bodenbearbeitung zum Opfer. Hübsche und ökologisch wertvolle Besiedler von Ackerbrachen, Blüte ab dem zweiten Jahr der Stilllegung.

Naturschutz: Schutzwürdig; in der modernen Kulturlandschaft mangels geeigneter Standorte selten geworden.
Beispiele: Königskerzen.

PIONIERDISTELN

Im Gegensatz zu den Kerzen produzieren die Disteln relativ große Samen, die mit Flugapparaten oder Hafteinrichtungen ausgestattet sind und daher im Raum verbreitungsfähig, dafür aber relativ kurzlebig sind. Die nährstoffreichen Samen produzieren kräftige Keimlinge, die sich auch im Schatten anderer Pflanzen durchsetzen können. Die Pflanzen zeichnen sich durch Schutzeinrichtungen gegen Weidetiere aus (Stacheln, Bitterstoffe, Gifte).

Herkunft: Einheimische Weidepioniere, darauf spezialisiert, regelmäßig auftretende kleine Störflächen in an sich dichter Vegetation zu nutzen.

Landwirtschaftliche Bedeutung: Nur ausnahmsweise ein Problem; meist fallen die Rosetten der Bodenbearbeitung zum Opfer.

Naturschutz: Schutzwürdig, wichtige Nektarlieferanten für Schmetterlinge und Bienen, Futterpflanzen für andere Tiere, außerdem Zierde der Kulturlandschaft; heute gebietsweise sehr selten geworden, da jeder Fleck intensiv genutzt, gepflegt oder versiegelt wird.
Beispiele: Weg-Distel, Speer-Distel, Gefleckter Schierling.

III. AUSDAUERNDE (Wurzelunkräuter)

UNVERWÜSTLICHE

Starke vegetative Vermehrung durch unterirdische Ausläufer, diese mit hoher Regenerationsfähigkeit, auch kleine Stückchen können wieder zu ganzen Pflanzen auswachsen; generative Vermehrung, d.h. Samenproduktion, gering und wenig effektiv.

Herkunft: Heimisch; Kolonisatoren regelmäßig gestörter, nährstoffreicher Böden vor allem an Ufern und Rutschhängen, bei größeren Tierbauten, usw.; können sich nach einigen Jahren gegenüber den einjährigen Erstbesiedlern (z.B. den Kraftlackeln) so durchsetzen, dass sie die Herrschaft großteils übernehmen. Im Boden wühlende Tiere fördern ihre Verbreitung durch Zerteilen der unterirdischen Organe.

Landwirtschaftliche Bedeutung: Problemunkräuter! Durch intensive Bodenbearbeitung gleichmäßig über den Acker verteilt und mit dem Schmutz auf Maschinen und Rädern von Acker zu Acker verschleppt. Kaum Infektion durch Samen! Mechanische Bekämpfung durch Aushungern der unterirdischen Organe, indem man die Pflanzen mehrmals hintereinander zum Austreiben zwingt. Dabei ist aber zu beachten, dass die Bekämpfungsschritte in einem sehr frühen Austriebsstadium erfolgen müssen.

Beispiele: Acker-Distel, Quecke, Giersch, Acker-Gänsedistel.

LÜCKENKRIECHER

Oberirdisch am Boden kriechende Ausläufer-Teppiche; die Pflanzen sind nur in gewissem Umfang regenerationsfähig, werden daher im Allgemeinen durch gründliche Bodenbearbeitung vernichtet, kommen aber aus Samen immer wieder. Anspruchsvoll gegenüber Nährstoffversorgung und brauchen reichliche Wasserversorgung, schattentolerant, unempfindlich gegen Bodenverdichtung.

Herkunft: Heimisch, z.B. Ufer, Unterwuchs von Auwäldern.

Landwirtschaftliche Bedeutung: Meist harmlose, eher konkurrenzschwache Bodendecker in feuchten Äckern (Zeiger für Bodenvernässung und -verdichtung); außer in niedrigwüchsigen Sonderkulturen nicht bekämpfungswürdig.

Beispiele: Weiß-Klee, Gundelrebe, Kriech-Hahnenfuß, Graben-Rispe.

FALLSCHIRMPIONIERE

Ausdauernde mit sehr effektiver Samenfernverbreitung; anspruchslose Erstbesiedler und Verbesserer offener Rohböden (steriler Schlamm, Schotter, stark verdichtetes Material,...). In dieser Beziehung gleichen sich Huflattich und Löwenzahn (Maiblume) – der zuerst Genannte bildet aber ein ausgedehntes, unterirdisches Ausläufersystem, der andere tiefgehende Pfahlwurzeln. Beide werden oft wegen ihres Massenauftretens als Unkräuter angesehen, doch sind sie ausgesprochen konkurrenzschwach und daher harmlos, im Gegenteil: Ihr Massenauftreten ist sozusagen ein Zeichen, dass sie als Bodenverbesserer gebraucht werden. In Grünland, Rasen, Klee und Luzerne können sie sich nur breit machen, wenn die Grasnarbe bzw. Kultur aus irgendwelchen Gründen lückenhaft ist.

WINDEN

Ausdauernde Kletterer mit extrem tiefgehendem, regenerationsfähigem Wurzelsystem.
Mäßig konkurrenzstark (Lichtkonkurrenten), aber Problemunkräuter (Erntebehinderung, schwer bekämpfbar).

Eine ganze Reihe weiterer ausdauernder Pflanzenarten kann gelegentlich in Äckern auftreten und ab und zu auch Probleme bereiten. Da es sich dabei um Vertreter ganz unterschiedlichster Überlebensstrategien, aber keine typischen Unkrauttypen handelt, wollen wir sie hier nicht anführen.

Auszeichnung

Bei der detaillierten Beschreibung der Unkräuter werden folgende Farben verwendet:

■ = Hauptunkräuter ■ = Wichtige Unkräuter
■ = Sehr selten oder konkurrenzschwach; als Acker-Unkräuter unwichtig, eher erhaltungswürdige Wildkräuter.

Familie

Amarantgewächse

Amaranthaceae

Die meisten unserer Amarante sind Exoten und stammen aus warmen Gebieten Amerikas. Sie sind bei uns Vorposten einer recht großen (900 Arten), vorwiegend in den Tropen und Subtropen verbreiteten Familie, die mit den Gänsefußgewächsen sehr nahe verwandt ist. Wie diese haben sie unscheinbare, winzige Blüten. Diese sind zu sehr vielen, oft kompliziert aufgebauten und skurril aussehenden (Zierpflanze Hahnenkamm) Blütenständen vereinigt, die bei manchen Ziersorten überhängen. Daher hat die Gattung Amaranthus auch den deutschen Namen „Fuchsschwanz" bekommen. Wir ziehen aber „Amarant" vor, weil es sonst zu Verwechslungen mit der gleichnamigen Gattung aus der Familie der Gräser kommen könnte.

Bevor wir die Amarante als wirklich unangenehme Unkräuter abhandeln, wollen wir zur Versöhnung erwähnen, dass einige Arten der Gattung zum ältesten Kulturpflanzenbestand unserer Erde zählen. Sie wurden bereits mindestens 5.000 v. Chr. in Mittelamerika und den Anden wegen ihrer nährstoffreichen Samen (Proteine mit wichtigen Aminosäuren, Stärke, Öl) kultiviert. Amarant-Getreide wird auch in Hochlagen Asiens, vor allem auf den warm-feuchten Südhängen des Himalajas, angebaut, wobei es noch ein Rätsel ist, wann und wie die Pflanzen amerikanischen Ursprungs bis hierher gekommen sind. Heute wird er auch bei uns als landwirtschaftliche Alternativpflanze kultiviert.

Amarante können übrigens auch als Gemüse gegessen (und verfüttert) werden. Es ist dabei aber zu bedenken, dass die Pflanzen wie die Gänsefußgewächse dazu neigen, Nitrationen zu speichern, die bei unsachgemäßer Behandlung (längeres Liegenlassen in welkem Zustand, Aufwärmen) zu dem sehr giftigen Nitrit reduziert werden können.

Beschreibung der wichtigsten Arten

Rauer Amarant (Zurückgekrümmter Fuchsschwanz)

Amaranthus retroflexus

Blüte: Winzig, graugrün, Juli – Oktober.
Wuchs: Aufrecht, Ø 1 m hoch, aber sehr plastisch (je nach Wachstumsbedingungen von 1cm bis über 2 m).
Lebensform: Sommer-einjährig, Licht-, Oberflächen- und Wärmekeimer (ab Mitte Mai).
Typ: Wärmeliebende Riesen.

Bedeutung in der Landwirtschaft: Konkurrenzkraft sehr hoch (5); Hauptentwicklung in Hackfrüchten. Sehr hohe Samenproduktion und Samen vermutlich langlebig: daher häuft sich im Boden eine reiche Samenbank an. Häufig durch früh applizierte Herbizide kein Bekämpfungserfolg, da die spät keimenden Amarante erst nach der Bekämpfung auflaufen. Wichtiger Bestandteil der Spätverunkrautung bei Zuckerrübe, Kartoffel usw. Erstes Auftreten triazinresistenter Biotypen in Österreich in den vergangenen Siebzigerjahren.

Rauer Amarant (links), Schlanker Amarant (rechts)

Ansprüche: Beste Entwicklung auf nährstoffreichen, tiefgründigen Böden; unempfindlich gegen Trockenheit, da ausgebreitetes, tiefstrebendes, reich verzweigtes Wurzelsystem.
Verbreitung: Überall; diese wärmebedürftige und anspruchsvolle Art war vor wenigen Jahrzehnten noch auf die günstigsten Lagen Österreichs beschränkt, hat sich aber mit dem Maisbau stark ausgebreitet.
Häufigkeit: Sehr häufig.
Herkunft: Warme Zonen Nordamerikas (angepasst an Winterdürre-Sommerregen-Klima = Wärmekeimer); wurde bereits im 18. Jh. nach Europa verschleppt.

Besondere Merkmale: Dichter, knäueliger, dicker, nicht stechender, sondern weicher Blütenstand; Stängel und Blätter stark behaart, graugrün, Stängel selten an der Lichtseite mit dunkelrotem Anflug.

Anmerkung: Den seltsamen Namen *retroflexus* (d.h. zurückgekrümmt) soll die Art deshalb bekommen haben, weil der Erstbeschreiber Carl von Linné ein verkümmertes Exemplar vor sich hatte.

Ähnliche Arten: **Schlanker Amarant** (Kahler oder Grünähriger Fuchsschwanz) *Amaranthus powellii:* Blütenstand schlank, grün, lockerer, steif, sticht etwas beim Anfassen; Stängel (unterhalb des Blütenstandes!) fast kahl, grün, sonnseitig rötlich; Blätter lebhaft grün, glänzend, kahl. Wuchs(höhe), Unkrauttyp und landwirtschaftliche Bedeutung wie Rauer Amarant, wilde Stammform des Kultur-Amarants (*A. hypochondriacus*); Heimat: Canyons und Flussbette in den Sommerregenwüsten der westlichen Kordilleren Nord- und Südamerikas.
Dieser Amarant kam viel später (20. Jh.) nach Europa als die vorige Art und hat sich erst in den letzten Jahrzehnten im Ackerland ausgebreitet – er ist heute in vielen Gebieten genauso häufig wie der Raue Amarant und kommt auch oft mit diesem gemischt vor; herbizidresistente Typen (triazinresistent!) tauchten in Österreich erstmals gegen Ende der Achtzigerjahre auf und sind mittlerweile in ganz Österreich zu finden.

Schlanker Amarant

Stutzblatt-Amarant

Stutzblatt-Amarant (Aufsteigender Fuchsschwanz, Bleifarbiger Fuchsschwanz, Graugrüner Fuchsschwanz)
Amaranthus lividus

Blüte: Winzig, braungrün, Juli – Oktober.
Wuchs: Stängel meist auf dem Boden liegend, nur die Enden streben zum Licht (das nennt man aufsteigender Wuchs), 10 – 80 cm.
Lebensform: Sommer-einjährig, spät keimend. (Mai/Juni).
Typ: Anspruchsvolle Kleine.

Bedeutung in der Landwirtschaft: Konkurrenzkraft mittel (3); gerne in Kartoffeln und Gemüsekulturen, zuweilen bei früher Unkrautbekämpfung auch in anderen Hackfrüchten.

Ansprüche: Optimale Bodenbedingungen.
Verbreitung: Zwar wärmeliebend, aber empfindlich gegen Sommerdürre, daher kaum im pannonischen Raum, in Österreich besonders im südlichen Burgenland und in der südlichen Steiermark.
Häufigkeit: Zerstreut.
Herkunft: Mittelmeerraum; wurde schon von den Römern auch in Germanien als Gemüsepflanze kultiviert und soll so zu uns gekommen sein.

Besondere Merkmale: Blätter vorne abgestutzt oder eingekerbt, dunkelgraugrün, oft mit dunklem Fleck; am oberen Ende des Stängels ein größerer, wurstartiger, manchmal überhängender Blütenstand (zusätzlich zu den kleineren, in den Blattachseln verteilten).

Ähnliche Arten
Griechischer Amarant *A. graecizans*
Blätter vorne spitz, kein endständiger Blütenstand; sehr selten (und vom Aussterben bedroht); in Hackfrüchten der wärmsten Gebiete (so z.B. in Weingärten der Wachau).
Anmerkung: Alte Gemüsepflanze

Stutzblatt-Amarant

Griechischer Amarant

Auf Ackerland seltene Amarante

■ Weißer Amarant
Amaranthus albus

Wuchs: Sehr auffällig und leicht zu erkennen an seinem vom Boden weg stark verzweigten Wuchs. Die Seitenäste sind länger als der Zentraltrieb, liegen auf dem Boden oder gehen in einem eleganten Bogen in die Vertikale, so dass halbkugelartige Gebilde entstehen, die im Herbst unten abbrechen und vom Wind weggerollt werden (Samenverbreitung: Steppenroller). Leider kommt diese Wuchsform in unserer Zeichnung nicht gut heraus, wohl aber die vielen kleinen Blütenknäuel in den Blattachseln. Der Stängel ist oft strohfarben bis weiß, kann aber auch einen leuchtend weinroten Farbton annehmen.

Lebensform: Sommer-einjährig, Spätkeimer.

Typ: Sommerregenwüstenpioniere.

Bedeutung in der Landwirtschaft:
Konkurrenzkraft gering (1 – 2).

Weißer Amarant

Ansprüche: Sand, Sommerwärme.

Verbreitung: Gegen Ende des 19. Jh.s bei uns eingeschleppt; derzeit nur in ganz warmen Gebieten in Hackfrüchten (Marchfeld, nördl. Burgenland).

Häufigkeit: Selten.

Wuchsorte außerhalb der Äcker
z.B. Gleisschotter von Bahnanlagen.

Herkunft: Südl. Nordamerika.

Besondere Merkmale
Siehe Wuchsform.

Naturschutz: Rückgängig.

Ein weiterer in Äckern sehr seltener Amarant wäre der **Westamerikanische Amarant** *(A. blitoides)* mit teppichartig an den Boden gedrücktem Wuchs. Er kommt ab und zu in Ostösterreich in Maisäckern vor, stellt aber keinerlei Konkurrenz dar. Die hängenden **Garten-Amarante** *(A. caudatus und A. hypochondriacus,* sehr naher Verwandter von *A. powellii, s.o.),* mit ihren roten oder gelben hängenden Blütenständen können ab und zu in Äckern verwildert auftreten.

Aus der engeren Verwandtschaft der beiden gefürchteten großen Amarante sind noch ein paar andere Unkrautarten bekannt, die sich bei uns aber bisher nicht eingestellt haben. Da die Arten der ganzen Gruppe sehr variabel sind und die Windbe-

Weißer Amarant

stäubung Bastardierungen fördert, ist eine nachvollziehbare Klassifikation schwierig. Das Bestimmen wird daher in manchen Fällen sehr schwierig sein. Immer wieder angegeben werden *A. bouchonii* mit nicht aufspringenden Früchten und *A. hybridus* s. str. Letzterer ist in Südeuropa, aber auch etwa in der Schweiz ein häufiges Ackerunkraut – es ist eigentlich verwunderlich, dass er es noch nicht bis zu uns geschafft hat.

Familie

Baldriangewächse

Valerianaceae

Aus dieser beruhigenden Verwandtschaft kommen 4 Arten der Gattung *Valerianella* („Baldrianchen") bei uns in Äckern vor. Als Unkräuter kann man die zarten Pflanzen nicht bezeichnen, sondern als interessante Begleiter unserer Kulturen, die wegen ihrer geringen Konkurrenzkraft (1) im modernen Acker selten geworden sind. Früher schätzte und sammelte man sie als „Feldsalat". Heute ist eine davon als „Vogerlsalat" bekannt.

Beschreibung der wichtigsten Arten

Die Unterscheidung der Arten hat nur Liebhaber- (bzw. Speise-) Wert, da sie als Unkräuter ohne Bedeutung sind. Zur genauen Bestimmung sind reife Früchte und ein gutes Auge bzw. eine Lupe nötig. Da die Blütenstände von innen her aufblühen, findet man die ersten Früchte, indem man die Blütenstände indiskret auseinander biegt.

Die beiden Arten, die man am ehesten findet (die beiden anderen sind Raritäten), kann man aber bereits daran leicht unterscheiden, ob die Blätter gezähnt sind *(V. dentata)* oder nicht *(V. locusta)*. Die erste Art ist nur im Frühling zu finden, die zweite im Frühsommer.

A Überwinternd einjährig, kurzlebig (Typ: „Hungerblümchen"), keimen im Herbst, blühen und fruchten im Frühling; Blätter ungezähnt, hauptsächlich unter Wintergetreide und in Weingärten (außerdem: Straßen- und Bahnböschungen, Gebüsch).

1. Früchte aufgeblasen:
   Gewöhnlicher Feldsalat, *Valerianella locusta.*

2. Früchte schlank; sehr seltene Art:
   Gekielter Feldsalat, *Valerianella carinata.*

B Sommer-einjährig, d.h. keimen im Frühling, Fruchtreife im Juni (Typ: Anspruchslose Begleiter); v.a. unter (Sommer-)Getreide; Blätter leicht gezähnt.

1. Früchte ± schlank:
   Gezähnter Feldsalat, Valerianella dentata.

2. Früchte aufgedunsen, fast kugelig; sehr seltene Art:
   Gefurchter Feldsalat, *Valerianella rimosa.*

Gewöhnlicher Feldsalat

Gewöhnlicher Feldsalat

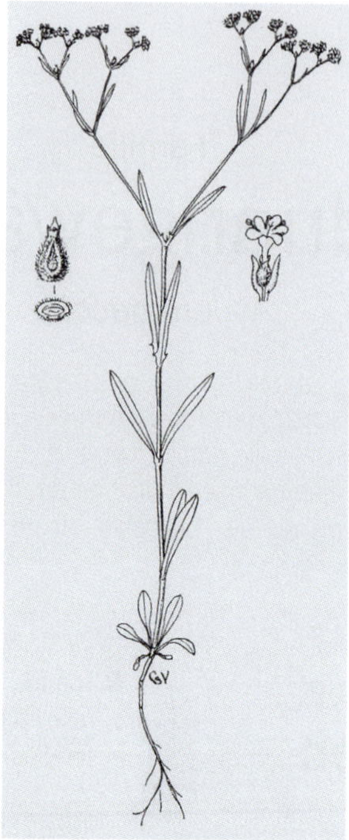

Gezähnter Feldsalat

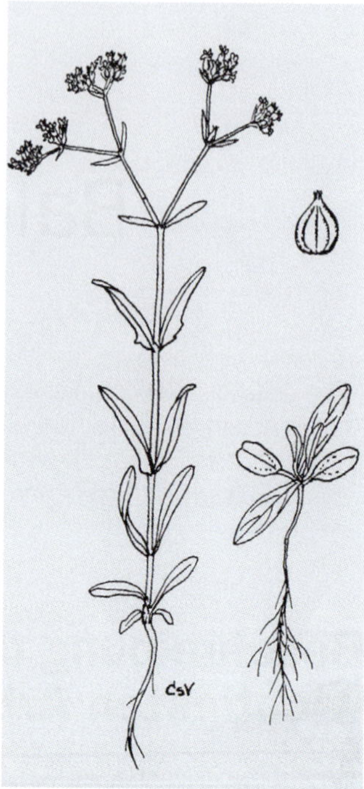

Gefurchter Feldsalat

Gezähnter Feldsalat unter Roggen

Familie

Brennnesselgewächse

Urticaceae

Die nahe Verwandtschaft der Brennnesselfamilie mit den Hanfgewächsen sieht man schon daran, dass in beiden Verwandtschaftskreisen wichtige Faserpflanzen vorkommen. Außerdem ist die Grosse Brennnessel, so wie Hanf und Hopfen, zweihäusig (s.u.).

Beschreibung der wichtigsten Arten

Kleine Brennnessel

Urtica urens

Blüte: Grün, klein, Mai – September.

Wuchs: Aufrecht, 5 – 30 cm (außerhalb der Äcker auch höher).

Lebensform: Sommer-einjährig, Samen in der Samenbank des Bodens langlebig, keimt zwar schon bei relativ niedrigen Temperaturen, optimal aber erst ab Mai. Entwickelt sich rasch, kommt etwa innerhalb von 2 Monaten zur Samenreife, in günstigen Jahren daher zwei Generationen. Etwas frostempfindlich, Pflanzen sterben bei starken Frösten ab, wenn sie keinen Schneeschutz haben.

Typ: Anspruchsvolle Kleine (mit vielen Eigenschaften der Frühreifen).

Bedeutung in der Landwirtschaft

Konkurrenzkraft mäßig (2 – 3), daher und wegen der hohen Ansprüche an die Bodenqualität nur im Gemüsebau lästiges Unkraut. In anderen Kulturen meist nur einzeln und kümmerlich entwickelt, häufiger in Weingärten, hier aber bloß bodendeckendes, garefförderndes Beikraut.

Kleine Brennnessel

Ansprüche: Zeiger für sehr gut mit Nährstoffen versorgte, gare Böden, die weder sehr trocken noch vernässt sind.
Verbreitung: Überall, bevorzugt warme, wintermilde Gebiete.
Häufigkeit: Mäßig häufig bis selten.
Wuchsorte außerhalb der Äcker: Misthaufen und ähnliche dörfliche Standorte.
Herkunft: Mittelmeerraum, Küsten Westeuropas; schon seit der Steinzeit bei uns.

Besondere Merkmale: Leicht mit den Wurzeln aus dem Boden zu ziehen, Blätter rundlich-eiförmig, in der Mitte oder darüber am breitesten.

Ähnliche Arten

Große Brennnessel *Urtica dioica*
Ausdauernd und hat unterirdische, im Boden weit kriechende, kräftige, gelbe Stängelausläufer. Es gibt männliche und weibliche Pflanzen (=zweihäusig). Die Blätter sind unterhalb der Mitte am breitesten. Obwohl die Große Brennnessel weniger stark brennt als ihre kleine Verwandte, ist sie doch die weitaus bekanntere Art, vor allem, weil sie viel häufiger ist. Sie besiedelt nährstoffreiche, offene Böden und trägt dort durch ihre leicht zersetzliche Laubstreu zu einem ausgezeichneten Humus- und Garezustand bei. Sie kann sich aber nur dort durchsetzen, wo der Standort für längere Zeit ungestört bleibt, denn ihre Ausläufer haben nicht die Regenerationskraft der typischen ausdauernden Unkräuter („Unverwüstliche" wie Quecke, Acker-Distel). In Ackerland tritt sie daher kaum auf, am ehesten noch in Obstanlagen. Bevor man sie bekämpft, wird man gut daran tun, sich ihre positiven Eigenschaften vor Augen zu führen: Bodenverbesserung, Heilpflanze, Wildgemüse, Futterpflanze der Raupen von etwa 40 Schmetterlings-Arten etc.

Familie

Doldenblütengewächse

Umbelliferae, Apiaceae

Es ist leicht zu erkennen, dass eine Pflanze ein „Doldenblütler" ist, da die Mitglieder dieser Familie sehr einheitlich gebaut sind. Dafür ist es aber dann zumindest anfänglich schwierig, die einzelnen Gattungen und Arten auseinander zu halten – sie schauen alle relativ ähnlich aus. Die größten Unterschiede gibt es bei den Früchten, weswegen auch die Bestimmungsbücher vorwiegend Fruchtmerkmale heranziehen.

Der Stängel der Doldenblütler ist oft ähnlich den Halmen der Gräser hohl und in Knoten gegliedert. Hier entspringen die Blätter, deren Stiel am Grund oft eine auffällige Scheide (auch ähnlich dem Grasblatt) trägt (bei unseren „Unkräutern" ist dies kaum zu sehen, am ehesten noch bei der Zeichnung des Venuskamms). Die Blätter selbst sind meist zerteilt (Ausnahme: Hasenohr), oft (wie bei manchen Farnen) mehrfach gefiedert.

Viele Vertreter der Familie sind an ihrem charakteristischen Geruch zu erkennen (z.B. kann man so Hundspetersilie und Echte Petersilie leicht unterscheiden). Der Duft stammt von dem ätherischen Öl, das in Früchten, Blättern und unterirdischen Organen enthalten ist.

Daher sind viele Doldenblütler wichtige Würz- und Heilpflanzen (z.B. Kümmel, Fenchel, Anis, Dill, Koriander, Petersilie, Sellerie, Liebstöckel = „Maggikraut", Bibernelle, Engelwurz). Bei manchen sind die rübenförmigen Wurzeln ein wichtiges Gemüse (z.B. Karotte, Petersilie, Sellerie = Zeller, Pastinak).

Für Menschen und Haustiere giftige Stoffe sind bei den Umbelliferen zwar nur wenig verbreitet, doch gerade diese wenigen Giftpflanzen können für uns sehr unangenehm werden. Momentan macht gerade der aus dem Kaukasus stammende Riesen-Bärenklau Schlagzeilen, weil er Verbindungen enthält, die eine Überempfindlichkeit gegenüber (UV-)Licht bewirken – Kontakt mit dem Saft dieser Pflanzen und darauf folgende Sonnenbestrahlung führt zu schwersten Hautentzündungen.

Die eindrucksvollen zweijährigen Stauden wurden als Zierpflanzen und Bienenweide eingeführt und neigen in Gebieten mit feuchtem Klima zur Verwilderung. Vor allem Kinder muss man vor diesen Pflanzen warnen.

In landwirtschaftlichen Kulturen treten sie kaum auf, im Gegensatz zu dem seit ältesten Zeiten berüchtigten Gefleckten Schierling, der Alkaloide enthält und deswegen weiter unten noch genauer behandelt wird. Der viel öfter zitierte Wasserschierling ist mit ihm nicht näher verwandt, wächst nur am Rand von Gewässern und enthält giftige Polyine (sehr reaktionsfreudige, leicht zersetzliche Acetylen-Verbindungen), die in geringerer Menge auch in der Hundspetersilie vorkommen.

Zu Unkräutern im landwirtschaftlichen Sinn werden Doldenblütler unter bestimmten Umständen im Grünland („Gülleflora", Kümmel auf Weiden). In Äckern und Gärten spielen sie hingegen eine untergeordnete Rolle.

Vor allem sind es hier Arten mit Pioniereigenschaften, die ihnen das Auftreten in Äckern und Gärten ermöglichen, wo sie unter Umständen lästig werden können. Es handelt sich dabei aber nur um vier Arten: die einjährige Hundspetersilie, der zweijährige Gefleckte Schierling und der ausdauernde, „unverwüstliche" Giersch (feucht / kühl) sowie die Sicheldolde (trocken / warm). Ausgesprochene Gelegenheitsgäste in Äckern werden hier nicht besprochen, wie z.B. die Wiesenpflanzen Pastinak, Bärenklau und Wiesen-Kerbel, Arten mit hohen Ansprüchen an die Nährstoffversorgung, die ihre Hauptverbreitung in nährstoffreichem Grünland, an Ufern, Wegrändern oder auf „wüsten Plätzen", wie Schutthaufen, haben. Sie können gelegentlich auch in Äcker eindringen, dort aber meist ihren Lebenszyklus nicht vollenden, bevor sie vom Bodenumbruch ereilt werden.

Hundspetersilie

Beschreibung der wichtigsten Arten

Hundspetersilie
Aethusa cynapium

Blüte: Weiß; Juli – September.

Wuchs: Aufrecht, 10 – 20 cm hoch, sparrig-ausladend verjüngt.

Lebensform: Sommer-einjährig, seltener überwinternd-einjährig (Schneeschutz).

Typ: Anspruchsvolle Kleine.

Bedeutung in der Landwirtschaft: Konkurrenzkraft mäßig (2 – 3). Ursprünglich als Unkraut kaum beachtet, gewinnt diese Art in einigen Regionen in Spezialkulturen (Feldgemüse!) zunehmend an Bedeutung.

Ansprüche: Sehr anspruchsvoll – häufiger nur auf gut mit Wasser und Nährstoffen versorgten Böden; in kühlerem Klima Kalkzeiger, im Trockenklima auf feuchtere Böden beschränkt.

Verbreitung: Weit verbreitet.

Häufigkeit: Zerstreut, selten massenhaft.

Wuchsorte außerhalb der Äcker: In Auwäldern eine hochwüchsige (100 – 200 cm) Verwandte (die Stammform?), in feuchten, schattigen Gärten eine Zwischenform (30 – 80 cm).

Herkunft: Einheimisch.

Besondere Merkmale: Blätter sehr ähnlich denen der Petersilie, aber an der Unterseite glänzend und oh-

ne deren charakteristischen Geruch; im Blüten- bzw. Fruchtstand hängen zarte Blättchen (Hüllblättchen) als lange Fransen herab.
Ähnliche Arten: **Echte Petersilie** (s. o.).

Naturschutz: Die niedrigwüchsige und vom Boden her breit verzweigte Ackerform kann als interessante Anpassung an den Getreidebau gedeutet werden. Tatsächlich bleibt bei der Ernte relativ viel von den Pflanzen über und kann auf der Stoppel nochmals zum Blühen und Fruchten kommen. Seit der frühe Stoppelsturz üblich geworden ist, ist die Ackerform der Hundspetersilie in ihrer Häufigkeit zurückgegangen.
Anmerkung: Schwach giftig!

Echter Schierling
Conium maculatum

Blüte: Weiß, Juni – September.
Wuchs: Aufrecht, oben breit verzweigt; 80 – 250 cm.
Lebensform: Zweijährig (neuerdings auch sommereinjährig?).
Typ: Pionierdisteln.

Bedeutung in der Landwirtschaft: Konkurrenzstark (5), aber wegen der langen Lebensspanne kein typisches Ackerunkraut, daher oft nur vegetativ, d.h. kommt nicht zum Blühen in verschiedensten Kulturen (v.a. Mais) wärmerer Gebiete; sehr gefährlich im Silomais; möglicherweise in Ausbreitung begriffen (kurzlebige Rassen?).

Ansprüche: Nährstoffreichtum (Stickstoff) und gute Wasserversorgung.
Verbreitung: Warme Lagen (vor allem Ostösterreich, Steiermark und Kärnten)
Häufigkeit: Zerstreut bis selten.
Wuchsorte außerhalb der Äcker: Dorfränder, Kellergassen, Wegränder, Hecken, Weingartenränder, Schuttplätze, Erdhaufen, Gräben.
Herkunft: Unbekannt, vielleicht eine Wildweide-Pionierpflanze (wie alle „Pionierdisteln", siehe Kapitel „Unkrauttypen").

Besondere Merkmale: Stängel und Blattstiel rund (sehr fein gerillt), unbehaart, mit dünnem, abwischbarem Wachsüberzug (Reif), unten mit dunkelroten Flecken; Blätter beim Zerreiben oft mit charakteristischem dumpfem Geruch nach Hausmäusen.

Gefleckter Schierling

Ähnliche Arten: Er gehört in die Gruppe der hochwüchsigen Doldenblütler mit fein zerteilten Blättern, die „alle so gleich aussehen" – man beachte die Kombination der oben aufgezählten besonderen Merkmale. Die Doppelgänger des Schierlings haben entweder einen gerillten Stängel oder zumindest ganz unten borstige Haare.

Naturschutz: Ehemals stattliche Charakterpflanze der Dörfer, entlang der Viehtriebe und Wege; heute stark im Rückgang, da ihre ehemaligen Wuchsorte von Rasen oder Asphalt besetzt sind; kann als „gefährdet" eingestuft werden.

Anmerkung: Tödlich giftig! Alkaloide bewirken eine von den Beinen aufsteigende Lähmung; man bleibt bis zum Tode bei vollem Bewusstsein (siehe Platos berühmte Schilderung der Hinrichtung des Sokrates

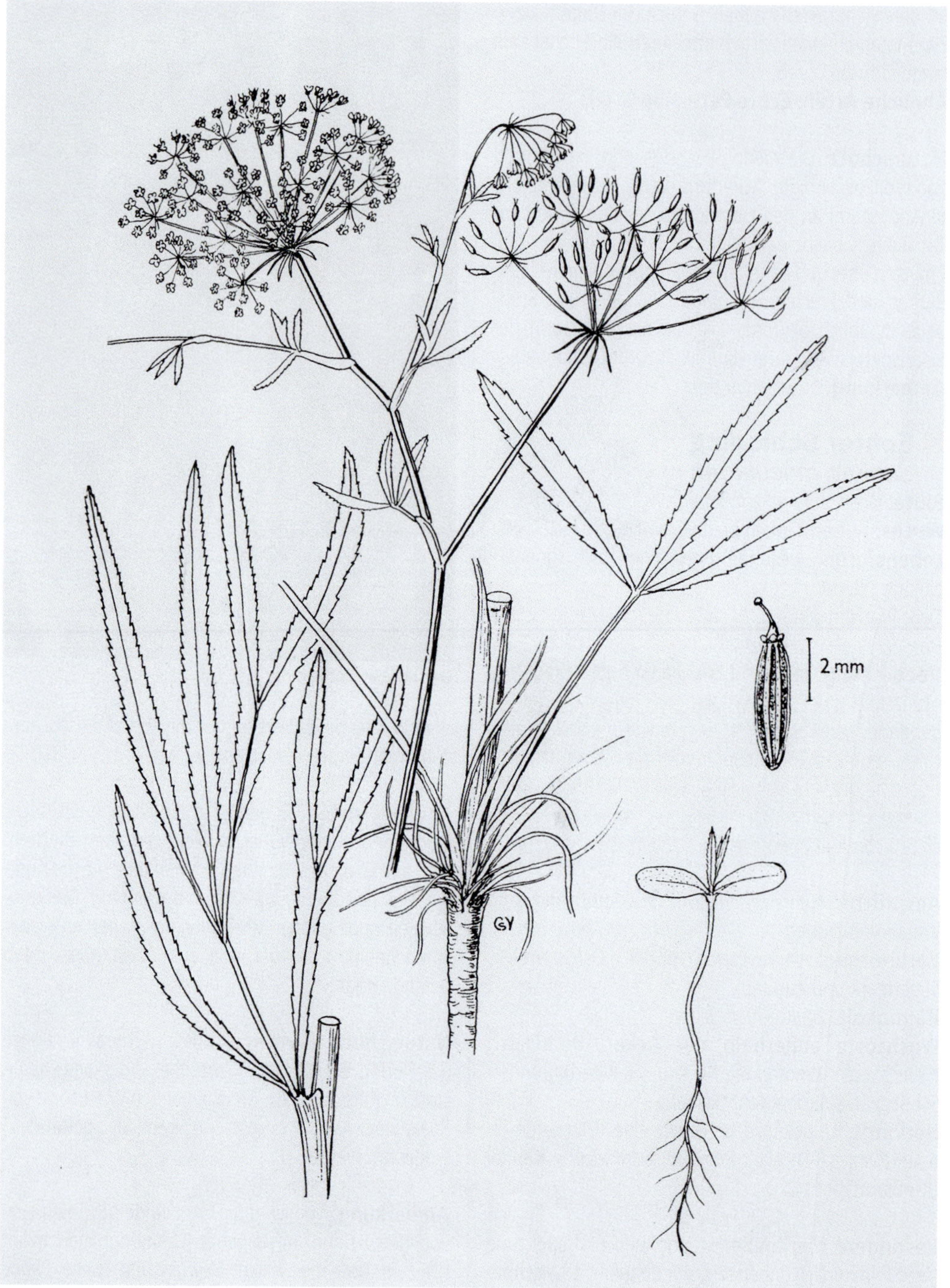

Sicheldolde

durch den „Schierlingsbecher"). Unabsichtliche Vergiftungen bei Menschen und Tieren sind aber sehr selten, da die Pflanze nicht zum Verzehren reizt.

■ Sicheldolde (Sichelmöhre)

Falcaria vulgaris

Blüte: Weiß, winzig, Juli – September.
Wuchs: Aufrecht, breit ausladend-kugelig (Samenverbreitung: Steppenroller).
Lebensform: Ausdauernd; kriecht mit Wurzelsprossen.
Typ: Unverwüstliche.

Bedeutung in der Landwirtschaft: Konkurrenzkraft (2); konkurrenzschwache Steppenpflanze, in warm-trockenen Gegenden, v.a. in Ostösterreich auch in Äckern (Getreide und Hackfrüchte) – heute praktisch auf die Ackerränder beschränkt und hier wertvolle Zierde der sommerlichen Kulturlandschaft.

Ansprüche: Sich leicht erwärmende, skelettreiche Böden; liebt auch Löss.
Verbreitung: In warm-trockenen Gebieten zerstreut bis häufig, sonst selten.
Wuchsorte außerhalb der Äcker: Trockenrasen, Bahn- und Straßenböschungen.
Herkunft: Fraglich, vorderasiatische Steppenpflanze.

Besondere Merkmale: Wuchsform; ganze Pflanze kahl und blaugrün, Blattrand scharf gesägt (Name!).
Ähnliche Arten: Unverwechselbar.

Anmerkung: Sehr hübsche, zarte, weiße Blütenschleier; empfehlenswert für Trockenwiesenansaaten auf Straßenböschungen und Ökobrachen.

■ Giersch (Geißfuß, Erdholler)

Aegopodium podagraria

Blüte: Weiß (seltener rosa), Juni – August.
Wuchs: Unterirdisch kriechende Stängel, blühende Triebe aufrecht, 20 – 70 cm.
Lebensform: Ausdauernd.
Typ: Unverwüstliche.

Bedeutung in der Landwirtschaft: Konkurrenzkraft stark (4); Massenwuchs manchmal auf nassen, schweren Böden, problematisch vor allem in (schattigen) Gärten; nach Grünlandumbruch wegen der guten Regenerationsfähigkeit von im Boden verbliebenen Ausläuferstückchen kaum loszuwerden. Seit einigen Jahren starke Zunahme auch in Mais; schwierig zu bekämpfen (weitgehend unempfindlich gegen Glyphosate und einige Wirkstoffe der Sulfonylharnstoffe).

Ansprüche: Bevorzugt feuchte, schwere Böden.
Verbreitung: Allgemein.
Häufigkeit: Sehr häufig; in Äckern meist nur vereinzelt, aber lokal stark im Zunehmen (s.o.).
Wuchsorte außerhalb der Äcker: Ufer, Auen, Wälder, Obstgärten, in Wiesen nach Bodenverletzungen oder Vegetationszerstörung oft lästiges Massenauftreten.
Herkunft: Einheimisch.

Giersch

Wilde Möhre mit „Vogelnest"

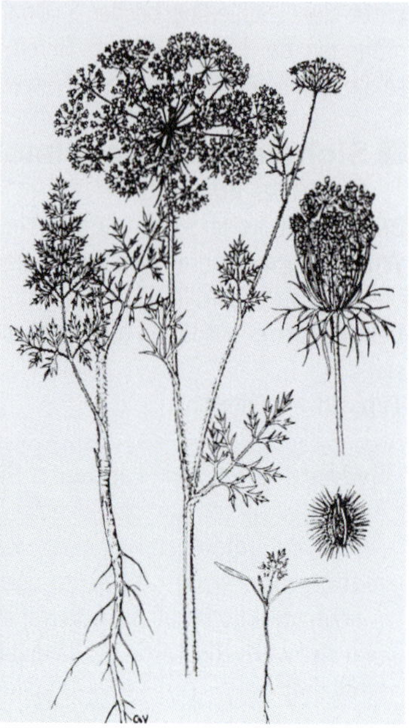

Wilde Möhre

Dolde (Knospenstadium), im Zentrum die „Möhrenblüte"

Besondere Merkmale: Flachstreichende, weißliche, unterirdische Ausläufer, Grundblätter doppelt 3-zählig, beim Zerdrücken mit schwachem, unangenehmem Geruch, Stängel kantig gefurcht, V-förmig.

Ähnliche Arten: Doldenblütler sind an sich schwer zu unterscheiden, aber im Ackerland keine ähnlichen Arten.

Anmerkung: Wildgemüse (Spinat).

Wilde Möhre

Daucus carota

Blüte: Weiß, Juni – September.

Wuchs: Aufrecht, 30 – 80 cm.

Lebensform: Zweijährig, selten sommer-einjährig(e Rassen?); Frühlings- oder Herbstkeimer; Klettfrüchte.

Typ: Pionierkerzen (?).

Bedeutung in der Landwirtschaft: Anspruchslos und geringe Konkurrenzkraft (2), einjährige, teilweise herbizidresistente Formen unter Umständen in Äckern in größerer Dichte.

Ansprüche: Trockene, steinige Böden.

Verbreitung: Allgemein (ausgenommen kühl-feuchte Lagen).

Häufigkeit: Sehr häufig; in Äckern aber meist nur vereinzelt.

Wuchsorte außerhalb der Äcker: Pionier auf offenen, eher trockenen (warmen) Böden: Schottergruben, Straßenböschungen und Banketten, Trockenwiesen.

Herkunft: Wohl einheimisch.

Besondere Merkmale: Blütenstandsäste nach der Blüte nach oben gebogen („Vogelnest"); Zentralblüte(n) oft dunkelrotbraun bis fast schwarz („Mohrenblüte"); Blätter behaart, Früchte mit hakigen Borsten.
Ähnliche Arten: **Wilder Kümmel** hat einen ähnlichen Blattschnitt, ist aber kahl.

Anmerkung: Ist zwar nahe verwandt mit der Karotte (und daher Wirt von Krankheiten und Schädlingen dieser Kultur), aber nicht die Urform (Stammform).

Bedrohte Ackerwildpflanzen

Weitere neun Doldenblütler sollen hier abgebildet werden, weil sie Pflanzen sind, die bei uns fast nur in Äckern leben können. Es wäre aber unsinnig, sie als „Unkräuter" zu bezeichnen, da sie schwache (Konkurrenzkraft 1–2), anspruchslose Geschöpfe sind, die heute nur mehr ganz gelegentlich als Besonderheiten meist am Rand von trockenen, steinigen Äckern in warmen Lagen ein kümmerliches Dasein fristen. Sie sind in ganz Mitteleuropa vom Aussterben bedroht, und es ist wert, dass man sie kennen lernt, denn es sind eigenar-

Venuskamm

tige Geschöpfe mit seltsamem Aussehen (und Geruch). Es lohnt sich, etwas für ihre Erhaltung zu tun, z.B. Ackerränder nicht mehr sinnloserweise mit Herbiziden zu behandeln. Diese Maßnahme wird besonders in Gebieten mit flachgründigen, zur Austrocknung neigenden Böden von Erfolg begleitet sein. Hier kann man besonders extreme Stellen oder Flächen (z.B. trockene Rücken), auf denen ohnehin kein nennenswerter Ertrag zu erwarten ist, beim Anbauen ausnehmen, nicht aber bei der Bodenbearbeitung – sonst wird aus dem Acker eine dichte, hohe Grasflur, in der sich unsere Schützlinge bald nicht mehr behaupten können. Sie sind auf den Bauern angewiesen – tut er was für sie und gönnt ihnen ein paar Quadratmeter von seinem schlechtesten Grund, dann kann er jährlich Überraschungen erleben. Neben den Doldengewächsen, von denen hier die Rede ist, wird er sich noch (je nach Gebiet) über die Wiederkunft Dutzender weiterer kleiner Pflänzchen freuen können, die früher selbstverständliche Begleiter des Ackerbaues waren. Man erhält so nicht nur einen bunten Fleck in der Landschaft und Gelegenheit für Naturbeobachtungen, sondern auch sozusagen ein agrar-kulturhistorisches Dokument.

Diese neun Arten haben folgende Gemeinsamkeiten: Pflanzen klein bis mittelgroß (10 – 70 cm) mit weißen Blütchen (ausgenommen das Hasenohr, s. dort) Steppenkräuter: Herbstkeimer und daher überwinternd-einjährig oder sommer-einjährig; konkurrenzschwache

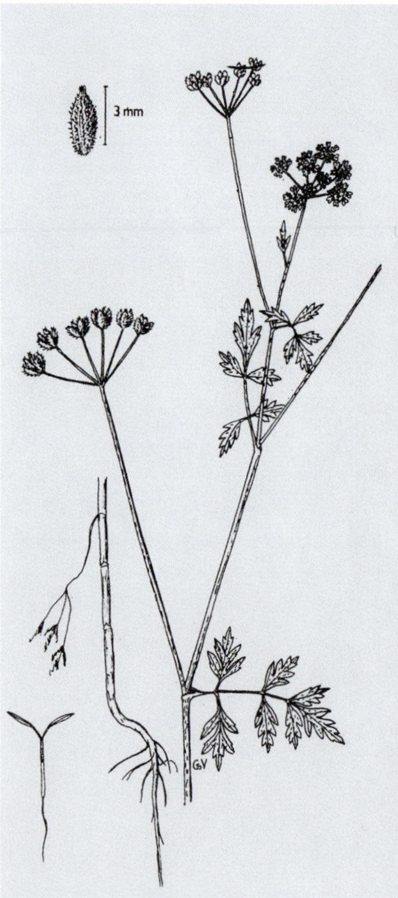

Acker-Klettenkerbel

(1 – 2) Begleiter des Wintergetreides in ausgesprochen warmen Lagen auf eher trockenen, meist kalkhältigen Böden. In Äckern heute sehr selten geworden; außerhalb auf trockenen Hängen, Straßen- und Bahnböschungen. Herkunft: Südeuropa oder Vorderasien.

Venuskamm, Nadelkerbel
Scandix pecten-veneris

Früchte wachsen nach der Blüte zu langen „Nadeln" aus, Blätter zart, karottenartig.

Bevorzugt schwerere, kalkhältige Böden und meidet im Gegensatz zu den übrigen Arten Gegenden mit ausgesprochen sommertrockenem Klima (besiedelt ähnlich wie der Venusspiegel in Österreich eine ganz bestimmte Zone, den Zwischenbereich zwischen dem trockenwarmen Osten und dem kühl-feuchten Westen, die sogenannte „Venushügel-Stufe").

Acker-Klettenkerbel
Torilis arvensis

Charakteristische Verzweigung, derbe Stängel und Blätter; Früchtchen mit an der Spitze widerhakigen Stachelborsten; Hüllblätter nur 1 – 2 oder ganz fehlend (die nahe verwandte Wald-Borstendolde, T. japonica, hat eine mehrblättrige Hülle und Fruchtborsten ohne Widerhaken. Sie ist viel häufiger, kommt aber nur zufällig in Äckern vor).

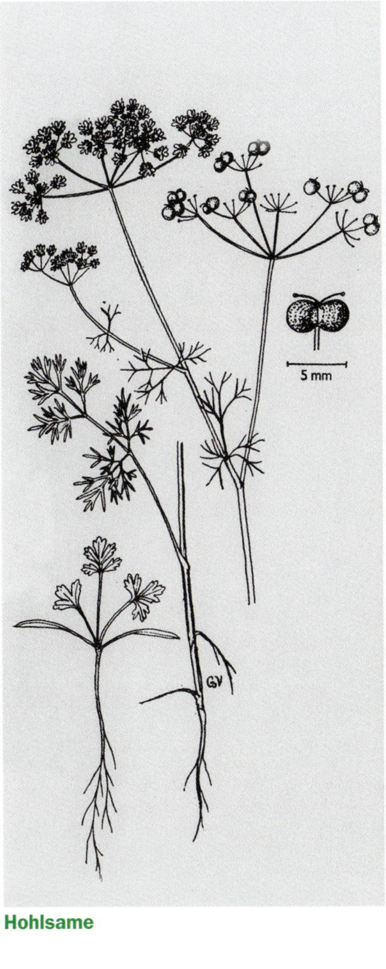

Hohlsame

Hohlsame *Bifora radians*

Obere Blätter sehr fein und zart, äußere Blütenblätter der Blüten, die am Rand der Dolde gelegen sind, viel größer als die inneren (daher auch „Strahlen-Hohlsame"), Früchte hodenartig, die ganze Pflanze verströmt (vor allem nach Verletzungen) einen durchdringenden Geruch („Wanzensame"); nahe mit dem Koriander verwandt, der ähnlich riecht („Stink-Koriander"). In den Siebzigerjahren gebietsweise Massenauftreten. Vor allem im Weinviertel (NÖ.) waren manche Getreideäcker nach 2,4D-Anwendung ein weißes Blütenmeer von *Bifora*, so dass das Erntegut beim Drusch den Geruch annahm („Getreideverpester"). Ist inzwischen wieder zu einer Rarität geworden.

Rundblättriges Hasenohr *Bupleurum rotundifolium*

Sehr auffällig und dekorativ mit den gelben Blütchen und den frischgrünen, rundlichen Blättern, von denen die oberen vom rötlich getönten Stängel durchwachsen werden.

Bis vor wenigen Jahrzehnten in warmen Lagen Mitteleuropas (so im pannonischen Raum Österreichs) regelmäßig und häufig in trockenen, steinigen Getreideäckern (bevorzugt über Kalk); heute eine große Rarität und am ehesten ab und zu auf trockenen, südseitigen Straßenböschungen (so z.B. massenhaft südlich von Wien).

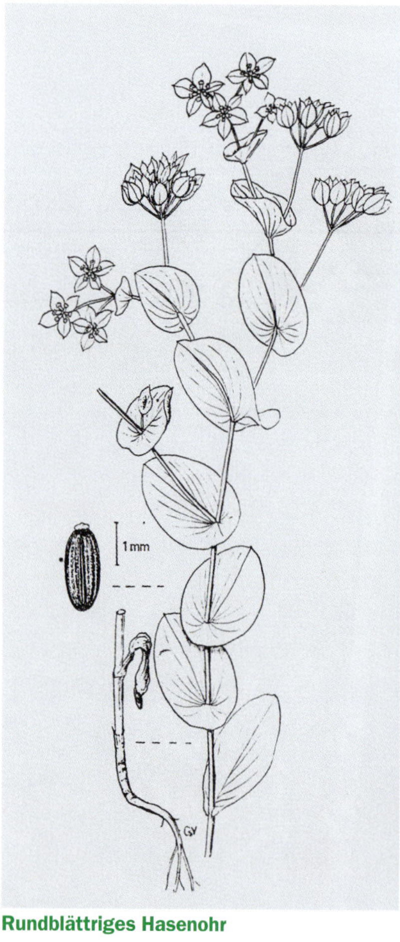

Rundblättriges Hasenohr

Haftdolde *Caucalis platycarpos*

Niedriger, breit ausladender Wuchs, winzige weiße Blütchen oft mit rosa Ton, sehr auffällige, ca. 1cm große Früchte, die meist widerhakige Stacheln tragen (Ausnahme: ssp. *muricata*, eine kurzstachelige Unterart, die fast ausgestorben ist). In sehr trockenen, meist kalkhältigen Getreideäckern (Steinfeld, südliches Wien) und Brachen – heute selten und gefährdet.

Strahldolde, Breitsame *Orlaya grandiflora*

Ebenfalls mit stacheligen Früchten, doch aufrechter Wuchs und sehr auffällige Blütenstände; die Kronblätter am Außenrand der Dolde sind auffallend vergrößert und leuchtend weiß, das Ganze von breit weißrandigen Hüllblättern umgeben. Früher selten in Getreideäckern der Kalkgebiete, heute praktisch nur mehr auf trockenen Hängen unter Gebüsch oder zwischen Steinen.

Klettendolde, Breitblättrige Haftdolde *Turgenia latifolia*

Blütchen weiß, rosa oder purpurn, Hülle und Hüllchen sehr breit hautrandig, Blätter einfach gefiedert, Früchte lang bestachelt. Sehr selten (in Österreich praktisch ausgestorben), am ehesten noch im Steinfeld, NÖ., zu finden.

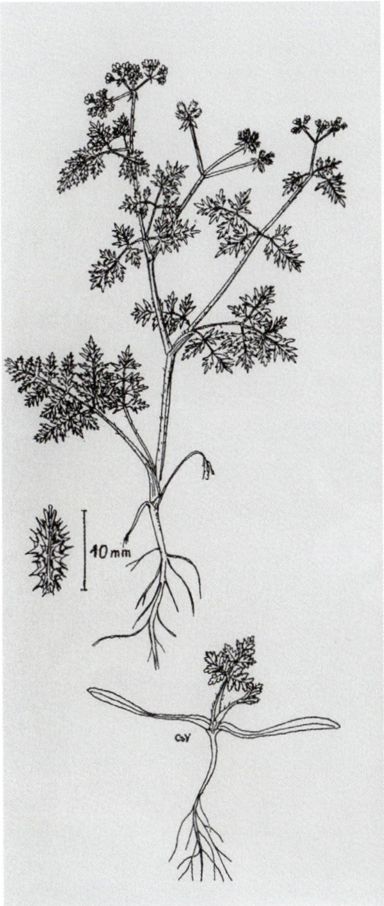

Haftdolde

Zirmet *Tordylium maximum*

Stängel aufrecht, kantig gefurcht, Blätter einfach fiederschnittig, die äußeren Blütenblätter der Randblüten vergrößert und unregelmäßig gelappt, Frucht stark zusammengedrückt borstig. Heute kaum mehr in Äckern, höchstens an den Rändern von Weingärten (Thermenlinie, NÖ), sonst in Trockengebüsch, auf warmen steinigen oder sandigen Hängen; sehr selten.

Hunds-Kerbel *Anthriscus caucalis*

Pflanze zart, weichblättrig, aufrecht, Früchte 5 mm lang, eiförmig; ganze Pflanze beim Zerreiben angenehm süßlich-würzig duftend (Geruch erinnert entfernt an Fichtennadeln oder auch Anis).

In warmen Gebieten unter Gebüsch, nährstoffliebend – gilt zwar als gefährdet (in Österreich auf der Roten Liste mit Grad 3), breitet sich jedoch neuerdings gebietsweise massenhaft in Getreideäckern aus (Kompensation der durch Herbizidanwendung freigewordenen Nischen?), ist allerdings konkurrenzschwach.

Strahldolde

Familie

Erdrauchgewächse

Fumariaceae

Die Erdrauche und ihre Verwandtschaft (z.B. der beliebte „Herzerlstrauch") stehen den Mohngewächsen sehr nahe, werden heute aber üblicherweise als eigene Familie abgetrennt. Gemeinsamkeiten sind etwa der Alkaloidgehalt und damit eine – allerdings geringe – Giftigkeit. Auch im Blattschnitt sind manche Ähnlichkeiten zur Mohnverwandtschaft zu erkennen.

Artenübersicht

Neben dem Echten und dem Blassen Erdrauch gibt es noch ein paar seltene Arten, die oft gar nicht leicht zu unterscheiden sind, vor allem, wenn noch keine Früchte ausgebildet sind.
Hier können nur einige Hinweise gegeben werden – wer es mit dem Bestimmen ernst meint, muss ein wissenschaftliches Bestimmungsbuch, eine Flora (in Österreich den „Adler", in Deutschland z. B. den „Rothmaler") und eine gute Lupe zur Hand nehmen. Besonders wichtig ist das Verhältnis der Länge des Deckblättchens (D) der Frucht zum Fruchtstiel, die Form der Frucht und die Größe der Kelchblätter (K) (diese fallen leider früh ab!). Siehe auch Seite 41.

Beschreibung der wichtigsten Arten

Erdrauch (Echter od. Gewöhnlicher Erdrauch) *Fumaria officinalis* s.l.

Blüte: Kräftig purpurrosa; (Mai) Juni – September (Oktober).

Wuchs: Breit-buschig und aufrecht, aber Stängel am Grund schwach brüchig und daher oft am Boden liegend, 10 – 20 cm (bei sehr günstigen Bedingungen noch wesentlich höher); Tiefwurzler.

Echter Erdrauch

Echter Erdrauch

Lebensform: Sommer-einjährig; Kältekeimer; Hauptkeimzeit Frühling / Frühsommer, manchmal auch später (2. Generation); herbstgekeimte Pflanzen können milde Winter überleben.
Typ: Anspruchsvolle Kleine.

Bedeutung in der Landwirtschaft: Konkurrenzkraft gering (2); konkurrenzschwacher Hackfruchtbegleiter, gelegentlich in Sonderkulturen lästig (in letzteren bei einseitiger Unkrautbekämpfung zuweilen Massenvorkommen), aber leicht bekämpfbar.

Ansprüche: Bei starkem Auftreten Zeiger für günstige Bodenverhältnisse (gute Gare, ausgeglichene Wasserversorgung, lehmig, nährstoffreich).
Verbreitung: Praktisch überall, aber gegenüber dem Klima anspruchsvoll: in kalten oder sommertrockenen Gebieten auf besonders günstige Standorte beschränkt.
Häufigkeit: Meist nur vereinzelt (da konkurrenzschwach).
Wuchsorte außerhalb der Äcker: Bevorzugt Gärten und Weingärten; auch auf Erdhaufen u.dgl.
Herkunft: Vielleicht SW-Europa, jedoch seit ältesten Zeiten Kulturbegleiter in Mitteleuropa.

Besondere Merkmale: Unverwechselbar: Blätter blaugrün (Wachsüberzug), Blütchen unter 1 cm lang mit charakteristischer, langgezogener, einseitig symmetrischer Form, Früchte kugelig.

Ähnliche Arten: Andere Erdrauch-Arten, s.u.: Früchte beim Echten Erdrauch etwas breiter als lang und oben meist leicht abgeflacht oder sogar eingedellt.

Blasser Erdrauch *Fumaria vaillantii*

Blüte: Blassrosa, Mai – August.
Wuchs: Aufrecht; 5 – 15 (20) cm.
Lebensform: Sommer-einjährig, manchmal auch überwinternd einjährig.
Typ: Anspruchsvolle Kleine; Steppenblumen.

Bedeutung in der Landwirtschaft: Konkurrenzkraft gering (1); unbedeutender Zwerg, vor allem unter Getreide.

Ansprüche: Eher auf schweren Böden, aber viel weniger anspruchsvoll als der Echte Erdrauch; verträgt auch Trockenheit besser; bevorzugt in kühlen Gebieten kalkhältige Böden.
Verbreitung: Nur in warmen Gebieten Mitteleuropas häufiger in Äckern und Weinbergen (in Österreich nur im pannonischen Osten häufiges Ackerwildkraut, sonst nur vereinzelt an besonders günstigen Stellen).
Wuchsorte außerhalb der Äcker: Mauerfüße, Mauern, Pflasterritzen, trockene Wildläger unter Felsen.
Herkunft: Vermutlich Vorderasien.

Besondere Merkmale: Zarter und steifer aufrecht wachsend als der Echte Erdrauch, außerdem Blätter noch viel stärker bereift und daher hell graugrün, Blüten viel blasser; teilweise klimatisch voneinander getrennt – siehe Verbreitung.

Weitere seltene Arten

Dunkler Erdrauch Fumaria schleicheri
Ist selten und am ehesten noch in Weinbaugebieten (hier auch manchmal an Rändern von Getreidefeldern) zu finden.

Schnabel-Erdrauch *Fumaria rostellata*
Ist viel weiter verbreitet, kommt aber auch nur gelegentlich und nur in warmen Gegenden in Äckern, Gärten, Weinbergen, Mauern und auf Brachen vor.

	Echter Erdrauch	Schnabel-Erdrauch	Dunkler Erdrauch	Blasser Erdrauch
	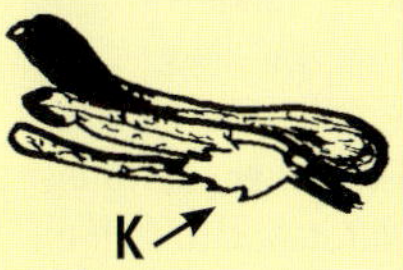	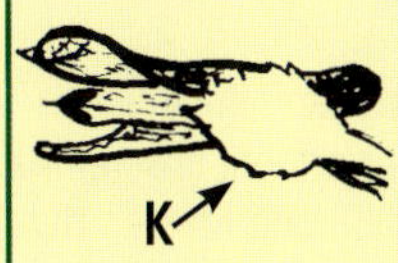	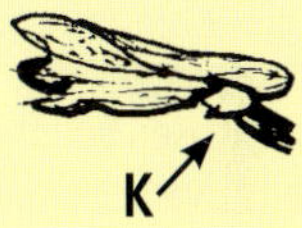	
Blüte	groß (7 – 9 mm) purpurrosa	groß purpurrosa	klein (4 – 6 mm) purpurrosa	klein **blassrosa**
Kelchblätter (K)	relativ **groß, schmal**	**breiter als Blüte**	winzig	winzig
	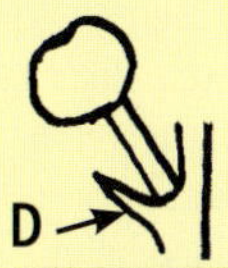		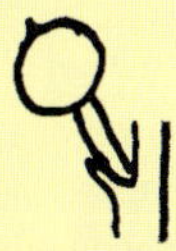	
Fruchtstiel	etwa 1 – 2 x Deckblatt (D)	kürzer	**lang,** 3 – 4 x Deckblatt	kurz, 1 – 2 x Deckblatt
Frucht	etwas breiter als lang **oben abgeflacht** oder eingedellt	kugelig	kugelig, mit kurzem Schnabel	kugelig, ohne Schnabel

Familie

Gänsefußgewächse

Chenopodiaceae

Ihren Namen verdankt die Familie der Blattform, die bei manchen Arten, besonders beim Bastard-Gänsefuß, an den Fußabdruck einer Gans erinnert. Obwohl es sich dabei nur um eine kleine Familie handelt, spielt sie doch für uns Menschen eine große Rolle: Viele Mitglieder sind einjährige Pionierpflanzen, die darauf spezialisiert sind, offenen, nährstoffreichen Boden, wie er von Natur aus z.B. im Schlamm an Flußufern regelmäßig gegeben ist, zu besiedeln. Ihre nährstoffreichen Samen ermöglichen ihren Keimlingen ein rasches Wachstum und bedeuten eine Hilfe im brutalen Kampf um die besten Plätze an der Sonne.

Eine weitere Eigenschaft, ihre Vorliebe für anorganische Anionen, verhilft ihnen einerseits dazu, dass sie auf Salzböden zu wachsen vermögen, so wie der Vorfahre unserer Rüben, der ein Bewohner der Meeresküsten ist. Andererseits „verschlingen" die Gänsefüße und Melden den Nitratstickstoff. Ihre Eigenschaft, Nitrat-Ionen überdies im Zellsaft in recht hohen Konzentrationen (je nach Düngung) zu speichern, bedeutet, dass man beim Verfüttern von Gänsefußgewächsen (z.B. Spinat, Rübenblätter) an Tiere und Kinder vorsichtig sein muss. Nitrat wird bekanntlich bei ungeschickter Silierung oder, im Fall der Babies, beim Aufwärmen des Spinats leicht zum hoch giftigen Nitrit reduziert. Eine unerfreuliche Eigenschaft dieser Gewächsfamilie kommt dann zum Vorschein, wenn man ihre Vertreter bestimmen, d.h. ihren wissenschaftlichen Namen feststellen will. Ihre Blütchen sind nämlich winzig klein und unscheinbar. Die Systematiker kaprizieren sich aber auf eine Gliederung nach Blüten- und vor allem Fruchtmerkmalen. So unterscheidet man die beiden Gattungen Chenopodium (Gänsefuß) und Atriplex (Melde) nur nach Fruchtmerkmalen. Da sie sehr spät im Jahr fruchten, heißt das, dass man sie im Acker eben nur mit viel Erfahrung unterscheiden kann.

Was tun? Nun, der durchschnittliche Unkrautfreund, pardon -feind, wird mit dem bäuerlichen Sammelnamen für Vertreter der beiden Gattungen, nämlich „Moltn" oder „Molden", das Auslangen finden.

Es gibt aber einige Chenopodiaceen, die sozusagen auf den ersten Blick zu erkennen sind.
Jemand, der nur mit Ackerunkräutern zu tun hat, kann es sich außerdem leichter machen, denn nur drei Arten kommen hier so häufig vor, dass man mit großer Wahrscheinlichkeit eine davon vor sich hat. Statt eines Bestimmungsschlüssels, der nur verwirren würde, folgt hier daher eine einfache Übersicht über die Arten der Familie, die in Äckern auftreten können. Alle sind übrigens sommer-einjährig. Von den Arten der beiden ersten Gruppen folgt dann eine genauere Beschreibung wie bei allen anderen wichtigen Unkraut-Arten in diesem Buch.

Hinweis: Das folgende Kapitel soll Ihnen eine Übersicht über die einzelnen schwer zu unterscheidenden Arten geben. Eine genaue Beschreibung der wichtigsten Arten erfolgt in einem eigenen Kapitel ab Seite 48.

Artenübersicht

Sehr häufige und weit verbreitete Arten

Weißer Gänsefuß
Chenopodium album

Er ist weitaus das häufigste Gänsefuß-Gewächs auf Ackerland. Da er sehr formenreich ist (siehe z.B. die Blattformen), können keine einfachen Merkmale angegeben werden. Man „bestimmt" ihn daher nach dem Ausschlussprinzip: Alle Pflanzen in Äckern, die nicht die Merkmale der anderen Arten tragen, darf der Nicht-Spezialist „Weißer Gänsefuß" nennen, denn die Wahrscheinlichkeit ist recht groß, dass diese Bestimmung perfekt ist. Den wissenschaftlichen Namen sollte man allerdings nur verwenden, wenn die Bestimmung hundertprozentig ist, da man sonst eine Genauigkeit vortäuscht, die nicht gegeben ist. Dazu muss man ein Bestimmungsbuch (am besten die „Exkursionsflora von Österreich" von Adler/Oswald/Fischer, Ulmer Verlag) und Vergleichsherbarium zu Rate ziehen oder man schickt die gepressten, getrockneten Pflanzen an Spezialisten.

Weißer Gänsefuß mit Frucht und Samen

Spreiz-Melde mit Frucht und Samen

Spreiz-Melde *Atriplex patula*

Seitenäste am Boden liegend und viel länger als der Mitteltrieb; Blattform s. Abb.
Früchte mit Zacken.

Feigenblatt-Gänsefuß *Chenopodium ficifolium*

Pflanzen ähnlich dem Weißen Gänsefuß, aber zarter, mit charakteristischer, einheitlicher Blattform.

Feigenblatt-Gänsefuß

Sehr leicht kenntliche und nur gebietsweise häufige Arten

Einige Gänsefuß-Gewächse sind, wie bereits gesagt, auf den ersten Blick bzw. wegen ihres Geruchs auf den ersten „Schnüffler" zu erkennen. Wichtige „Erkennungsmerkmale" sind auch die Häufigkeit – je häufiger eine Art ist, um so größer ist die Wahrscheinlichkeit, dass man ein Exemplar davon in der Hand hat – und die Verbreitung: So wird man etwa dem Bastard-Gänsefuß hauptsächlich im pannonischen Raum begegnen.

Bastard-Gänsefuß *Chenopodium hybridum*

Ahornartige Blätter, die beim Zerreiben unangenehm stechend riechen; Verbreitung: In Äckern nur in den wärmsten Gebieten Österreichs, hier in Hackfrüchten häufig.

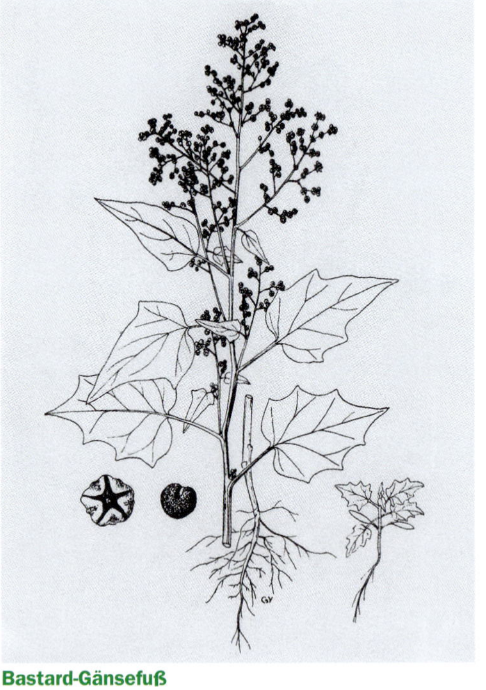

Bastard-Gänsefuß

Vielsamiger Gänsefuß

Vielsamiger Gänsefuß
Chenopodium polyspermum

Blätter ganzrandig, d.h. ohne Zähnchen (was bei der Gänsefuß-Verwandtschaft selten vorkommt), mit feinem weinrotem Rand; Pflanzen relativ klein und oft niederliegend mit weit ausladenden Ästen; häufig, vor allem auf nährstoffreichen Böden in niederschlagsreichen Gebieten.

Seltene bis sehr seltene Arten

Stink-Gänsefuß
Chenopodium vulvaria

(Abbildung unnötig, da Geruch unverwechselbar!) Klein, niederliegend, graugrün, penetrant nach altem (und natürlich totem) Fisch stinkend und daran sofort zu erkennen; sehr selten in Dörfern und Städten auf warmen Stellen mit lockerem Boden; in Äckern nur in wärmsten Teilen Österreichs, v.a. Marchfeld.

Besenmelde, Radmelde
Bassia scoparia (= Kochia scoparia)

Bis weit über einen Meter hoher Busch mit breit bogig aufsteigenden, weiß behaarten Ästen (früher zur Herstellung von Besen) und kleinen, sehr schmalen Blättern. In sommerwarm-trockenen Klimagebieten auf Bauschutt, Sandhaufen und dgl. recht häufig, beginnt sich neuerdings auch in Äckern zu etablieren (so in der

Die Radmelde bricht im Herbst über dem Boden ab, wird vom Wind weggerollt und verbreitet dabei die Samen

Umgebung Wiens). Früher in Ost-Österreich beliebte Zierpflanze: „Sommerzypresserl" (fast „nadelbaumartige" Blättchen und sommer-einjährig; grün oder in einer leuchtend roten Sorte).

Kali-Salzkraut *Salsola kali*

Auffällige Wuchsform: niedrig (im Acker meist nur bis ca. 30 cm hoch), breit ausladend, graugrün mit fadenförmigen Blättern und derbem, zähem, fein behaartem Stängel (wüstenpflanzenartig). Auf sehr trockenen, sandigen, schottrigen Böden im warm-trockenen Klimabereich; gelegentlich in entsprechenden Äckern (z.B. im Marchfeld).

Knorpelkraut *Polycnemum*-Arten

Ähnlich dem Salzkraut wie kleine, meist nur wenige Zentimeter hohe ausgebreitete Nadelbäumchen mit ganz unscheinbaren Blüten; heute fast ausgestorbene Winzlinge in trockenen oder mageren Äckern.

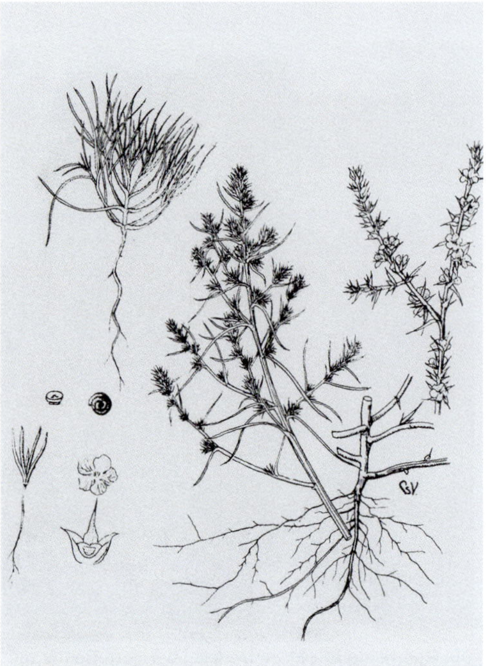

Kali-Salzkraut

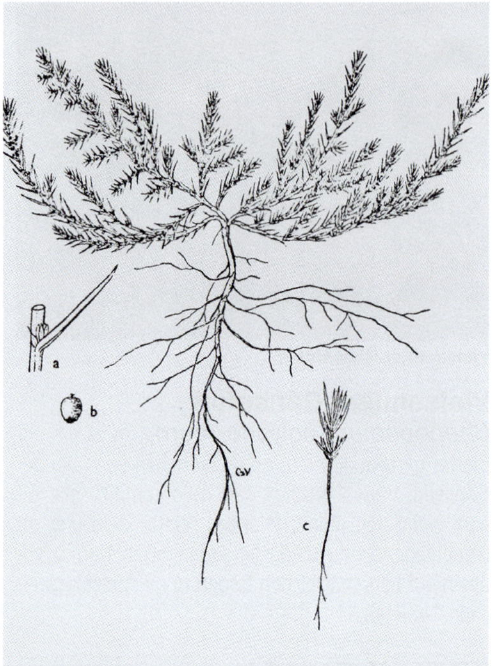

Knorpelkraut

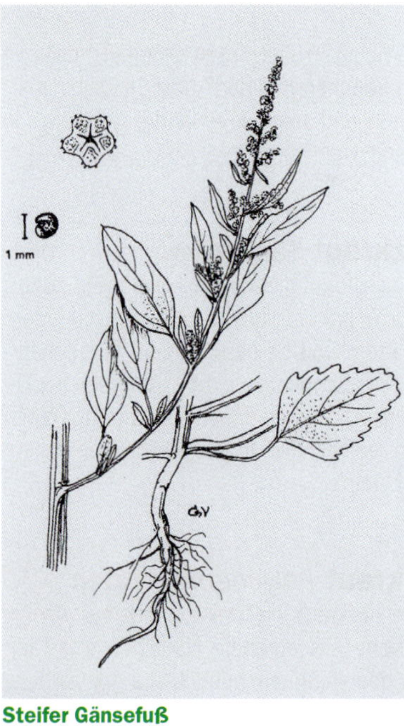

Steifer Gänsefuß

Schwedischer Gänsefuß

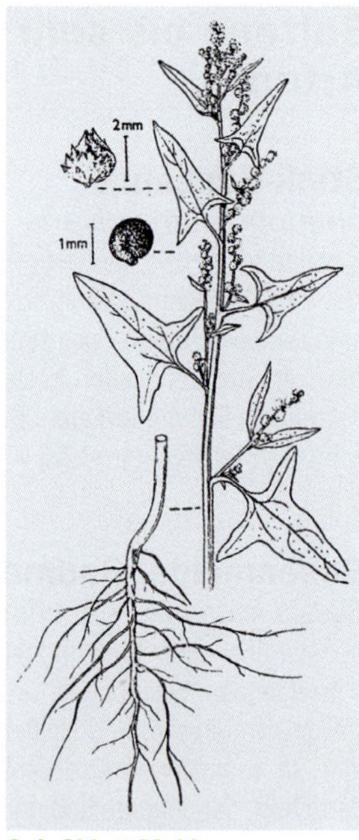

Spießblatt-Melde

Graugrüner Gänsefuß

Glanz-Melde

Seltene und sehr schwer bestimmbare Arten aus der Verwandtschaft von *Chenopodium album*

Für diejenigen, die eine „Unkrautfan-Goldmedaille" anstreben, noch einige Hinweise zu weiteren Arten aus der nächsten Verwandtschaft des Weißen Gänsefußes, die in Äckern auftreten:

Steifer (Gestreifter) Gänsefuß
Chenopodium strictum
Manchmal auf trockenen Kiesböden (z.B. auf den sauren Paratschernosemen der Parndorfer Platte). Untere Äste sehr lang und breit ausgebreitet (ähnlich der Spreiz-Melde), Stängel meist purpurstreifig, Blätter dunkelgrün, obere oft nicht gezähnt, oft rotrandig, oft gewellt und leicht gedreht.

Schneeblatt-Gänsefuß *Chenopodium opulifolium*
Mittelmeerpflanze, neuerdings öfter in nährstoffreichen, gut mit Wasser versorgten Äckern, v.a. im Weinviertel. Blätter etwa so lang wie breit und deutlich dreilappig; Pflanzen meist gleichmäßig grün, ohne jegliche rote Verfärbungen, mit abstehenden, weitbogig aufsteigenden Ästen.

Schwedischer (Grüner) Gänsefuß
Chenopodium suecicum
Sehr ähnlich Ch. album, aber lockerästiger, zierlicher Stängel, zarter und schwachwandig; Blätter dünner, neigen zum Welken, oft breit 3-lappig mit scharfen, leicht einwärts gebogenen Zähnen; die Art ist wahrscheinlich in Äckern sehr selten (oder doch häufiger, aber nicht erkannt?).

Pionierpflanzen anderer Standorte, die ab und zu in Äcker vordringen: **Graugrüner Gänsefuß** *Ch. glaucum* (extrem mit Jauche überdüngte Flächen, Salzböden); **Langblatt-Melde** *Atriplex oblongifolia* (Weinviertel), **Spießblatt-Melde** *A. prostrata* (sehr vernässte Böden), **Glanz-Melde** *A. sagittata* (gelegentlich in Maisäckern) und **Tataren-Melde** *A. tatarica* (nur pannonischer Raum, auf trockenen Böden).

Weißer Gänsefuß (Keimling)

Beschreibung der wichtigsten Arten

Weißer Gänsefuß
Chenopodium album

Blüte: Unscheinbar, winzig, grün; Juni – August.
Wuchs: Unterschiedlich (formenreich), aber meist aufrecht und bis in die Mitte breit und weit verzweigt (5) 20 – 120 (200) cm; extrem plastisch, passt sich in Höhenwuchs und Wuchsform den Umweltbedingungen sowie den Kulturpflanzen an.
Lebensform: Sommer-einjährig; Hauptkeimzeit April, aber auch im Sommer bis in den Frühherbst hinein.
Typ: Kraftlackel.

Bedeutung in der Landwirtschaft: Starker Konkurrent (5) um Nährstoffe und Licht. Zählt in Hackfrüchten wie Zuckerrübe, Mais, Kartoffel, Soja, Feldgemüse zu den wichtigsten Unkrautarten. Bekämpfungsprobleme durch das über einen weiten Zeitraum mögliche Auflaufen bei zeitlich begrenzter Herbizidwirkung; Wirkungslücken bzw. -schwächen bestimmter Herbizide (z.B. Sulfonylharnstoffe) und Selektion von Typen, die gegen Herbizide resistent sind (z.B. Triazine).

Zeiger: Üppig entwickelt nur bei guter Wasser- und Nährstoffversorgung, vermag jedoch auf allen Ackerböden zu wachsen; trockenresistent (sehr ausgedehntes Wurzelsystem).
Verbreitung: Überall, vom Tiefland bis in höchste Äcker.
Häufigkeit: Sehr häufig, vor allem in Hackfrüchten.
Andere Standorte: Sehr verbreitete Pionierpflanze der ersten Besiedlungswelle auf offenen Böden (Erdhaufen, Bauschutt, Müll, ...).
Herkunft: Einheimischer Pionier auf gut mit Nährstoffen versorgten Standorten, wo in unregelmäßigen Abständen immer wieder durch Naturkatastrophen offener Boden entsteht: z.B. Flussufer, Erdrutschgelände, Tierbauten.

Besondere Merkmale: Sehr formenreich, was die Gestalt und Farbe der Blätter, die Verzweigung usw. betrifft; beim Bestimmen geht man daher am besten so vor, dass man überprüft, ob man eine der anderen Gänsefuß- und Melden-Arten vor sich hat – wenn man diese alle ausschließen kann, dann hat man wahrscheinlich ein Exemplar von *Ch. album* vor sich (Abb. S. 43).

Anmerkung: Mit Recht gefürchtetes konkurrenzstarkes Unkraut, das durch seine extrem langlebigen Sa-

men (Jahrtausende nachgewiesen!) praktisch in allen Ackerböden reichlich vorhanden ist.
Samen stärke- und eiweißreich, wertvoll für Vögel (Rebhühner); auch (nach entsprechender Zubereitung) für die menschliche Ernährung geeignet.

Feigenblatt-Gänsefuß
Chenopodium ficifolium

Blüte: Unscheinbar, Juni – September.
Wuchs: Aufrecht, mäßig breit verzweigt; 20 – 90 (120) cm; mäßig plastisch.
Lebensform: Sommer-einjährig.
Typ: Kraftlackel.

Bedeutung in der Landwirtschaft: Recht konkurrenzstark (4), in Hackfrüchten (ähnlich dem Weißen Gänsefuß); rasche Ausbreitung triazin-resistenter Typen in den Achtzigerjahren in Maiskulturen (davon überraschenderweise zunächst Silomaisäcker in Bergregionen betroffen, obwohl die Art wärmebedürftig ist).

Zeiger: Gute Nährstoff- und Wasserversorgung; auf trockenen Böden nach Beregnung.
Verbreitung: Verbreitet; eher wärmeliebend, neuerdings aber auch in kühleren Lagen.
Häufigkeit: Häufig, Hackfruchtäcker.
Wuchsorte außerhalb der Äcker: Erdhaufen, Planierungen, Müllplätze, Flussufer, Auen.
Herkunft: Einheimisch, Flussufer.

Besondere Merkmale: Blätter zarter als beim Weißen G., dreilappig mit tiefsitzenden Seitenlappen und länglichem, fast parallelrandigem Mittellappen.
Ähnliche Arten: Formen des Weißen Gänsefußes, jedoch leicht nach der Blattform zu unterscheiden.

Spreiz-Melde (Ruten-Melde, Sparrige Melde)
Atriplex patula

Blüte: Unscheinbar, Juli – Oktober.
Wuchs: Aufrecht, der Haupttrieb bleibt aber meist im Wuchs stark zurück, die untersten Seitentriebe werden viel länger und liegen oft auf dem Boden; 30 – 80 cm.
Lebensform: Sommer-einjährig.
Typ: Anspruchsvolle Kleine

Spreiz-Melde

Bedeutung in der Landwirtschaft: Wegen des eher niedrigen, ausgebreiteten Wuchses kaum Lichtkonkurrenz: Konkurrenzkraft mittel (3). Stellt derzeit in Äckern kaum ein Problem dar.

Zeiger: Besonders auf schweren Böden und im feuchten Klimabereich.
Verbreitung: Überall bis in höchste Ackerbaulagen.
Häufigkeit: Häufig, Hackfrüchte und Sommerungen.
Wuchsorte außerhalb der Äcker: Erdhaufen, Planierungen, Müllplätze; Flussufer, Gräben.
Herkunft: Einheimisch, Schlamm-Ufer-Pionier.

Besondere Merkmale: Variabel, jedoch die Ackertypen fast immer mit dem typischen „Spreizwuchs": Haupttrieb bleibt im Wachstum zurück; die zähen Seitentriebe werden viel länger und bleiben in Bodennähe. Typisch auch die Früchte (s. Abb.).

Bastard-Gänsefuß

Ähnliche Arten: Unterscheidungsprobleme wurden bereits oben ausführlich geschildert.
Am ähnlichsten ist die (in Äckern) seltene **Spießblatt-Melde** *(A. prostrata)* mit breit dreieckigen bis spießförmigen Blättern. Sie kommt ab und zu in Äckern mit stark vernässtem und verdichtetem Boden in tiefen, warmen Lagen vor.

Bastard-Gänsefuß (Ahornblatt-Gänsefuß, Sautod)

Chenopodium hybridum

Blüte: Unscheinbar, grünlich; Juni – August.
Wuchs: Aufrecht, breit verzweigt, bis zu etwa 60 cm hoch, manchmal auch höher; Tiefwurzler (deshalb auch recht trockenresistent).
Lebensform: Sommer-einjährig.
Typ: Kraftlackel.

Bedeutung in der Landwirtschaft: Konkurrenzkraft mittel (3), aber selten Massenauftreten (daher kaum schädlich).

Zeiger: Warmes Klima, eher trockene, humose Böden.
Verbreitung: Spielt als Ackerunkraut nur im pannonischen Raum Ost-Österreichs eine Rolle.
Häufigkeit: Hier häufig, aber in den Äckern nur vereinzelt oder in sehr geringer Dichte.
Wuchsorte außerhalb der Äcker: Auf kalkreichem Bauschutt, an sonnigen, geschützten Mauerfüßen in ganz Österreich.
Herkunft: Einheimische Wildlägerpflanze (wächst in trockenen, südseitigen Gamslägern unter überhängenden Felsen).

Besondere Merkmale: Ahornartige Blätter, beim Zerreiben mit stechendem Geruch; im Herbst oft weinrot verfärbt.
Ähnliche Arten: Stechapfel *(Datura stramonium)* – so unmöglich es ist, blühende Pflanzen beider Arten zu verwechseln (der Stechapfel hat große, weiße Trichterblüten), so ähnlich sehen sie sich im vegetativen Zustand, sogar der Geruch ist ähnlich! Betrachtet man das Photo der Jungpflanze des Stechapfels, dann sieht man, dass hier die ersten Blätter noch ganzrandig sind. Bei einem Gänsefußkeimling hätten bereits die ersten Blätter (nach den Keimblättern, die sind wieder recht ähnlich!) die typische (Ahornblatt-)Zähnung zumindest angedeutet. Die Blätter des Stechapfels sind außerdem zumindest in der Jugend etwas behaart (Blattbasis betrachten), die des Bastard-Gänsefußes sind dagegen völlig kahl (höchstens in der Jugend ein wenig mit den für die Gattung typischen Blasenhaaren, die wie Mehl aussehen).

Anmerkung: Angeblich (für Schweine) giftig; der Wissenschaft ist jedoch nichts Genaueres bekannt; „Bastard-Gänsefuß“, weil die Pflanze vom Erstbeschreiber für einen Bastard zwischen Gänsefuß (Blütchen) und Stechapfel (Blätter) gehalten wurde.

Vielsamiger Gänsefuß

Chenopodium polyspermum

Blüte: Winzig, grünlich-bräunlich; Juni – August.
Wuchs: Ausladend, bogig überhängende Stängel (selten aufrecht oder ganz niederliegend), 10 – 40 cm.

Vielsamiger Gänsefuß

Lebensform: Sommer-einjährig; Frühlingskeimer; Samen im Boden sehr langlebig.
Typ: Anspruchsvolle Kleine.

Bedeutungen in der Landwirtschaft: Konkurrenzkraft gering (2 bei niederliegenden Formen) bis mittel (3) bei höherem Wuchs.

Zeiger: Anspruchsvoll gegenüber den Boden- und Klimabedingungen: zeigt optimale Wasser- und Nährstoffversorgung in feuchtem, aber mildem Klima.
Verbreitung: Überall; als Unkraut nur in Gebieten mit optimalem Klima (sonst an Sonderstandorten wie halbschattigen Gärten, Erd- und Schutthaufen etc.).
Häufigkeit: Zerstreut.
Wuchsorte außerhalb der Äcker: Flussufer (Schlammbesiedler) – hier handelt es sich aber vermutlich um eine andere Rasse als die Unkrauttypen.
Herkunft: Einheimisch.

Besondere Merkmale: Blätter eiförmig, ganzrandig, am Rand meist mit feinem, weinrotem Saum (im Spätsommer auch oft der Stängel, ja sogar die ganze Pflanze weinrot, siehe Foto Seite 45).

Anmerkung: Angeblich Fisch-Lockmittel (müsste ausprobiert werden).

Familie

Glockenblumengewächse

Campanulaceae

Unter den „eigentlichen Glockenblumen", den Arten der Gattung Campanula, gibt es sogar eine „Acker-Glockenblume" (Campanula rapunculoides), die tatsächlich auf schweren Böden in Äckern nicht selten ist. Als „Wurzel-Kriechpionier" gehört sie sogar zum Typ „Unverwüstliche" und wird daher durch Bodenbearbeitung eher gefördert als zerstört. Trotzdem tritt sie kaum in solcher Dichte auf, dass sie als schädlich betrachtet werden könnte.
Da sie gerne in Mauern oder an deren Fuß wächst, wo sie besonders gut aussieht, sollte sie am besten „Mauer-Glockenblume" heißen. Außerhalb der Äcker, in Gärten, an Wegrändern, auf Böschungen usw. ist sie mit ihren schönen, großen Blüten eine Zierde. Ein echtes Ackerwildkraut, wenn auch ein völlig harmloses, ist hingegen der Venusspiegel.

Beschreibung der wichtigsten Arten

Großer Venusspiegel (Großer Frauenspiegel)

Legousia speculum-veneris

Blüte: Strahlend dunkelblauviolett, nur bei Sonne ausgebreitet; Mai (überwinterte Herbstgeneration) – August.
Wuchs: Zart; sehr plastisch: in dichter Vegetation nach oben strebend: kaum verzweigt, aufrecht und oft recht lang; ohne Konkurrenz von unten verzweigt breitbuschig, aufrecht oder halbkugelig; flachwurzelnd; 10 – 25 (70) cm.
Lebensform: (Überwinternd-)einjährig; in warmen Lagen Hauptkeimzeit Herbst („Kältekeimer"), in kühleren Gebieten nur im Frühling.
Typ: Anspruchsvolle Kleine.

Bedeutung in der Landwirtschaft: Konkurrenzkraft gering (2); (Winter-)Getreide; unschädlich, im Gegenteil: Zierde der Ackerränder.

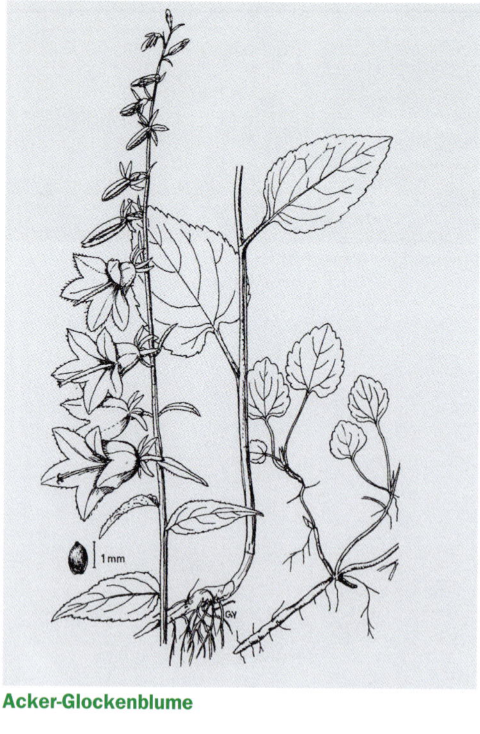

Acker-Glockenblume

Venusspiegel

Ansprüche: Anspruchsvoll, fühlt sich nur in einem engen Bereich von Klima / Bodenbedingungen wohl: optimale Entwicklung bei wenigstens mäßiger Nährstoff- und guter Wasserversorgung in sommerwarmem Klima; die scheinbare Streuung (breite Amplitude) kommt dadurch zustande, dass der Venusspiegel empfindlich auf Austrocknung und kühles Klima reagiert: in sommerwarmen, aber auch -trockenen Gegenden ist er auf Böden mit gutem Wasserhaltevermögen beschränkt und verschwindet schließlich ganz; im warm-feuchten Klimabereich findet er sich auf verschiedensten Böden, bevorzugt aber Silikat; je kühler und frühlingsfeuchter das Klima wird, um so mehr zieht sich der Venusspiegel auf leicht erwärmende (aber auch zur Austrocknung neigende) Standorte zurück und wird nun zum Kalkzeiger.

Verbreitung: In sommerwarmen, aber nicht ausgesprochen sommertrockenen Gebieten (in Österreich gelegentlich in allen Bundesländern, Hauptvorkommen: Westrand des pannonischen Raumes, kalkhältige Böden im Alpenvorland, südliche Steiermark, Kärnten).

Häufigkeit: Heute auf Ackerränder und Brachen beschränkt.

Wuchsorte außerhalb der Äcker: Nur gelegentlich – Samenverbreitung durch Verschleppung von Ackerboden an Schuhen, Rädern,...

Herkunft: Mittelmeerraum: Hier wachsen die dürreempfindlichen Pflänzchen gerne im Halbschatten unter Gebüsch.

Besondere Merkmale: Im blühenden Zustand unverwechselbar: „Flache Glockenblume"; Blätter etwas wellig; Fruchtkapsel länglich, an der Spitze mit 3 Löchern; 5 lange, schmale, zugespitzte Kelchzipfel.

Ähnliche Arten: Der sehr seltene **Kleine Venusspiegel** *(L. hybrida)* hat kleinere, mehr purpur-getönte, glockige Blüten, die weit von den doppelt so langen Kelchzipfeln überragt werden; in Österreich nur in Kärnten.

Naturschutz: Gefährdet, schon seit langem im Rückgang, zwar relativ schattentolerant, kümmert aber doch in sehr dichtstehenden, hohen Getreidebeständen; empfindlich gegenüber Herbiziden; dass der Venusspiegel immer noch regelmäßig, wenn auch meist nur in wenigen Exemplaren die Ackerränder ziert, liegt wahrscheinlich daran, dass seine Samen im Boden langlebig sind.

Anmerkung: Zierpflanze, Wildsalat.

Familie

Gräser

Gramineae (Poaceae)

Die Gräser sind eine sehr große und für den Menschen sehr wichtige Familie. Nicht nur, dass sie mit den Getreide-Arten die wichtigsten Stärkelieferanten unserer Kultur stellen. Wegen ihrer Anspruchslosigkeit und ihrer Fähigkeit, Beweidung und Mahd durch rasches Wachstum auszugleichen, sind sie auch die Grundlage unserer Viehzucht. Dagegen fallen die wenigen Unkräuter innerhalb der Familie von den Artenzahlen her zwar kaum ins Gewicht, doch gehören einige der lästigsten und am schwersten bekämpfbaren Arten hierher. Kein Wunder – Ungräser in Graskulturen (Getreide, Mais u.a.) sind zumindest mit Herbiziden schwer zu erfassen. Ihre Gefährlichkeit reicht von der Konkurrenz um Standortfaktoren über mögliche Bastardierung mit Kulturpflanzen (Flughafer / Kultur-Hafer) bis zu „Schönheitsproblemen" (Golfplätze, Sportrasen usw.). Einjährige Ungräser breiteten sich besonders in den vergangenen Jahrzehnten durch einseitige Herbizidanwendung stark aus und dominieren heute verschiedentlich bestimmte Unkrautbestände.

Beschreibung der wichtigsten Arten

Wir bringen die Ungräser in folgender Reihenfolge: Zunächst das Problem Nr. 1 die unverwüstliche Quecke mit ihren kurzlebigen Doppelgängern aus der Gattung Lolium, gefolgt von einem weiteren ausdauernden Ungras, dem Weichen Honiggras, dann die einjährigen Haupt-Ungräser Flug-Hafer, Windhalm und Acker-Fuchsschwanz, gefolgt von den Ungräsern der Gattungen Rispe und Trespe. Den Abschluss bilden die Unkrauthirsen, größtenteils einjährige Wärmekeimer, die vor allem im Maisbau große Probleme bereiten. Hier haben wir auch die Gattungen Mohrenhirse *(Sorgum)* und Chinaschilf (Elefantengras, *Miscanthus)* eingefügt, weil sie wegen ihrer breiten Blätter manchen Hirsen ähnlich sehen.

(1) Unverwüstliche Ausdauernde

Quecke („Baier", „Weißwurz")

Agropyron repens (= Elymus r.)

Die Quecke hat öfter den Gattungsnamen gewechselt. In verschiedenen aktuellen Büchern findet man daher auch unterschiedliche Namen. Wir behalten den verbreitetsten bei: „Agropyron", d.h. „Ackerweizen". Tatsächlich ist die Quecke eine nahe Verwandte des Weizens.

Wuchs: Weit kriechendes, verzweigtes unterirdisches Rhizom (Halmausläufer)system von weißlicher Farbe (Name!), das nach oben steif aufrechte, 50 – 150 cm hohe ährentragende Halme treibt.

Lebensform: Ausdauernd; Rhizome sehr regenerationsfähig; ein ganz kurzes Stück davon kann wieder zu einer ganzen Pflanze auswachsen, wenn es wenigstens einen Knoten besitzt.

Typ: Unverwüstliche.

Bedeutung in der Landwirtschaft: Konkurrenzstarkes (4 – 5) Ungras in allen Kulturen; neigt zu Massenauftreten; rasche Vermehrung durch Einsatz schneidender / zerteilender Bodenbearbeitungsgeräte; bei passenden Bodenverhältnissen gute mechanische Bekämpfung mittels Federzahngrubber usw.; chemisch in verschiedenen Kulturen durch erhöhte Aufwandmengen von Spezial-

Quecke mit Kornblume

Krallen-Öhrchen

Quecke

Taumel-Lolch (links), Dinkel (rechts)

Italienisches Raygras

Taumel-Lolch

herbiziden gegen Ungräser bekämpfbar (Kosten!); kostengünstige Lösung z.B. Einsatz von Glyphosat zwischen Kulturen (nach der Getreideernte u. ä.).

Ansprüche: Anspruchslos, besonders starke Entwicklung auf schweren, verdichteten Böden in feuchtem Klima.
Verbreitung: Überall häufig.
Wuchsorte außerhalb der Äcker: Ufer, Auen, (feuchte) Weiden (± gutes Futtergras) und Wiesen, aber auch sehr trockene Straßen- und Bahnböschungen etc.
Herkunft: Heimisch.

Besondere Merkmale: An den Ausläufern eindeutig zu erkennen; außerdem Halme steif aufrecht, Blätter umgreifen den Stängel mit 2 Krallen (Öhrchen), Weizengeruch.
Ähnliche Arten: Der nahe verwandte **Weizen** hat ähnliche Öhrchen (allerdings meist mit Wimpern) und ist einjährig.

Der **Taumel-Lolch** *(Lolium temulentum)* ist sehr ähnlich, aber extrem selten. Seine Ährchen stehen zum Unterschied zur Quecke mit der Schmalseite zum Stängel; sommereinjährig; bis 1 m hoch; selten auch grannenlos. Vor Jahrhunderten häufig und massenhaft im Sommergetreide, da darauf angewiesen, mit Getreide ausgesät zu werden (Saatgutunkraut wie etwa Kornrade), durch gründliche Saatgutreinigung rasch verschwunden. Samen in feuchten Jahren von alkaloidhältigem Pilz befallen: Mehlvergiftungen, riefen Schwindelanfälle hervor, daher der Name. Bereits aus dem alten Ägypten bekannt und in der Bibel erwähnt, heute in Mitteleuropa ausgestorben; manchmal als Verunreinigung von Italienischem Raygras-Saatgut!

Andere häufige Weide- und Futtergräser der gleichen Gattung kommen auch immer wieder vereinzelt in Äckern vor. Ähnlich (Verwechslungsgefahr) das harmlose **Italienische Raygras** = Welsches Weidelgras *(Lolium multiflorum)*. Es ist aber länger lebend (daher am Grund mit nicht blühenden Blattbüscheln), hat einen zarteren Blütenstand (Achse nicht so stark hin- und hergebogen) und kürzere äußerste Spelzen (Hüllspelzen).

Weiches Honiggras

Weiches Honiggras *Holcus mollis* besitzt ebenfalls ein unterirdisches Rhizomsystem, ist aber wesentlich konkurrenzschwächer (2 – 3) und ein Spezialist für magere, saure, ± sandige Böden= „Silikatquecke". In entsprechenden Gebieten sowohl im Getreide als auch unter Kartoffeln, aber meist wenig problematisch. Abgesehen von den Ausläufern leicht zu erkennen an dem bleichen, rosa getönten Blütenstand und einem Haarkranz an den Stängelknoten.

Anmerkung: Mechanische Bekämpfung der Quecke leichter als bei anderen Unverwüstlichen, da die Ausläufer relativ seicht im Boden sind. Neigt auf Ackerbrachen zum Wuchern, daher ist vor der Stilllegung eine (mehrmalige) Bekämpfung nötig – die Gelegenheit zu einer mechanischen Bekämpfung sollte hier genützt werden. Die Quecke kann von Straßenböschungen oder Brachen rasch in den angrenzenden Acker hineinwachsen, dem ist durch entsprechende Bodenbearbeitung Rechnung zu tragen. Besonderes Augenmerk sollte hier auf die Ackerränder gerichtet werden: Schmale Streifenbehandlungen /-bearbeitungen können eine Ausbreitung wirkungsvoll und kostengünstig verhindern. Eine Mahd zur Reduktion auf den Nachbarflächen ist, wie bei anderen Unverwüstlichen, zwecklos – die Quecke verträgt Mahd gut.

Verbreitung der Quecke praktisch nur durch Verschleppen von Ausläuferstückchen auf Rädern und mit Maschinen (die Samenproduktion ist kümmerlich). Queckenrhizome sind nährstoffreich und reich an Kohlehydraten und werden als Heilmittel (Schleimdroge) in Teemischungen eingesetzt.

(2) Einjährige Haupt-Ungräser

Flughafer (Wild-Hafer)

Avena fatua

Blüte: Juni – August.

Wuchs: Halme aufrecht, einzeln oder in lockeren Büscheln, 50 –150 (und mehr) cm hoch.

Lebensform: Sommer-einjährig (Herbstkeimlinge sterben bei Frost ab), (Haupt-)Keimzeit März – April, Tiefkeimer (bis über 10 cm Tiefe). Fruchtreife über einen langen Zeitraum: Die ersten Früchte fallen noch vor der Getreidereife ab, haben eine Keimruhe und bereichern so (nach dem Einackern) die Samenbank, die letzten reifen erst nach dem Drusch, kommen also in das Stroh und werden mit diesem verbreitet; auch nicht ausgereifte Früchte sind teilweise keimfähig.

Typ: Steht zwischen Kraftlackeln und Steppenkräutern.

Bedeutung in der Landwirtschaft: Sehr konkurrenzstarkes (5), rasch- und hochwüchsiges Ungras mit hohem Nährstoffaneignungsvermögen; Schwellenwerte - Hinweise siehe Windhalm.

In (Sommer-) Getreide und Hackfrüchten. Seit ca. 1990 stark zunehmende Verbreitung in Österreich. Bei erstem Auftreten von Einzelpflanzen händisches Entfernen sinnvoll. Mechanisch in Getreide kaum bekämpfbar. Für chemische Bekämpfung spezielle Herbizide mit Flughaferwirkung erforderlich. In vielen Fällen durch Teilflächenbehandlung Kosteneinsparungen möglich. Im Gegensatz zu anderen Ländern noch keine Resistenzerscheinungen nachgewiesen, wohl aber deutliche Empfindlichkeitsunterschiede bei verschiedenen Rassen beobachtet (Wirkstoff: Fluazifop u. ä.; Triallat).

Ansprüche: Gute Entwicklung nur auf nährstoffreichen, gut durchlüfteten Böden mit ausgeglichener Wasserversorgung. Galt früher als „Kalk"- bzw. Basenzeiger.

Verbreitung: Mangels Konkurrenz durch andere Unkräuter (s. Windhalm) hat sich heute das Verbreitungsgebiet auch auf saure, ärmere Böden und in kühlere Gebiete erweitert, in denen der Flughafer früher nicht vorkam. (Früher waren Windhalm- und Flughafergebiete streng getrennt; heute können beide sogar im gleichen Acker vorkommen).

Häufigkeit: Häufig.

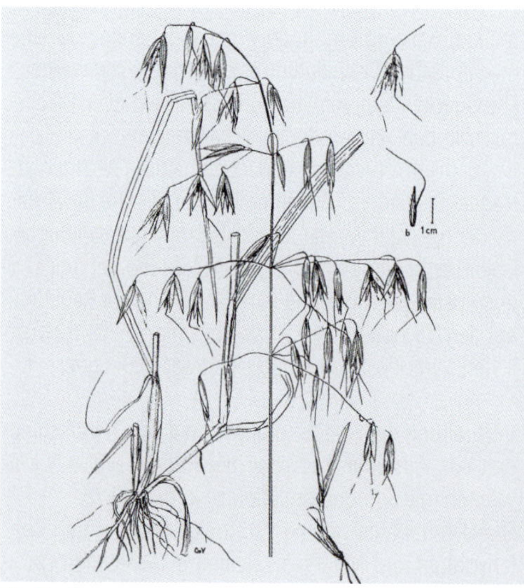

Flughafer

Wuchsorte außerhalb der Äcker: Nur dort, wo die Samen zufällig hin verschleppt wurden.
Herkunft: Erst im Zuge der Landwirtschaft entstanden. Kultur-Hafer *(A. sativa)* und Flug-Hafer *(A. fatua)* haben wohl die gleiche Stammform, die sehr großfrüchtige A. sterilis, die auf trockenen Plätzen mit offenem Boden in Südeuropa und Vorderasien wächst (bei uns als Ziergras in Trockensträußen). Der Flughafer ist mit seinen kleineren Früchten offenbar eine Anpassung an den Getreidebau, da diese ungefähr gleich groß und schwer sind wie die der Kulturformen und daher schwer voneinander zu trennen sind.

Besondere Merkmale: Hochwüchsig (Flughaferpflanzen ragen schon frühzeitig über den Kulturhafer hinaus), breitblättrig, langes Blatthäutchen. Blattrand am Grund mit kurzen Härchen (die später abfallen). Bei der Reife fallen die 2 – 3 Früchte (pro Ährchen) aus der Hüllspelze einzeln heraus. Sie sind meist sehr stark behaart (Unterschiede zwischen Formen) und besitzen eine lange, geknickte, im unteren Teil spiralig gedrehte Granne.

Ähnliche Arten

Winterungs-Flughafer *(A. sterilis subsp. ludoviciana)*
Die 2 (– 3) Früchte eines Ährchens fallen hier gemeinsam ab (nicht einzeln wie beim Flughafer). Die vorgebildete Bruchstelle befindet sich also nur unterhalb der untersten Blüte. Diese Bruchstelle kann man auch bei unreifen Pflanzen (mit der Lupe) als bogenförmige Narbe erkennen. *A. fatua* hat sie unter jeder Blüte, A. ludoviciana (und *A. sterilis*) nur unter der untersten und A. sativa nirgendwo.
Der Winterungs-Flughafer ist ein Ungras im Getreidebau Süd- und Westeuropas und tritt in Österreich nur ganz selten und vorübergehend, vor allem eingeschleppt im Bahnbereich, auf.

Der zierliche **Sandhafer** *(A. strigosa)* war früher eine Kulturart für arme Sandböden. Heute ist er nur mehr ganz selten und vereinzelt als „Unkraut" zu finden. Man erkennt ihn an den zwei feinen, langen Spitzen, in die die Deckspelze ausläuft.

Nur zwei kurze Spitzchen und sehr dünne, häutige Spelzen, die die Frucht nur locker umhüllen, hat der **Nackthafer** *(A. nuda)*. Er war ebenfalls früher ein Getreide und tritt heute gelegentlich als Verunreinigung in Kulturhafer auf.

Links: Flughafer (Die drei Früchte des Ährchens trennen sich bei der Reife)
Rechts: Winterungs-Flughafer (Die Früchte fallen gemeinsam ab, da nur die unterste eine Soll-Bruchstelle besitzt. Die Narbe ist deutlich zu sehen.)

Anmerkung: Die Früchte des Flughafers sind im Gegensatz zu denen vieler anderer lästiger Unkräuter im Boden nur relativ kurz lebensfähig (3 – 5 Jahre; in wenig tätigen oder sehr trockenen Böden auch länger). Daher lohnt es sich, alle Pflanzen aus dem Acker zu entfernen (was bei Unkräutern mit langlebigen Samen vergebliche Mühe wäre). Neuinfektion nicht durch „Flug" sondern mit Maschinen (vor allem Mähdrescher), in Reifenprofilen, evtl. mit Hafersaatgut (Bastarde zwischen Kultur- und Flughafer spalten auf), kaum aber durch gereiften, gelagerten Mist oder Kompost – dabei sterben die Samen ab.
Die Früchte sind nährstoffreich und können geschrotet verfüttert werden.

■ Windhalm *Apera spica-venti*

Blüte: Juni, Juli.
Wuchs: Aufrecht, Halme einzeln oder in lockeren Büscheln, 30 – 130 cm hoch.
Lebensform: Überwinternd-einjährig (keimt praktisch nur im Herbst, sehr selten im Frühling); tiefes, reich verzweigtes Wurzelsystem; hohe Samenproduktion, Samen (= eigentlich Früchte) jedoch kurzlebig, die meisten sterben im Boden nach 1 – 2 Jahren ab. Verbreitung der Früchte in erster Linie durch Maschinen, v.a. Mähdrescher. Windverbreitung spielt eine

Windhalm: eine lange Granne der einzigen Blüte jedes Ährchens gibt der Rispe das luftige Aussehen

Vom Windhalm verseuchte Winterungen erkennt man an der roten Färbung. (Hier zusätzlich Roggen als Ungras in Winterweizen)

Windhalm

geringe Rolle, und wenn, dann nur über kurze Strecken.

Typ: Für den Windhalm müsste ein eigener Typ kreiert werden, dessen einziger Vertreter er (zumindest in Mitteleuropa) ist: Auffallend ist die Kombination Herbstkeimer und kurzlebige Samen, die an die einjährigen Pionierpflanzen in Meeresdünen (Süd-)Westeuropas erinnert.

Bedeutung in der Landwirtschaft: Mäßig konkurrenzstark (3 – 4). Meist aber in Massen auftretend, besonders in Wintergetreide. Bekämpfung mechanisch (Hackstriegel u. ä.) und durch verschiedene Herbizide auch chemisch möglich.

Die starke Zunahme in den letzten Jahrzehnten ist vor allem auf folgende Faktoren zurückzuführen: (Winter-)Getreidereiche Fruchtfolge, frühzeitige Ernte (Mähdrusch), Verdrängung anderer Unkrautarten durch Herbizide.

Schwellenwerte: Wurden in der Unkrautbekämpfung bisher für Winterweizen und -gerste sowie Winterraps formuliert. Für die Ermittlung

werden die Kosten von Unkrautbekämpfungsmaßnahmen dem erzielten Nutzen gegenübergestellt. Die Beurteilung der Verunkrautung erfolgt auf Grund des Unkrautbesatzes (Unkräuter / m²) oder / und des Unkrautdeckungsgrades (%). Problemunkräuter (z. B. kletternde / windende Arten) werden gesondert erhoben und beurteilt.
Für Wintergerste und -weizen gelten 30 – 50 einjährige Ungräser / m² (Windhalm u. ä.) oder 90 breitblättrige Unkräuter als Schwellenwerte. Eine genauere Differenzierung und Beurteilung der Arten betreffend Konkurrenz führt zu genaueren Schwellenwerten.

Ansprüche: Galt früher als Zeiger für saure, sandige, aber doch gut mit Wasser und Nährstoffen versorgte Böden. Vermutlich wegen der Abnahme der Konkurrenz (der durch Herbizidanwendung wegfallenden Unkräuter) breitete sich der Windhalm stark aus und tritt heute auch in Gebieten mit neutralen, schweren Böden auf.
Verbreitung: Überall.
Häufigkeit: Schwerpunkt in Gebieten mit sauren Böden, dort sehr häufig.
Wuchsorte außerhalb der Äcker: Sandflächen, Straßenränder im Ackerland.
Herkunft: Unbekannt; vielleicht erst unter Ackerbedingungen aus einer Wild-Art *(A. interrupta?)* entstanden.

Besondere Merkmale: Im blühenden Zustand unverwechselbar: Jedes der winzigen Ährchen hat eine lange feine Granne, duftig zarte Rispen, die das Getreide wie einen roten (bräunlich-violetten) Schleier überdecken, der im Wind weht (Name!). Reizvoll in Trockengestecken!
Im nichtblühenden Zustand schwieriger zu erkennen: Blätter sehr schmal (± 3 mm), am Rand rau; langes (6 – 12 mm), ± zerfranstes Blatthäutchen.
Ähnliche Arten: Im vegetativen Zustand schwer vom **Acker-Fuchsschwanz** zu unterscheiden, am besten geht es mit dem Blatthäutchen (bei den obersten Blättern ist der Unterschied am deutlichsten). Nah verwandt sind die **Straußgräser** *(Agrostis)*. Von diesen kommt das **Riesen-Straußgras** *(Agrostis gigantea)* vor allem auf schweren, feuchten Böden gerne in Äckern vor, allerdings nie in derartigen Mengen, dass es Schaden anrichtet. Unterscheidung leicht: Blüten ohne Grannen; Blätter viel breiter. Als ausdauerndes Gras hat das Straußgras neben blühenden Trieben auch solche, die keine Rispen treiben (der Windhalm bildet fast nur Triebe mit Rispen aus), und unterirdische Ausläufer.

Anmerkung: Windhalm-Kalamitäten müssten nicht sein. Er ist wegen seiner kurzlebigen Früchte und der mäßigen Konkurrenzkraft leicht durch Fruchtfolge kontrollierbar. Zudem ist der Einsatz einer breiten Palette von direkten Bekämpfungsmaßnahmen möglich.

■ Acker-Fuchsschwanz
Alopecurus myosuroides

Blüte: Mai (und Spätsommer).
Wuchs: Halme steif aufrecht oder am Grund etwas geknickt, bogig aufsteigend, im unteren Bereich oft verzweigt, daher in lockeren Büscheln, 20 – 80 (100) cm hoch.
Lebensform: Meist überwinternd-einjährig, seltener Keimung im (Vor-)Frühling, dann sommer-einjährig; flach wurzelnd; Früchte frühreif, fallen großteils vor oder bei der Ernte ab, ein Teil davon ist sofort keimfähig, ein Teil bereichert einige Jahre die Samenbank des Bodens (langlebige Samen).
Typ: Flexible? – anspruchsvoller als Steppenkräuter, andere Keimzeiten als Kraftlackel. Recht ähnlich ist ihm der Acker-Hahnenfuß.

Bedeutung in der Landwirtschaft: Mäßig konkurrenzstarkes (3 – 4) Ungras vor allem der Winterungen. Während noch vor 10 Jahren die wenigen Vorkommen in Österreich als Besonderheit notiert wurden, so ist heute überall mit dem Ungras zu rechnen. Es tritt allerdings nur ganz lokal massenhaft auf. Mit weiterer Ausbreitung ist zu rechnen, vor allem bei getreidereichen Fruchtfolgen. Herbizide mit Wirkung gegen Acker-Fuchsschwanz vorhanden; erste Berichte über Bekämpfungsschwierigkeiten (Herbizidresistenz?).

Ansprüche: Eher schwere, sehr gut mit Wasser und Nährstoffen versorgte Böden.

Acker-Fuchsschwanz

Verbreitung: Vor allem in wintermilden, klimafeuchten Gebieten.
Häufigkeit: Früher selten; derzeit lokal bereits häufig; ± rasche Zunahme der Verbreitung.
Wuchsorte außerhalb der Äcker: Vereinzelt auf Erd- bzw. Schutthaufen u. dgl.
Herkunft: Ufer-Schlammpionier aus Vorderasien?

Besondere Merkmale: Schlanker, beiderseits verjüngter (d.h. oben zugespitzter) Blütenstand. Blattscheiden rau, die oberen etwas aufgeblasen, Blatt lang schmal (3 – 8 mm breit), mit abgerundeter Spitze, auf der Oberseite und an den Rändern rau (im Stereomikroskop oder mit der Lupe sieht man Zähnchen). Blatthäutchen ein kurzer (2 bis max. 5 mm), unregelmäßig gezähnter Saum, der in der Mitte etwas hochgezogen ist.
Ähnliche Arten: Wie der **Windhalm** im jungen Zustand unscheinbar und schwer zu erkennen. Hat man festgestellt, dass Ungräser da sind (Blick zwischen die Getreidereihen), so achte man auf das Blatthäutchen, das beim Windhalm länger ist. Die Blätter sind kürzer mit scharfer Spitze.

Acker-Fuchsschwanz

(3) Ungräser der Gattung Rispe Poa

Einjährige Rispe (Einjahrs-Rispe)
Poa annua

Blüte: Ganzjährig.
Wuchs: Meist in lockeren Büscheln (Horsten) mit knickig aufsteigenden Halmen, 5 – 30 cm hoch; Flachwurzler.
Lebensform: Sommer- und überwinternd einjährig, raschlebig: In wenigen Wochen von der Keimung zur Samenreife, vermag fast das ganze Jahr zu keimen (Flachkeimer).
Typ: Frühreife.

Bedeutung in der Landwirtschaft: Praktisch in allen Kulturen, aber nur selten schädlich, da konkurrenzschwach (1); am ehesten noch in Gärten und im Gemüsebau ein Problem. Besondere Schwierigkeiten bei Rollrasenerzeugung, auf Golf- sowie Sportplätzen usw. Verstärkt bei Minimalbodenbearbei-

Einjährige Rispe

Graben-Rispe (langes Blatthäutchen)

tung auftretend. Als seichtwurzelnder Bodendecker auch positive Wirkung (etwa im Weinbau).

Ansprüche: Beste Entwicklung auf optimal mit Wasser und Nährstoffen versorgten Böden.
Verbreitung: Überall.
Häufigkeit: Häufig.
Wuchsorte außerhalb der Äcker: Typische Trittpflanze an Wegrändern, auf Weiden.
Herkunft: Einheimisch, heute weltweit verschleppt.

Besondere Merkmale: Kleines, zartes, gelbgrünes, locker wurzelndes Gras mit 1 – 3 mm langem, weißem Blatthäutchen (von der Seite sichtbar); frühblühend, alle Triebe eines Horstes kommen zur Blüte.

Graben-Rispe (Gemeine Rispe)
Poa trivialis

Blüte: Juni, Juli.
Wuchs: Mit ganz kurzen, schlaffen, oberirdischen Kriechtrieben lockere Teppiche bildend, Halme knickig aufsteigend, 50 – 100 cm hoch.
Lebensform: Ausdauernd, im Acker überwinternd oder sommer-einjährig, Population erhält sich über Samenkeimung.
Typ: Lückenkriecher.

Bedeutung in der Landwirtschaft: In (Getreide-) Äckern vor allem auf schweren, vernässten Böden häufig, doch wegen Konkurrenzschwäche (2 – 3) kaum schädlich. Spezielle Bekämpfung derzeit nicht nötig.

Ansprüche: Bevorzugt feuchte, nährstoffreiche Böden (Zeiger!)
Verbreitung: Allgemein.
Häufigkeit: Häufig.
Wuchsorte außerhalb der Äcker: Gräben, Ufer; Intensivgrünland – hier durch frühe Mahd (Silage) stark zunehmend, da die Früchte der Graben-Rispe sehr früh ausreifen (früher als die anderer Wiesengräser, etwa die des Goldhafers).
Herkunft: Einheimisch.

Besondere Merkmale: Kriechtriebe kurz, mit schlaffen, muffig riechenden Blättern, die auf der Unterseite

Taube-Trespe (Ährchen keilförmig nach vorne verbreitert)

stark fettig glänzen; Blattscheide rau, Blatthäutchen sehr lang und spitz.

Ähnliche Arten: Die Graben-Rispe wird häufig für **Windhalm** gehalten, hat aber keine Grannen. Außerdem reift sie lange vor dem Getreide. Daher sind die von ihr „befallenen" Äcker hellgelb, nicht rötlich getönt wie vom Windhalm befallene Äcker.

(4) Ungräser der Gattung Trespe Bromus

Die Trespen sind leider eine Gattung, deren Arten sehr schwer auseinander zu halten sind.
Wichtig ist es, zwei Gruppen zu unterscheiden:

1. Ährchen (Teilblütenstände) gegen die Spitze zu verbreitet: Taube Trespe
   Dach-Trespe

2. Ährchen gegen bede Enden zu schmäler werdend: Japanische Trespe (und alle anderen)

Taube-Trespe

Taube Trespe
Bromus sterilis

Blüte: Mai – Juni.
Wuchs: Aufrecht, Rispe weit überhängend, 30 – 60 (90) cm.
Lebensform: Überwinternd, seltener sommer-einjährig.
Typ: Streuner.

Bedeutung in der Landwirtschaft: Konkurrenzkraftmittel (3 – 4). Erst in den letzten Jahren vermutlich aus Windschutzstreifen in Getreide- und Rapsäcker eingewandert; bei schlechter Entwicklung der Kultur (Trockenheit) starke Konkurrenzwirkung.
Unter bestimmten Umständen (Zeitpunkt der Bodenbearbeitung, Nähe von Populationen, aus denen eine Einwanderung erfolgen kann) massenhaft in Weingärten; das anspruchslose Gras mit seinem geringen Wasserverbrauch macht aber keine Konkurrenz. Wird durch zahlreiche Herbizide nicht oder nur ungenügend erfasst, daher bei chemischer Bekämpfung sorgsame Herbizidauswahl nötig. Bei beginnender Einwanderung in Felder (Rand-) Streifenbehandlung sinnvoll. Mechanisch kaum bekämpfbar.

Ansprüche: Offener, lockerer, luftiger Boden; bevorzugt nährstoffreichere Standorte in warmen Klimagebieten; dafür erträgt die Art viel Trockenheit und auch etwas Schatten.
Verbreitung: Außerhalb der Äcker überall, mit Schwerpunkt in warm / trockenen Lagen, in Äckern nur im sommertrockenen Osten Österreichs ein Problem.
Häufigkeit: In Äckern nur lokal, außerhalb sehr häufig.
Wuchsorte außerhalb der Äcker: Wegränder (Verbreitung durch Socken, Hosen- und Hundebeine), Heckensäume (Verbreitung durch das Wild), Windschutzstreifen und Robinienhaine, trockene Ackerbrachen, Luzernefelder,...
Herkunft: Pionierpflanze aus den Weide-Steppen Vorderasiens?

Besondere Merkmale: Stängel kahl, Rispe locker, ± nach allen Seiten weit überhängend, Seitenäste mit 1 bis 3 Ährchen.

Ähnliche Arten: Die **Dach-Trespe** gilt als ähnlich. Wenn man aber zwei Individuen der beiden häufigen Arten einmal nebeneinander hält, so erkennt man, dass sie ganz verschieden aussehen; siehe Merkmale.

Anmerkung: An Mauer- und Zaunfüßen ausgesprochen dekoratives Gras (Ziergras).

Dach-Trespe
Bromus tectorum

Blüte: Mai / Juni.
Wuchs: Schräg aufrecht, einseitig überhängend, 10 – 45 (60) cm.
Lebensform: Überwinternd, seltener sommer-einjährig.
Typ: Streuner.

Bedeutung in der Landwirtschaft: Wie die Taube Trespe, jedoch etwas konkurrenzschwächer (2 – 3) und dafür noch dürrefester. Ähnlich wie Taube Trespe verstärkte Einwanderung in den letzten 10 – 15 Jahren in die Äcker Österreichs zu beobachten (durch reduzierte Bodenbearbeitung, Extensivierung der Unkrautbekämpfung usw.). Bekämpfung wie Taube Trespe.

Ansprüche: Offener Boden; (noch) anspruchsloser als ihre „taube" Schwester gegenüber Wärme, Wasser- und Nährstoffversorgung.
Verbreitung: In Äckern bisher nur in Ost-Österreich und nur gelegentlich ein Problem; außerhalb der Äcker praktisch überall.
Häufigkeit: Sehr häufig.
Wuchsorte außerhalb der Äcker: Kiesdächer (Namen!), Bahnschotter, Straßenböschungen, Wegränder, Schottergruben, Mauerkronen, Balkonkistchen, Windschutzstreifen,...
Herkunft: Einheimisch?

Besondere Merkmale: Stängel unter der Rispe, Rispenäste und meist auch die Ährchen behaart; Rispe dicht (die längeren Seitenäste mit 3 – 12 Ährchen), aber meist einseitig überhängend.

Anmerkung: Die Früchte werden als Kletten von Mensch und Tier verschleppt.

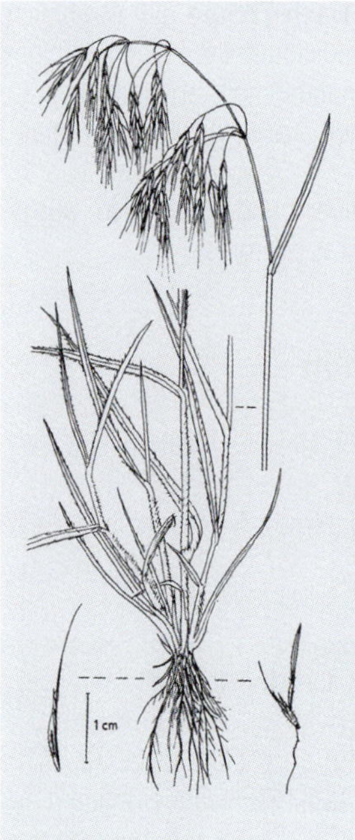

Dach-Trespe

Dach-Trespe als Ungras im Marchfeld

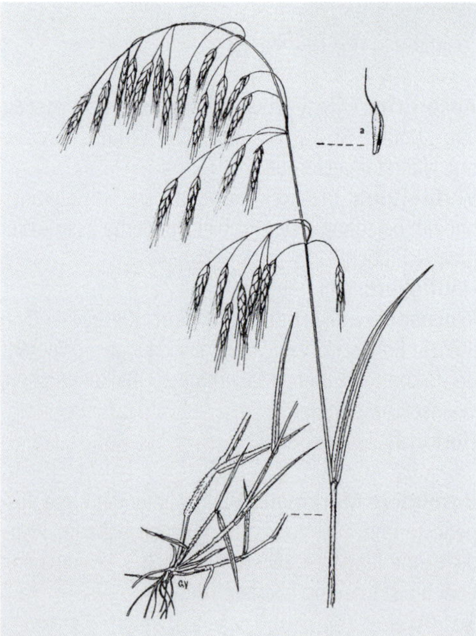

Japanische Trespe
(Ährchen nach vorne verschmälert)

Die beiden Trespen hatten bis vor einigen Jahren als Ackerunkräuter wegen ihres relativ (zu anderen typischen Ackerspezialisten) langen Lebenszyklus keine Bedeutung. Warum sie nun in Äckern stärker auftreten, ist nicht immer klar: Evolution kurzlebiger Rassen? Förderung durch reduzierte Bodenbearbeitung; Wirkungslücken verschiedener Herbizide. Auf Ackerbrachen können sie im 2. und 3. Jahr (zweite Besiedelungswelle) Massenbestände bilden (vor allem, wenn die Flächen an Windschutzstreifen angrenzen). Diese sollten von ausdauernden Arten allmählich verdrängt werden, falls aus der Umgebung passende Arten einwandern können. Ist dies nicht der Fall, so kann durch Einsaat von Trockenwiesensaatgut, Heudrusch oder Aufbringen von Mähgut von geeigneten Standorten die Entwicklung der Vegetation gefördert werden.

Japanische Trespe
Bromus japonicus

Blüte: Juni.
Wuchs: Aufrecht, Rispe überhängend, 15 – 60 (80) cm.
Lebensform: Überwinternd-einjährig.
Typ: Steppenkräuter.

Roggen-Tresp

Roggen-Trespe in Roggen

Bedeutung in der Landwirtschaft: Nur in warm-trockenen Gebieten in Wintergetreide und Winterraps (hier hauptsächlich am Ackerrand) manchmal auftretend – besonders bei schlechter Entwicklung der Kulturpflanzen auch mit größerer Dichte; Konkurrenzkraft mäßig (2 – 3).

Ansprüche: Ausgesprochen wärmeliebend, bevorzugt schwere Böden.

Verbreitung: In Äckern nur im wärmsten Österreich; verschleppt auf andere Standorte (z. B. Bahngelände) überall.

Häufigkeit: Im Osten häufig, sonst selten bis fehlend (z. B. in ganz Salzburg).

Herkunft: Steppenpionier aus Südosteuropa oder Vorderasien. Der fernöstliche Name kommt daher, weil die Art zuerst anhand eines Herbarexemplars aus Japan beschrieben wurde.

Besondere Merkmale: Rispe dicht, verzweigt, mit meist 3 Ährchen pro Zweig, Ährchen schlank, bei der Reife spreizen die Grannen stark nach außen (dies ist

Blühende Roggen-Trespe

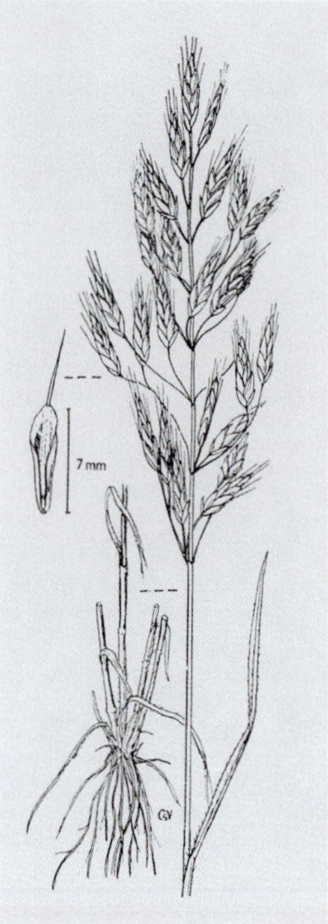

Verwechselte Trespe (Der Name sagt es schon: Zum sicheren Bestimmen der Trespen aus dieser Verwandtschaft sind Spezialliteratur, Mikroskop und Erfahrung nötig)

auf der Abb. nicht zu sehen, es wurde ein junges Exemplar gezeichnet); Granne deutlich unter der Spitze der Deckspelzen entspringend (siehe Abb.).

Ähnliche Arten: Die **Roggen-Trespe** *(Bromus secalinus)* hat ebenfalls dekorativ nach außen spreizende Grannen. Außerdem zeigen beide Trespen die Tendenz, dass sich die Spelzen der einzelnen Früchte gegen die Reife zu einrollen und so die Ährchen getreideartig gegliedert erscheinen lassen (s. Abb.). Die Roggen-Trespe hat aber (meist) kahle Blattscheiden, während die der „Japanerin" behaart sind. Außerdem sind die Ährchen der Roggen-Trespe viel dicker. Sie wurde ja auch von prähistorischen Zeiten bis in die Neuzeit hinein als Getreide gebaut. Sie war wie die Kornrade ein Saatgut-Unkraut (Typ: Spezialisten) und ist daher wie diese durch die moderne Saatgutreinigung heute an den Rand des Aussterbens gelangt. Neuerdings wird sie für Begrünungen ausgesät und wird möglicherweise außerhalb der Äcker eine neue Heimat finden. Als Spezialist keimen ihre Früchte rasch und vollständig, sowohl im Frühling wie im Herbst.

Verwechselte Trespe *Bromus commutatus*
In Äckern kaum mehr zu finden, am ehesten noch vereinzelt im Feldfutterbau. Grannen nicht oder nur ganz schwach auswärts gebogen.

Sparrige Trespe *Bromus squarrosus*
Auffällig derbe Trespe mit stark spreizenden Grannen und sehr wenig verzweigter Rispe. Sehr selten in ganz warmen Lagen in Äckern und Weingärten.

Acker-Trespe *Bromus arvensis*
Ährchen schlank, oft purpurn überlaufen, Grannen nicht spreizend. In Äckern (trotz des Namens) praktisch ausgestorben. Am ehesten noch in Begrünungen zu finden (Saatgutverunreinigung).

Weiche Trespe *Bromus mollis*
Verbreitetes Pioniergras lückiger Wiesen und Weiden. Immer wieder auch in Äckern ohne Schadwirkung. Ährchen graugrün, dick eiförmig, weich behaart.

(5) Unkrauthirsen

Die Hirseverwandten sind eine eigene Unterfamilie innerhalb der Gräser, die ihren Schwerpunkt in den Subtropen hat. Die einjährigen Hirsen, die bei uns als Pionierpflanzen und Ackerungräser vorkommen, benötigen deshalb hohe bis sehr hohe Bodentemperaturen (20° – 30°; Minimaltemperaturen von knapp unter 10° und 10° – 20°) zur Keimung. Deshalb keimen sie erst im Mai und treten vor allem in Hackfrüchten auf. Besonders problematisch können sie im Maisbau werden.

Die Gattung **„Mohrenhirse"** *(Sorgum)* trägt ihren Namen einerseits zu recht, weil sie vor allem in Afrika eine wichtige Kulturpflanzengattung ist, andererseits zu unrecht, weil sie nicht mit den Hirsen, sondern mit dem Mais näher verwandt ist. Trotzdem wollen wir sie hier gleich mit abhandeln.

Die Unkraut-Hirse-Gattungen sind schon im jungen Zustand leicht zu unterscheiden:
Die **Hühnerhirse** *(Echinochloa)* hat recht breite Blät-

ter, ihre Blattscheiden sind stark zusammengedrückt, und ihr fehlt das Blatthäutchen.

Die **Echten Hirsen** (Rispenhirsen; *Panicum*) haben einen feinen Haarkranz anstelle des Blatthäutchens. Die Mohrenhirse *(Sorgum)* hat ein kurzes Blatthäutchen und zusätzlich außen herum einen Haarkranz; außerdem sehr breite Blätter und unterirdische Ausläufer. Bis auf wenige Ausnahmen werden die Echten Hirsen und die Mohrenhirse über 1 m hoch und sind ausgesprochen breitblättrig.

Die **Borstenhirsen** *(Setaria)* haben viel schmälere Blätter als Echte Hirsen und Mohrenhirse und anstatt eines Blatthäutchens einen Haarkranz.

Die **Fingerhirsen** *(Digitaria)* haben ein richtiges Blatthäutchen, schmale kurze Blätter und meist niederliegenden Wuchs, so dass sie unter dem Mais ganze Teppiche bilden können. Die blütentragenden Halme liegen meist zunächst auf dem Boden und biegen sich an einem Knoten schräg nach oben, wie wenn sie nach oben geknickt wären (in der Fachsprache sagt man „knickig-aufsteigend"). Einen ähnlichen Wuchs hat oft die Hühnerhirse, doch sind bei dieser die Blätter viel breiter und das Blatthäutchen fehlt.

Probleme mit Unkrauthirsen entstanden in den vergangen Jahrzehnten durch Selektionsvorgänge in Unkrautbeständen nach einseitiger Herbizidanwendung. Es zeigte sich, dass große Empfindlichkeitsunterschiede (z. B. gegenüber Atrazin) zwischen Arten und innerhalb von Arten (Resistenz!) bestanden. Auch bei neueren Herbiziden (Sulfonylharnstoffe u. a.) sind große Unterschiede zwischen Gattungen und Arten, aber auch innerhalb von Arten zu beobachten. Derzeitige Bekämpfungsprobleme können auf genetisch bedingter Toleranz / Resistenz, Standortbedingungen (Bodenherbizide) und Entwicklungsunterschieden (Nachauflaufherbizide) beruhen.

■ Hühnerhirse *Echinochloa crus-galli*

Blüte: Juli – Oktober.
Wuchs: Im dichten (Mais-)Bestand aufrecht, 30 – 150 (über 200) cm hoch; frei stehend breiten sich die Halme zunächst am Boden liegend nach allen Seiten sternförmig aus, machen dann an einem Stängelknoten einen Knick und wachsen schräg nach oben.
Lebensform: Sommer-einjährig, Keimung spät im Frühjahr; früh gekeimte Pflanzen bestocken sich stark und bilden viele Blätter, bevor sie zu blühen beginnen; je später die Keimung, um so weniger Gewicht wird auf die vegetative Entwicklung gelegt. Die Pflanzen bleiben dann klein und können innerhalb von 6 Wochen zur Samenreife gelangen. Das bedeutet, dass spätkeimende Pflanzen wenig konkurrieren (vor allem auch, weil der Mais etwa ab der 8. Woche gegen Unkrautkonkurrenz wenig empfindlich ist).
Typ: Wärmeliebende Riesen.

Bedeutung in der Landwirtschaft: Sehr konkurrenzstark (5) und raschwüchsig. Ursprünglich in Mais durch Atrazin gut bekämpfbar, bis sich regional herbizidresistente Typen ausbreiteten. Derzeit auch durch neuere Herbizide erfolgreich bekämpfbar.

Ansprüche: Gute Entwicklung nur auf optimal mit Wasser und Nährstoffen versorgten Böden; verträgt auch Bodennässe (weltweit das verbreitetste Unkraut in Reisfeldern).
Verbreitung: Bevorzugt sommerwarme Gebiete, heute in allen Maisbaulagen.
Häufigkeit: In günstigen Lagen sehr häufig.
Wuchsorte außerhalb der Äcker: Ufer, Gräben, Erdhaufen, Misthaufen (Jaucherinne).
Herkunft: Nicht mehr feststellbar, da schon seit der Eisenzeit in Mitteleuropa (als Getreide genutzt).

Besondere Merkmale: Charakteristische Rispenform; **Achtung:** Es gibt grannenlose Formen, aber auch extrem langborstige. Blattscheiden zusammengedrückt, zweischneidig, am Grund oft rot. Kein Blatthäutchen, ganze Pflanze praktisch kahl.
Ähnliche Arten: Im nichtblühenden Zustand sieht die Hühnerhirse der **Gelben Borstenhirse** recht ähnlich; diese trägt aber einen Haarkranz als Blatthäutchen und hat einige lange, feine Haare am Blattgrund; im frühen Jugendstadium mit der **Kahlen Hirse** ebenfalls leicht verwechselbar (aber bei dieser Haarkranz als Blatthäutchen).
Anmerkung: Urzeitliche Kulturpflanze (Getreide, Tierfutter; Name!)

Hühnerhirse

Borstenhirsen

Gelbe Borstenhirse *Setaria pumila (= S. glauca, S. lutescens)*

Blüte: Juli – September.
Wuchs: Ähnlich Hühnerhirse, 5 – 150 cm hoch.
Lebensform: Sommer-einjährig, keimt vom Frühling bis in den Spätsommer hinein; die spät (z. B. auf der Getreidestoppel) gekeimten Pflänzchen bleiben winzig und kommen noch vor dem ersten Frost zum Fruchten.
Typ: Wärmebedürftige Riesen.

Bedeutung in der Landwirtschaft: Sehr verbreitetes Hackfruchtungras, v. a. im Mais- und Gemüsebau. Nicht so konkurrenzstark (3) wie die Hühnerhirse, aber relativ frühkeimend und sehr raschwüchsig, daher oft mit dieser gemeinsam. Unempfindlicher gegen bestimmte Herbizide (z. B. Rimsulfuren); bereits große Empfindlichkeitsunterschiede innerhalb von Populationen beobachtet.

Ansprüche: Sehr flexibel, üppiger Wuchs aber nur auf gut mit Wasser und Nährstoffen versorgten Böden; geht vor allem im nassen und sauren Bereich auch bis in Extremstandorte und bleibt dort entsprechend klein.
Verbreitung: Überall, mit Schwerpunkt in sommerwarmen Gebieten.
Häufigkeit: Sehr häufig.
Wuchsorte außerhalb der Äcker: Verschiedenste Pionierstandorte.
Herkunft: Einheimisch, sandige Ufer von Teichen und Bächen.

Besondere Merkmale: Blattscheiden stark zusammengedrückt, kahl, Wimpernkranz anstelle eines Blatthäutchens, Blattgrund mit wenigen langen Härchen; Frucht im Vergleich zu anderen Borstenhirsen relativ groß, 3 mm lang, stark bauchig, auf der Bauchseite stark querrunzelig; Borsten in der Jugend gelb, später orangerot.
Ähnliche Arten: Im blühenden bzw. fruchtenden Zustand von den anderen Borstenhirsen v.a. durch

Bildtext

Gelbe Borstenhirse: Bei der Reife wechselt die Farbe der Borsten von Gelb auf Fuchsig-Orange

die auffällige Farbe der Borsten leicht zu unterscheiden. Bei den anderen Setaria-Arten sind außerdem die Früchte nur etwa halb so groß.

Anmerkung: Neuerdings wird in den Büchern der Name „Fuchsrote Borstenhirse" verwendet. Diese Umbenennung ist unnötig, da sich streiten läßt, ob die Borsten im jeweiligen Fall nun gelb (orange) oder eher fuchsrot sind. Der Name „Gelbe Borstenhirse" ist jedenfalls alteingeführt und soll auch so bleiben. In Österreich werden jährlich Infektionen durch einen Brandpilz beobachtet; Versuche in Richtung biologische Bekämpfung zeitigten jedoch keinen Erfolg.

Grüne Borstenhirse
Setaria viridis

Blüte: Juli – Oktober.
Wuchs: Aufrecht, 10 – 60 cm hoch, meist in kleinen Büscheln wachsend.
Lebensform: Sommer-einjährig, keimt sehr spät im Frühling (Frühsommer), entwickelt sich aber rasch und kommt innerhalb von ca. 6 Wochen zur Samenreife.
Typ: Sommerregen-Wüstenpionier

Bedeutung in der Landwirtschaft: Weitaus die konkurrenzschwächste unter den Borstenhirsen (Konkurrenzkraft mäßig, 2 – 3). Hackfruchtäcker, Weingärten, Getreidestoppel.

Ansprüche: Erträgt viel eher Trockenheit als Hühnerhirse und Gelbe Borstenhirse; daher gedeiht die Grüne Borstenhirse zwar auf allen Ackerböden und wächst hier oft gemeinsam mit den anderen Setaria-Arten; ihren Schwerpunkt hat sie aber auf stark zur Austrocknung neigenden Böden besonders über Kalk im sommertrockenen Klima.
Verbreitung: Vor allem in tieferen, wärmeren Lagen; wärmebedürftiger als S. pumila und Echinochloa.
Häufigkeit: In den ihr zusagenden Gebieten sehr häufig.
Herkunft: Unbekannt.

Grüne Borstenhirse (Grannen bei der Reife oft weinrot)

Besondere Merkmale: Zartes, meist kleinwüchsiges Gras, Blattscheiden am Rande mit Haaren, Blatthäutchen ein Haarkranz; Borsten in der Jugend grün, später oft weinrot. An der geringen Größe, der meist kurzen, dichten Rispe und der im Herbst oft weinroten Farbe leicht erkennbar.

Ähnliche Arten: In Maisfeldern gibt es ab und zu eine Riesenform der Grünen Borstenhirse, die **Riesen-Borstenhirse** *(S. viridis subsp. pycnocoma)*, deren Rispe 2 – 3 cm Durchmesser hat und bis 20 cm lang wird. Dadurch erinnert sie an eine nahverwandte Kulturpflanze, die **Kolbenhirse** *(S. italica)*, die als (Vogel-)Futter (heute nur mehr selten) angebaut wird. Die Riesen-Borstenhirse kann jedoch bis über 2 m hoch werden. Sie reagiert auf zahlreiche Herbizide empfindlicher als die Grüne Borstenhirse. Ähnlich riesenhaft ist auch die **Chinesische Borstenhirse** *(S. faberi)*, die aus Ostasien nach Amerika und von dort bei uns eingeschleppt wurde. Sie tritt seit etwa 1980 (v.a. in Stmk., Kärnten, Tirol und Vorarlberg) bei uns ab und zu in Mais- und Sojaäckern auf. Sie fällt neben ihrer Größe dadurch auf, dass die Blattscheiden wie die Oberseiten der Blätter zwar locker, aber deutlich behaart sind. Ihre Ähre (Rispe) bleibt wie die der Kolbenhirse beim Umbiegen ± gleichmäßig geschlossen, während sich die der Riesen-Borstenhirse lappig auflöst.

Chinesische Borstenhirse (Südost-Steiermark)

Kletten-Borstenhirse („Kleb-Gras“, Quirl-Borstenhirse)

Setaria verticillata

Blüte: Juli – September.

Wuchs: Büschelig, Halme knickig aufrecht, Rispe oft überhängend, 30 – 100 (120) cm hoch.

Lebensform: Sommer-einjährig, Spätkeimer.

Typ: Wärmebedürftige Riesen.

Bedeutung in der Landwirtschaft: Seltenes Mais-Ungras, auch in Gärten, Gemüsefeldern, Weingärten; Konkurrenzkraft mittel (3). Lokal merkbare Zunahme zu beobachten. Ähnliche Empfindlichkeit gegenüber Atrazin wie Gelbe Borstenhirse.

„Kleb-Gras" in Mais

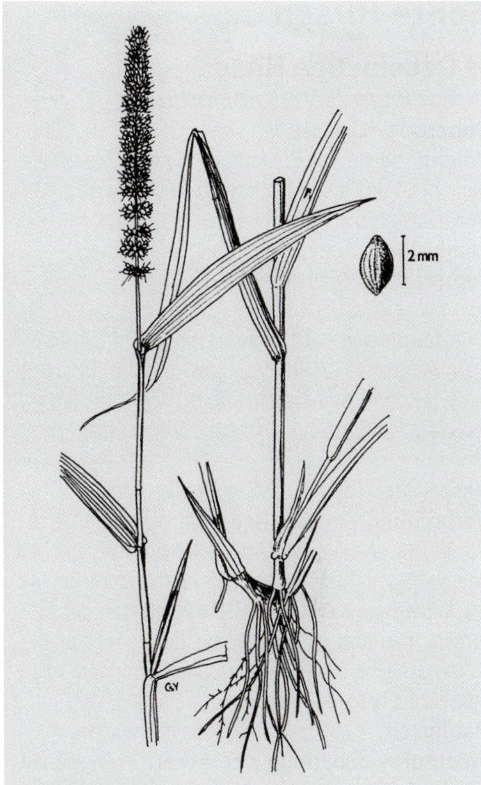

Kletten-Borstenhirse (Rispe unten quirlig unterbrochen)

Ansprüche: Sehr wärmebedürftig und nährstoffliebend.
Verbreitung: In Äckern nur in den wärmsten Gebieten (Weinbauklima); auf warmen Standorten (s. u.) in Städten und Dörfern weit verbreitet.
Häufigkeit: Selten.
Wuchsorte außerhalb der Äcker: Mauerfüße, Schutthaufen, Mistplätze, Wegränder (Klettverbreitung der Früchte).
Herkunft: Mittelmeerraum (?).

Besondere Merkmale: Die Borsten sind mit nach unten gerichteten Zähnchen (Widerhaken) versehen; deshalb ist das Gras schon von weitem daran zu erkennen, dass sich die Rispen ineinander verkletten; beim Vorüberstreifen heftet sich das Gras sehr fest an die Kleidung.

Im nichtblühenden Zustand der Grünen Borstenhirse sehr ähnlich, die Kletten-Borstenhirse hat jedoch zusammengedrückte Blattscheiden.

Ähnliche Arten: Die **Täuschende Borstenhirse** *(S. decipiens, S. ambigua, S. verticilliformis, S. gussonei)* tritt neuerdings stellenweise in Maisäckern auf. Am häufigsten begegnet man ihr aber in Städten, wo sie aus den Fugen am Fuße der Hausmauern herauswächst. Ihren seltsamen Namen hat sie daher, weil sie von weitem der Klebrigen Borstenhirse ähnelt, denn sie hat ebenso wie diese eine quirlig unterbrochene Rispe. Da die Zähnchen ihrer Borsten, die übrigens kürzer sind, nach oben zeigen, greift sie sich aber ganz glatt an. Trotzdem funktioniert die Klettverbreitung ihrer Früchte, wie ihre bevorzugten Standorte an Mauern zeigen.

Echte Hirsen

Gabelästige Hirse
Panicum dichotomiflorum

Blüte: Juli – Oktober
Wuchs: Halme 1 – 2 m lang, im unteren Teil oft niederliegend und an einem Knoten knickig schräg nach oben aufsteigend.
Lebensform: Sommer-einjährig; Spätkeimer.
Typ: Wärmeliebende Riesen

Bedeutung in der Landwirtschaft: Mäßig konkurrenzstarkes (3) Mais-Ungras, das auf frischen bis feuchten Standorten auftritt; mit dem lange verwendeten Atrazin nicht mehr bekämpfbar.

Ansprüche: Feuchte, nährstoffreiche Böden.
Verbreitung: Im Ackerland noch die häufigste der Echten Hirsen (Panicum-Arten). Obwohl sie erst seit den Siebzigerjahren des vorigen Jahrhunderts bei uns ist, findet man sie in den Maisbaugebieten der Steiermark, Kärntens und des Burgenlandes regelmäßig. Auch nach Oberösterreich und sogar Vorarlberg ist sie inzwischen vorgedrungen.
Häufigkeit: Häufig, gebietsweise massenhaft.
Wuchsorte außerhalb der Äcker: Bahngelände, Straßenränder, Gräben.
Herkunft: Feuchtland- und Uferpflanze aus dem östlichen und südlichen Nordamerika.

Besondere Merkmale: Charakteristischer Wuchs (s. o.); Blattscheiden kahl, Blätter nur auf der Oberseite manchmal zerstreut behaart; statt eines Blatthäutchens ein 1 – 2 mm langer, dichter Wimpernkranz. Im fruchtenden Zustand dadurch auffällig, dass die Blütenährchen („Früchte") an den äußeren Enden des Blütenstandes gehäuft und dicht zusammengedrängt sind, sodass der innere Teil der Rispe schütter wirkt.
Ähnliche Arten: Sehr ähnlich ist die südafrikanische **Kahle Hirse (Glattblättrige Hirse),** P. laevifolium, die in Maisfeldern des Burgenlandes, der Steiermark, Kärntens und Oberösterreichs entdeckt wurde. Diese ist jedoch deutlich massenwüchsiger (bis über 200 cm) und breitet sich derzeit in Südösterreich relativ rasch aus. Wegen ihrer Ähnlichkeit wurden die beiden Arten vermutlich oft verwechselt; daher lässt sich nichts Genaueres über Verbreitung und Häufigkeit sagen. Ihre Blätter sind etwas breiter und ganz kahl (Name!), der Blütenstand ist nicht so ausgeprägt kegelförmig (wie der der Gabelästigen Hirse), seine Äste spreizen nicht so deutlich, und die Blütenährchen sind nicht so gehäuft und dicht gedrängt, sondern gleichmäßiger verteilt. Die fruchtenden Ährchen („Früchte") sind etwas kürzer, dicker und nicht so spitz wie die schlankeren der Gabelästigen Hirse. Doch das sind subtile Unterscheidungsmerkmale; eine genaue Bestimmung ist nur Gräserspezialisten möglich (auch die Angaben in den Fachbüchern sind teilweise widersprüchlich).

Weitere Unkrauthirsen aus der Gattung Panicum
Es ist laufend mit Neueinschleppungen aus dieser sehr artenreichen Gattung zu rechnen. Bisher aus Maisäckern Österreichs bekannt sind weitere Arten:

Haarstiel-Hirse *(Panicum capillare)*
Ein sehr hübsches Präriegras aus Nordamerika mit duftigen, aufrecht-ellipsoidischen Rispen, die oft halb so lang wie die ganze Pflanze sind, und gelblichen bis hellgrauen Früchten. Die ganze Rispe bricht bei der Reife ab und wird vom Wind weggerollt, wobei die Samen ausgestreut werden. Das Gras wird bei uns als Ziergras kultiviert. Wild findet man es in Maisäckern vor allem trockener Standorte, auf Schutthaufen, aber auch an Teichufern. Als Ungras spielt es eine geringe Rolle, da es kleinwüchsig (bis ca. 50 – 80 cm), blattarm und daher konkurrenzschwach ist. Die Blattscheiden sind bei dieser und den folgenden Arten dicht behaart.

Hillman-Hirse *(Panicum hillmani, P. hillmanii)*
Sehr ähnlich der vorigen Art und mit dieser nah verwandt. Die subtilen mikroskopischen Merkmale findet man in der Fachliteratur. Hinweise für die Praxis: härtere Blätter, dickere Halme, steifere Rispenäste, Früchte größer, dunkler. Im Burgenland, der Steiermark, in Kärnten und Niederösterreich sicher nachgewiesen, doch wohl öfter mit der Haarstiel-Hirse verwechselt (die in allen österreichischen Bundesländern nachgewiesen ist).

Echte Hirse *(Panicum miliaceum)*
Die Echte Hirse ist etwas größer und breitblättriger als die zuvor genannten Unkrauthirsen und unterscheidet

sich von diesen auch durch größere Ährchen, die 4 – 5 mm lang sind, und dichtere Rispen.
Zwei Unkrautformen dieser alten Kulturpflanze kommen in Maisäckern vor, die **Unkraut-Hirse** *(P. miliaceum subsp. ruderale, P. spontaneum)* mit steif nach oben abstehenden Rispenästen und die **Bauern-Hirse** (Flatter-Unkrauthirse, *P. miliaceum subsp. agricola*), eine erst kürzlich neu beschriebene Unterart.
Die zuletzt genannte Form hat weit überhängende Rispenäste. Obwohl die Unkrautformen der Echten Hirse in den klassischen Maisbaugebieten (v. a. Kärntens und der Steiermark, aber auch Oberösterreichs und Tirols) regelmäßig zu finden sind, kommen sie kaum in so großer Dichte vor, dass sie Schaden anrichten können. In Betrieben, in denen die Kulturpflanze Echte Hirse *(P. mil.* subsp. *miliaceum)* gebaut wird, kann diese im Laufe der Fruchtfolge ebenfalls als Unkraut in Erscheinung treten. (Bei den Unkrautformen fallen die Früchte bei der Reife aus.)

Fingerhirsen

Bluthirse (Große Fingerhirse)
Digitaria sanguinalis

Wuchs: Halme meist zunächst niederliegend (manchmal an den Knoten wurzelnd), dann abgeknickt aufsteigend, manchmal auch aufrecht (bis 1 m lang).
Lebensform: Sommer-einjährig, Spätkeimer (Mitte Mai).
Typ: Anspruchsvolle Kleine / wärmebedürftige Riesen.

Bedeutung in der Landwirtschaft: Spät keimend, wenn der Mais schon unempfindlich gegen Konkurrenz ist; Bedeutung unter Umständen im Saatmaisbau. Wird durch das späte Auflaufen von verschiedenen Herbiziden nicht erfasst; gegen bestimmte Wirkstoffe relativ unempfindlich (z. B. früher gegen Atrazin).

Ansprüche: Sehr wärmebedürftig; zur Keimung wird Feuchtigkeit benötigt; später wegen ihres sehr tief und weitreichenden, fein verzweigten Wurzelwerks unempfindlich gegen Trockenheit, daher sowohl auf trockenen als auch feuchten (hier die Unterart Wimper-Bluthirse, mit bewimperten Früchtchen) Böden zu finden; nährstoffbedürftig.
Verbreitung: Weit verbreitet (sowohl in Trockengebieten wie auf feuchten Standorten).
Häufigkeit: Häufig.
Wuchsorte außerhalb der Äcker: Mauerfüße, Erdhaufen, Bahngelände.
Herkunft: Mittelmeerraum.

Besondere Merkmale: Oft rot gefärbt (Name!), Blattscheiden zumindest im oberen Teil dicht abstehend langhaarig.

Ähnliche Arten

Fadenhirse, Kahle Fingerhirse *(Digitaria ischaemum):* Sehr ähnlich und auch dunkelrot gefärbt, Blütenstand aber weniger verzweigt, Pflanzen im Durchschnitt kleiner (maximal 50 cm lang), obere Blattscheiden kahl, die unteren manchmal etwas flaumhaarig. Viel anspruchsloser als die Bluthirse, daher auch auf sehr mageren, nährstoffarmen, sandigen Böden (z. B. Schlacke) und in höheren Lagen (z. B. Böhmerwald, Waldviertel, Mühlviertel). Im Maisbau keine wirtschaftliche Bedeutung

Hundszahn, Bermudagras *(Cynodon dactylon)*
Zum Unterschied von den Digitaria-Arten gehen hier alle Blütenstandsäste quirlartig von einer Stelle aus. Außerdem ist Cynodon ausdauernd und bildet mit ober- und unteririschen Ausläufern Teppiche. Die Blätter sind steif und kurz, „hundszahnähnlich". Das Gras ist sehr wärmebedürftig (Herkunft Subtropen, daher der Name: Bermudagras), und sehr trockenfest. In Maisäckern und Weingärten tritt es vor allem im Marchfeld (Niederösterreich) teppichbildend auf, ist aber bei uns als Ungras ohne Bedeutung. Weltweit ist es allerdings einerseits eines der gefürchtetsten Ungräser in heißen Trockengebieten, andererseits ein geschätztes, trockenfestes und trittfestes Weide- und Rasengras.

Anmerkung: Beide Fingerhirse-Arten können Teppiche bilden und mit ihrem intensiven Wurzelwerk erosionshemmend wirken. Da ihre Konkurrenzkraft im Allgemeinen relativ gering ist, sind sie wertvolle Bodenfestiger in Maisäckern. Diese positive Eigenschaft kommt wegen ihrer Keimzeit (sie keimen als letzte von allen Unkrauthirsen) erst spät zum Tragen.

Gabelästige Hirse

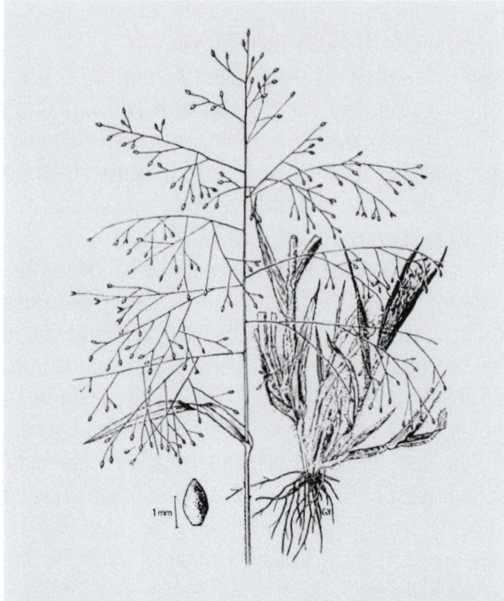

Kahle Hirse

Haarstiel-Hirse

Echte Hirse (Flatterhirse)

Wilde Mohrenhirse in Sorgum-Kultur

Bluthirse als „Teppich“ am Rande eines Maisfeldes (südliche Steiermark)

Bluthirse

Wimper-Bluthirse – eine Unterart mit behaarten Früchten, häufig auf nassen Böden

Hundszahn

Hundszahn – ober- und unterirdische Ausläufer

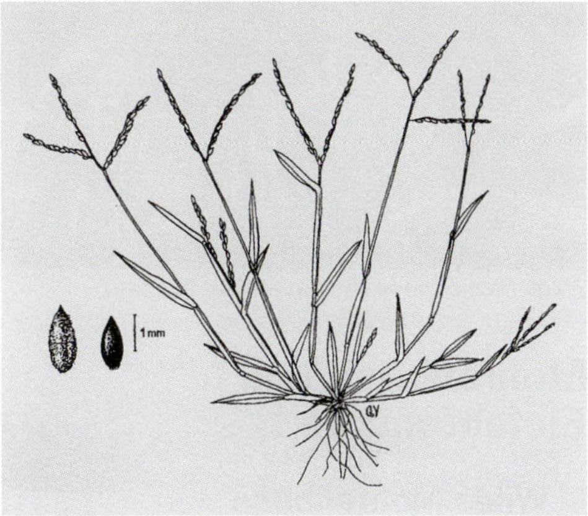

Fadenhirse

Wilde Fingerhirse

Wilde Fingerhirse (Indische Eleusine)

Eleusine indica

Sommer-einjährig; Spätkeimer (sehr wärmebedürftig); Halme niederliegend bis aufsteigend, 30 – 60 cm, zum Teil verzweigt; Halmknoten kahl, unten öfter bewurzelt; horstbildend; Blattspreite 3 – 8 mm breit, zuweilen am Blattgrund mit einzelnen Wimperhaaren besetzt; Blattscheide im oberen Teil ebenfalls mit langen Wimperhaaren; Blatthäutchen kurz, gezähnt; Blütenstand mit 2 – 7 ährenartigen Seitenästen („Windradform").

In subtropischen Gebieten eines der Hauptungräser u. a. in Getreide und Reis; giftverdächtig (Blausäure, nicht verfüttern). In Österreich erste Funde in der Südsteiermark in Mais; derzeit als Unkraut aber noch ohne Bedeutung.

Wilde Mohrenhirse (Ausläufer wie Quecke)

Mohrenhirse und Elefantengras

Wilde Mohrenhirse (Aleppohirse, Johnson-Gras)

Sorgum (Sorghum) halepense

Wuchs: Meist aufrecht, bis über 2 m hoch.

Lebensform: Ausdauernd, lange unterirdisch kriechende, schuppige, bis über 1cm dicke Ausläufer, die nach Zerteilen regenerationsfähig sind. Diese Eigenschaft hat die Mohrenhirse mit der Quecke gemeinsam, hier ist sie aber (zum Unterschied zu dieser) mit einer sehr hohen Samenproduktion und entsprechend der Größe der Pflanzen starken Konkurrenzkraft (5) kombiniert.

Typ: Unverwüstliche.

Bedeutung in der Landwirtschaft: Wärmekeimer (Spätkeimer); vereinzelt vor allem in Maisäckern der südlichen Bundesländer zu finden; scheint sich in den letzten Jahren langsam auszubreiten.

Ansprüche: Feuchte, nährstoffreiche Böden und warmes Klima, die flach streichenden Rhizome erfrieren bei uns leicht; daher verhält sich die Art bei uns wie ein einjähriges Unkraut und bekommt daher nicht die Bedeutung, die sie in den südlichen und östlichen Nachbarländern (Ungarn, Slowenien, Italien) hat.

Verbreitung: Südösterreich

Häufigkeit: Vereinzelt; zunehmende Bedeutung?

Wuchsorte außerhalb der Äcker: Bahngelände.

Herkunft: Umstritten (Afrika?, Türkei?, SW-Asien?); die Gattung Sorgum ist sehr groß und umfasst eine Fülle von Kulturformen (v. a. in Afrika, Name!) sowie auch einige Ungräser.

Besondere Merkmale: Hoher Wuchs, 1 – 3 cm breite Blätter, kurzes Blatthäutchen (2 – 5 mm lang) umgeben von Haarkranz, unterirdische Ausläufer.

Ähnliche Arten: Keine.

Anmerkung: Gehört zu den weltweit gefürchtetsten Unkräutern.

Chinaschilf (Wildes Chinaschilf, „Elefantengras")
Miscanthus spp.

Die Gattung *Miscanthus* beinhaltet verschiedene aufrecht wachsende Gras-Arten (Bastardierungen möglich) mit langen (Wuchern) oder kurzen Rhizomen (Hostbildung); neue Triebe vor allem an den Enden der Rhizome. Stängel 50 – 400 cm, ovaler Querschnitt *(M. sinensis);* Blätter bis 50 – 80 cm, Blattränder scharf schneidend. Blütenstand endständige Rispe, bei einigen Arten fedrig, 20 – 40 cm, Haare auf Ährenspindel weiß bis rötlich.

Ursprünglich aus Ostasien stammend und verwildernd, Feuchtgebietbewohner. In Europa als Energie- und Zierpflanze kultiviert. Massenwüchsig auf humosen, tiefgründigen, gut wasserführenden Böden; auf trockenen Standorten langsame Entwicklung und niedriger bleibend. In Österreich verwildert: *M. sacchariflorus* und *M. sinensis.* Auftreten in verschiedenen Kulturen, v.a. Mais, Berichte aus Niederösterreich (Marchfeld, Steinfeld), Oststeiermark, Kärnten und Oberösterreich. Bekämpfung durch mechanische Maßnahmen schwierig; mehrmalige Mahd unwirksam. Chemische Bekämpfung z.B. durch ein- bis mehrmalige Applikation von Glyphosat.

Chinaschilf (Oststeiermark)

Familie

Hahnenfußgewächse

Ranunculaceae

Alle Vertreter dieser vielgestaltigen Familie sind mehr oder weniger giftig. Die Arten der Gattung Hahnenfuß selbst enthalten nur schwach giftige Verbindungen, die nur beim Verfüttern im grünen Zustand gefährlich werden können. Auf der Weide werden die scharf schmeckenden Pflanzen meist verschmäht. Beim Trocknen werden die Giftstoffe abgebaut (beim Silieren weitgehend) und so unschädlich. Die Gattung Adonis enthält hingegen starke Herzgifte und die Rittersporne gar hochgiftige Alkaloide, doch das spielt im Acker alles keine Rolle, denn wer verfüttert heutzutage schon die Unkräuter?
Hahnenfußgewächse sind generell ohne Bedeutung als Ackerunkräuter. Es gibt einige „Steppenkräuter" darunter, die aus dem Süden und Südosten mit dem Getreidebau zu uns gekommen sein dürften und eher schutz- als bekämpfungswürdig sind, sowie einige andere Raritäten und Grünlandpflanzen, die unter bestimmten Umständen, z.B. Bodenverdichtung und -vernässung, in Äckern stärker auftreten können.

Beschreibung der wichtigsten Arten

Kriech-Hahnenfuß

Ranunculus repens

Blüte: „Butterblumengelb"; Mai – September, drehen sich während des Tages mit der Sonne mit.
Wuchs: Oberirdisch kriechend, 30 – 40 cm.
Lebensform: Ausdauernd; bildet an den Knoten wurzelnde, bis 1,5 m lange Ausläufer, die durch Bodenbearbeitung zerstört werden. Population überlebt im Acker durch Erneuerung aus Samen; Samenproduktion gering, Samen überdauern Jahrzehnte im Boden (Samenbank).
Typ: Lückenkriecher.

Bedeutung in der Landwirtschaft: Konkurrenzkraft (2); konkurrenzschwacher Bodendecker in allen Kulturen (besonders Mais), leicht mechanisch bekämpfbar, herbizidempfindlich; ab und zu problematisch in Spezialkulturen.

Ansprüche: Feuchtigkeitsbedürftig, erträgt Luftarmut im Boden (Durchlüftungsgewebe); häufig auf verdichteten und / oder stark vernässten Böden.
Verbreitung: Weit verbreitet.
Häufigkeit: Sehr häufig.
Wuchsorte außerhalb der Äcker: Ufer, Auen, Gräben, Wiesen und Weiden.
Herkunft: Einheimisch.

Besondere Merkmale: Kriechender Wuchs, Ausläufer, Grundblätter dreischnittig, der mittlere der drei Abschnitte deutlich länger gestielt als die beiden seitlichen.
Ähnliche Arten: In Äckern kann gelegentlich der **Scharfe Hahnenfuß** auftreten, der hauptsächlich in Wiesen wächst; seine Grundblätter sehen ganz anders aus, außerdem hat er keine Ausläufer, sondern einen ± kurzen, unterirdischen Wurzelstock; eine Rarität wärmerer Gebiete ist der **Rauhaar-Hahnenfuß** (oder auch **Sardischer Hahnenfuß**); seine Blätter sehen denen des Kriech-Hahnenfuß ähnlich, doch sind die Pflanzen einjährig, haben daher ein schwaches Wurzelsystem und keine Ausläufer; seine Kelchblätter sind nach unten geklappt.

Kriech-Hahnenfuß; der mittlere Blattabschnitt ist länger gestielt als die seitlichen

Anmerkung: Häufig auf vernässten Weiden, wird vom Vieh besser vertragen als andere Hahnenfußarten (insbesondere Gift- und Scharfer Hahnenfuß); die Pflanzen keimen (aus Samen) auf offenen Bodenstellen und versuchen mit ihrem Ausläufersystem im Laufe des Sommers sich über Stellen mit guten Boden- und Lichtverhältnissen auszubreiten; die Ausläufer wurzeln dann an den Knoten und bilden blühende Rosetten, die meist nach der Fruchtreife absterben; die Ausläufer sterben erst im Spätsommer oder Herbst, und die Pflanzen überwintern im Rosettenzustand.

Frucht des Ackerhahnenfußes

Acker-Hahnenfuß

Ranunculus arvensis

Blüte: Hellgelb, Juni – August.

Wuchs: Aufrecht, im dichten Stand nur oben verzweigt, 10 – 40 cm; Flachwurzler.

Lebensform: (Überwinternd-)einjährig; Tieftemperaturkeimer; Keimzeit: Herbst, Winter (auch unter dem Schnee) und (Vor)frühling (die reifen Samen sind noch nicht keimfähig, sondern müssen einige Wochen bei tiefen Temperaturen und Feuchtigkeit nachreifen).

Typ: Steppenkraut.

Bedeutung in der Landwirtschaft: Konkurrenzkraft (1); harmloser, interessanter Begleiter des Wintergetreides (v.a. Weizen) mit bemerkenswerten Klett-Früchten.

Ansprüche: (Ober)boden wintervernässt und frühlingsfeucht, aber nicht dauernass und kalt; gerne auf schweren, aber gut drainierten, krümeligen und skelettreichen Böden; bevorzugt Kalk, besonders in wärmeren Gegenden, aber auch auf schwach saurem Substrat.

Verbreitung: Weit verbreitet, etwas wärmebedürftig (nur bis in mittlere Höhenlagen).

Häufigkeit: Zerstreut bis selten.

Wuchsorte außerhalb der Äcker: Nur in Äckern.

Acker-Hahnenfuß

Herkunft: Mittelasien; vermutlich mit dem Getreidebau mitgewandert (und später auch auf andere Weise, z.B. mit Esparsette-Saatgut, eingeschleppt).

Besondere Merkmale: Charakteristische Blattform (doppelt dreiteilig); Früchte sehr auffällig, da dekorativ mit Stacheln besetzt.

Ähnliche Arten: Unverwechselbar!

Naturschutz: Gefährdet: herbizid- und düngeempfindlich, konkurrenzschwach, Samen im Boden nur relativ kurze Zeit lebensfähig (ca. 10 Jahre), braucht sehr spezielle Wuchsbedingungen; heute wie die meisten gefährdeten „Unkräuter" praktisch nur mehr an Ackerrändern – es ist schade, dass diese im wahrsten Sinne bemerkenswerten Pflänzchen aus unserer Ackerlandschaft verschwinden – der naturliebende Landwirt sollte sich überlegen, die Ackerränder herbizidfrei zu halten!

Orient-Rittersporn im herbizidfreien Randstreifen bereichert die Landschaft

Acker-Rittersporn (Feldrittersporn) *Consolida regalis (Delphinium consolida)*

Blüte: (Violett)blau; Mai – August.
Wuchs: Breit verzweigt, aufrecht; 10 – 30 cm.
Lebensform: (Überwinternd) einjährig.
Typ: Steppenblumen.

Bedeutung in der Landwirtschaft
Konkurrenzkraft gering (1 – 2), leicht bekämpfbar.

Ansprüche: Im pannonischen Raum auf allen Böden; sonst nur auf gut mit Kalk versorgten.
Verbreitung: Nur in sommerwarmen Gebieten in Äckern.
Häufigkeit: Im Pannonikum noch häufig, sonst vom Aussterben bedroht.
Wuchsorte außerhalb der Äcker: Gelegentlich auf allen möglichen warm-trockenen Standorten eingeschleppt: Erdhaufen, Straßenböschungen, Bahndämme, Wegränder, Schottergruben, Gleisschotter,...

Acker-Rittersporn

Herkunft: Südosteuropäisch-vorderasiatische Steppenpflanze.

Besondere Merkmale: Früchte kahl, Blüten (violett) blau, Blütenstand 5-8blütig.
Naturschutz: Kein Unkraut, sondern harmlose Zierde der Wintergetreide-Äcker, kann leicht dadurch erhalten werden, dass man (wenigstens) die Ackerränder bei der Unkrautbekämpfung nicht mitspritzt.

Anmerkung: Giftig.

Orientalischer Rittersporn

Acker-Rittersporn

Ähnliche Arten: **Orientalischer Rittersporn (Morgenländischer Feldrittersporn)** *Consolida orientalis:* Blüten (rot)violett, Blütenstand meist mehr als 8-blütig, Frucht behaart.
Sehr selten (nur im Steinfeld südlich von Wien), in manchen Jahren rätselhaftes Massenauftreten, darauf wieder für viele Jahre praktisch verschwunden.

Weitere, sehr seltene Ackerwildkraut-Arten

Acker-Schwarzkümmel *Nigella arvensis*
Niedriges (ca.10 – 20 cm), meist breit verzweigtes Kräutchen mit blassblauen, exotisch anmutenden Blüten. Keimt relativ spät (Mai); hatte früher seine Hauptblüte auf der Getreidestoppel bzw. Ackerbrache, wo es auch zur Samenbildung kam. Wegen des frühen Stoppelsturzes und verschiedener Intensivierungsmaßnahmen (Auflassen von Grenzertragsäckern, Düngung) sehr stark zurückgegangen und in allen Gebieten außerhalb des pannonischen Raumes vom Aussterben bedroht! Hier findet man sie noch regelmäßig auf extrem steinigen (Silikatschotter und Kalk) Böden (z. B. Steinfeld südlich von Wien) vor allem in Ackerrändern. Die heute verbreiteten Ökostreifen (Ackerwildkrautstreifen) und Bracheaktionen bedeuten eine neue Chance für die Art (richtiger: für uns, dass uns dieses reizende Wesen erhalten bleibt). Der Gattungsname kommt übrigens daher, weil die Samen einer verwandten Kulturart (Nigella sativa) als Gewürz verwendet werden. In diese gleiche Gattung gehört übrigens auch die Zierpflanze „Jungfer im Grünen".

Sommer-Adonis (Adonisröschen)
Adonis aestivalis
Blütenblätter breit, hellrot, Kelch kahl.

Flammen-Adonis *Adonis flammea*
Blütenblätter schmal, scharlachrot, sehr seltene Art.

Die beiden männlichen Schönheiten sind aufrecht wachsende, bis etwa einen halben Meter hoch werdende Kräuter, die heute in den meisten Gebieten Mitteleuropas zu den gesuchten Ackerwildkraut-Raritäten gehören. Im pannonischen Raum Österreichs findet man sie noch regelmäßig, meist auf eher schweren

Acker-Schwarzkümmel

Sommer-Adonis

Böden (bevorzugt Löss), meist allerdings nur vereinzelt und auf die Randbereiche der Äcker beschränkt. Außerhalb des ganz sommer-warmen und trockenen Gebietes ziehen sich die beiden auf kalkhältige Böden zurück.

Mäuseschwänzchen *Myosurus minimus*

Dieser entzückende Winzling (kaum über 10 cm hoch) mit seinen grasartigen Blättern und grünlichen Blüten im April / Mai hat seinen Namen daher, weil sein Blütenboden bei der Fruchtreife in die Länge wächst und so bis zu 5 cm lang werden kann. Das ist notwendig, damit die zahlreichen (bis über 50) Fruchtknoten, die bei der Reife immer dicker werden, auch Platz finden. Früher war die Art in Äckern mit saurem, aber nährstoffreichem, schwerem, frühlingsnassem Boden recht häufig. Heute ist sie aus dem Ackerland praktisch verschwunden und auch sonst selten geworden.

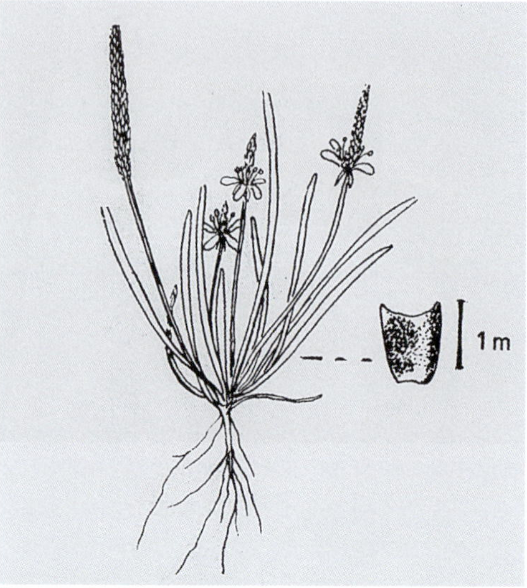

Mäuseschwänzchen

Flammen-Adonis (unten: Österr. Hundskamille)

Familie

Hanfgewächse

Cannabaceae

Mit Hopfen und Hanf eine kleine, aber wichtige Familie. Beide Gattungen produzieren ein aromatisches Harz, das unter anderem Substanzen enthält, die auf die menschliche Psyche wirken. Der Hopfen wirkt beruhigend, Hanf berauschend.

Beschreibung der wichtigsten Arten

Wilder Hanf

Cannabis sativa subsp. *spontanea* (*C. ruderalis*)

Blüte: Juli – August; Pflanzen entweder weiblich oder männlich; die weiblichen Blüten sind ganz unscheinbar, klein und grün und stehen einzeln oder paarweise in den Blattachseln, die männlichen sind gelblich-grün und auffälliger, weil sie zu mehreren in Blütenständen angeordnet sind, die aus der Pflanze herausragen (Windbestäubung).

Wuchsform: Straff aufrecht; 30 – 100 (150) cm; die Weibchen sind kräftiger und stärker verzweigt und leben auch länger als die Männchen, die bald nach der Blüte absterben.

Lebensform: Sommer-einjährig.

Typ: ± Kraftlackel.

Bedeutung in der Landwirtschaft: Konkurrenzkraft mittel bis sehr hoch (Kulturhanf 5). Vor allem in Sommergetreide, Sonnenblumen und Mariendistel.
Durch den einige Jahre hindurch in Österreich favorisierten Anbau von Kulturhanf (Fasertyp) tauchte auch dieser zuweilen als Unkraut in Kulturpflanzenbeständen auf.

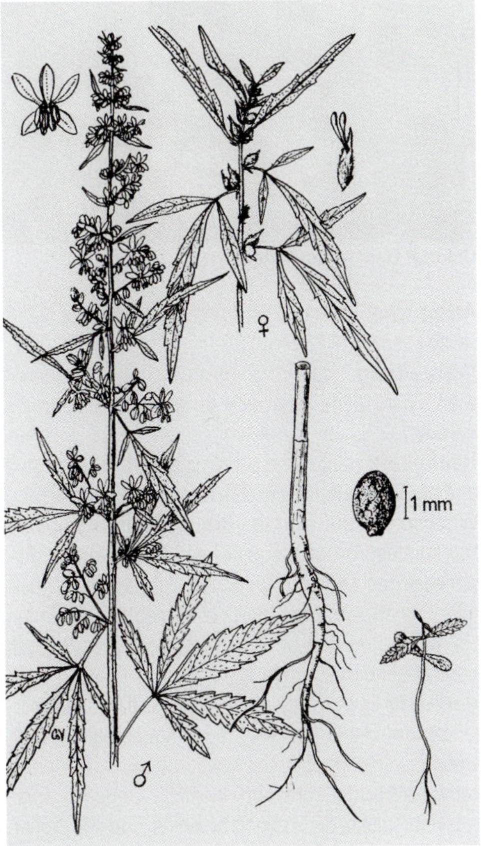

Hanf; links männliche Pflanze, oben rechts weibliche Blüten

Unkraut-Hanf in Getreide

Männlicher Hanf

Ansprüche: Lockere, gut durchlüftete, gut mit Nährstoffen versorgte Böden.

Verbreitung: Nur in warm-trockenen Klimabereichen (Wien, Niederösterreich, Burgenland, Steiermark, Kärnten).

Häufigkeit: Häufig und oft massenhaft im Marchfeld und nördlichen Burgenland, sonst nur gelegentlich.

Wuchsorte außerhalb der Äcker: Hanfpflanzen kommen oft als Begleiter des Menschen an verschiedensten Stellen (Müllplätze, Erdhaufen, Mauerfüße,...), oft mit Vogelfutter verschleppt. Es handelt sich dabei aber wohl um andere Rassen als der soeben beschriebene Unkrauttyp.

Herkunft: Es wird angenommen, dass die wilden Vorfahren des Hanfs aus der Steppe stammen. Dies ist, wenn man die ökologische Konstitution von Cannabis sativa betrachtet, unwahrscheinlich. Dagegen sprechen vor allem der Lebensrhythmus und die hohen Ansprüche an die Standortqualität. Wahrscheinlich sind die Naturstandorte Schuttflächen an Gebirgsflüssen und (Fein-)Schutt bzw. Erdrutschflächen am Fuß von Felswänden in Zentralasien (Himalaja) – übrigens typische Kraftlackel-Standorte. Der bei uns vorkommende „Wilde Hanf" ist wohl der Unkrauttyp, der sich erst unter dem Einfluss der Landwirtschaft neben den gezüchteten Kulturformen (Fasertyp, Drogentyp) entwickelt hat (wie das bei vielen anderen Kulturpflanzen der Fall war) und an das Besiedeln regelmäßig offener Flächen, in unserem Fall Äcker, angepasst ist.

Besondere Merkmale: Blattform! Pflanzen oft klebrig und immer mit charakteristischem, leicht bitter-würzigem (weihrauchartigem) Harzgeruch.

Ähnliche Arten: Von seiner nächsten Verwandtschaft nur unsicher zu unterscheiden (was bei Wildpflanzen-Kultursorten-Unkrautkomplexen die Regel ist). Ein typisches Wildpflanzenmerkmal ist, dass die Früchte bei der Reife leicht ausfallen. Sie sind auch kleiner als die der Kulturpflanzen (3,5 bis 2,5 mm) und bräunlich (Kultursorten: hellgrau).

Weibliche Hanfpflanze

Anmerkung: Ob unser Wildhanf als Rauschdroge geeignet ist, ist ungeklärt. Man weiß jedenfalls, dass der THC-Gehalt von Cannabis sowohl von der Rasse bzw. Sorte abhängt, also genetisch fixiert ist, aber genau so stark vom Klima bzw. Wetter des jeweiligen Sommers. Genaueres kann man nicht sagen, da bei den chemischen Analysen von wildwachsenden Pflanzen nicht geprüft wurde, ob es sich um die Unkrautform subsp. *ruderalis* oder um aus Vogelfutter verwilderte Kultursorten handelte.

Familie

Knöterichgewächse

Polygonaceae

Die Familie hat ihren Namen von ihren ähnlich wie bei den Doldenblütlern oder Gräsern durch Knoten gegliederten Stängeln. An diesen Knoten liegen die Knospen, aus denen die Seitentriebe oder Blätter entstehen. Am Grunde jedes Blattes befindet sich eine zarte, häutige Röhre, die den Stängel umfasst, die sogenannte „Blatt-Tute" (oder Ochrea). An diesem ausgefallenen Gebilde sind die Vertreter der Familie leicht zu erkennen.
Der wissenschaftliche Name Polygon-(=Vieleck) Gewächse kommt von der Form der Früchte. Diese sind meist mit einer dicken Schale umgeben, die dafür sorgt, dass sie gegen den Angriff von Bodenorganismen, gegen Witterungsbedingungen, aber auch gegen den Angriff von Verdauungssäften beim Durchgang durch den Magen-Darm-Trakt von Pflanzenfressern oder gegen die widrigen Bedingungen im Mist- oder Komposthaufen gut geschützt sind. Die Samen der Knöterichgewächse sind also sehr widerstandsfähig und langlebig und sorgen dafür, dass ihre Art sowohl auf dem Acker als auch auf dem Grünland nicht ausstirbt. Sie sind auch reichlich mit Reservestoffen, vor allem Stärke, vollgestopft. Das befähigt ihre Keimlinge, rasch und kräftig heranzuwachsen. Der Mensch hat ihren Nährstoffreichtum entdeckt und sie gemahlen und als Brei zubereitet. Vor langer Zeit machte man das mit den Früchten des Windenknöterichs, und im Himalaja entstand so eine Kulturpflanze, der Buchweizen, dessen Kultur sich bald über große Teile Asiens und Europas ausbreitete. Für den Menschen sind die Knöterichgewächse außerdem wegen ihres hohen Gehaltes an Oxalsäure interessant. Das macht sie einerseits zu pikanten Salat- und Gemüsepflanzen (Sauerampfer, Rhabarber). Andererseits wirken größere Mengen an Oxalat-Ionen sogar giftig, da sie Kalziummangel hervorrufen. Zur Polygonaceen-Gattung Rumex, auf deutsch Ampfer, gehören daher auch die lästigsten Grünland-Unkräuter. Im Acker spielen hingegen die Arten der Gattung Knöterich (Polygonum), die der Familie den Namen gegeben hat, eine größere Rolle. Sie gehören zum Teil nicht gerade zu den konkurrenzstarken Unkräutern, einige von ihnen treten aber doch in bestimmten Kulturen (Gemüse, Kartoffel, Sojabohne u.a.) und unter bestimmten Umständen bei Massenauftreten schädigend in Erscheinung. Eine wichtige Hilfe beim Bestimmen ist die oben erwähnte **Tute.** Da sie beim Altern trocknet und leicht zerreißt, kann man sie am besten im oberen, jungen Teil der Pflanze untersuchen.

Übersicht über die in Äckern wachsenden Knöteriche

Ganz leicht zu erkennen ist der **Winden-Knöterich** mit breiten, herzförmigen Blättern und dem windenden Stängel. Aber auch der **Vogel-Knöterich** mit seinen kleinen Blättchen und vor allem dem Merkmal, dass die Blütchen einzeln oder zu ganz wenigen in den Blattachseln über den Stängel verteilt stehen, bereitet keine Bestimmungsprobleme.
Bei den übrigen Knöterichen stehen die Blüten in endständigen Blütenständen.
Von den häufigeren Arten tanzt der **Wasser-Knöterich** insofern stark aus der Reihe, als er ausdauernd ist und mit seinem unterirdisch kriechenden Stängel

(Rhizom) ein lästiges „Wurzelunkraut" werden kann. Der weitaus häufigste Knöterich in Äckern ist der **Ampfer-Knöterich.** Seinen etwas selteneren und etwas zarteren, daher nicht so konkurrenzkräftigen Doppelgänger, den **Floh-Knöterich,** erkennt man am besten an seiner eng anliegenden Tute, deren Rand mit hübschen Wimpern besetzt ist.

Beschreibung der wichtigsten Arten

■ Winden-Knöterich

Fallopia convolvulus
(Bilderdykia c., Polygonum c.)

Blüte: Winzig, grünlichweiß (manchmal leicht rosa); Juli – Oktober.

Wuchs: Stängel 30 – 120 cm lang, dünn und kantig, körnig rau, versucht an anderen Pflanzen (z.B. Getreidehalmen, Mais) anzukommen und windet sich dann im Uhrzeigersinn an diesen zum Licht empor; gelingt ihm dies nicht, so kriecht er auf dem Boden liegend dahin.

Winden-Knöterich

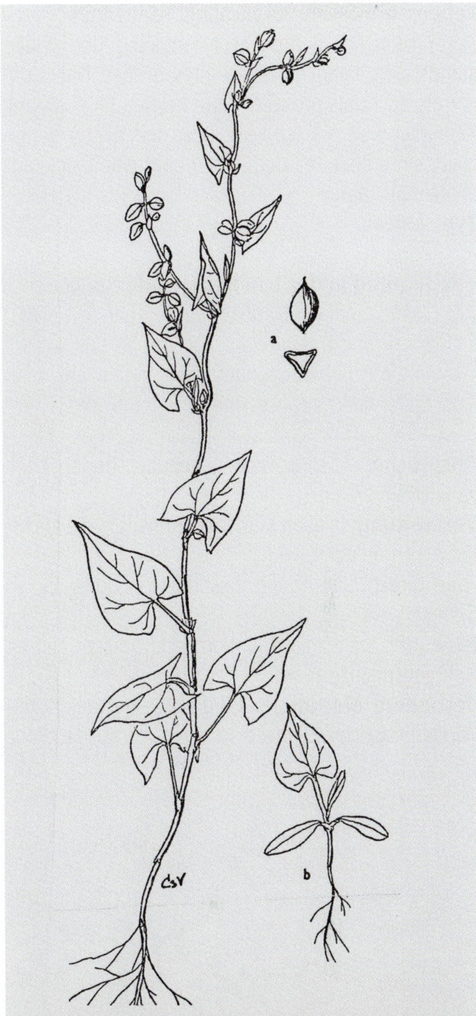

Winden-Knöterich (Keimling)

Lebensform: Sommer-einjährig, relativ früh (März / April) keimend; Samen sehr langlebig und widerstandsfähig, können wegen ihres reichen Nährstoffvorrats auch aus größerer Tiefe keimen (1 – 20 cm); Keimruhe wird nur teilweise über den Winter gebrochen, ein großer Teil der Samen baut eine langlebige Samenbank auf.
Typ: Winden.

Bedeutung in der Landwirtschaft: Konkurrent um Licht, kaum um Nährstoffe (3 – 4); in fast allen Kulturen, u.a. in Getreide, Zuckerrübe und Mais, vorhanden; bei Massenauftreten gefährlich; aus der Steiermark triazinresistenter Typ bekannt.

Ansprüche: Anspruchslos gegenüber Boden (Tiefwurzler) und Klima.
Verbreitung: In allen Klimagebieten bis in die höchsten Ackerbaulagen.
Häufigkeit: Sehr häufig, besonders in bodensauren Gebieten.
Herkunft: Einheimisch; in vorgeschichtlicher Zeit als Nahrungspflanze.
Besondere Merkmale: Wird gerne mit der Acker-Winde verwechselt; diese ist aber als ausdauernde Pflanze am Wurzelansatz viel kräftiger und hat viele nichtblühende Triebe; außerdem fehlen ihr natürlich die Knöterich-Tuten, ihre Blätter sind anders geformt (siehe Abb.), zwar vielgestaltig, aber nie so langspitzig wie die des Winden-Knöterichs, ganz abgesehen von den bekannten, schönen, großen Trichterblüten der Winde.
Ähnliche Arten: Der ebenfalls windende **Hecken-Knöterich** mit einem glatten Stängel und breit geflügelten Blüten und Früchten. Er tritt aber kaum jemals in Ackerland auf.

Vogel-Knöterich (Verschiedenblättriger Vogel-Knöterich)
Polygonum aviculare

Blüte: Etwa 2 mm, grün mit rosa oder purpurrotem, selten mit weißem Rand; Mai – Oktober.
Wuchs: Stängel 5 – 50 cm lang; kurze Pflanzen aufrecht, lange Stängel am Boden liegend.
Lebensform: Sommer-einjährig; Kältekeimer (Keimruhe wird durch Frost unterbrochen), Frühkeimer (ab Februar).
Typ: Anspruchslose Begleiter.

Vogel-Knöterich; die Scheide (Tute) am Blattgrund ist ein Familienmerkmal

Bedeutung in der Landwirtschaft: Wenig nährstoffbedürftig und kaum Höhenwuchs, daher Konkurrenzkraft gering bis mittel (2 – 3); in fast allen Äckern als „Bodendecker" vorhanden; Massenentwicklung vor allem an Ackerrändern; in Zuckerrübe Wirkungslücke verschiedener Herbizide.

Ansprüche: Sehr anspruchslos und mit weiter Amplitude; ein ausgedehntes Wurzelsystem erschließt Wasser und Nährstoffe.
Verbreitung: Überall bis in die subalpine Stufe.
Häufigkeit: Sehr häufig.
Herkunft: Einheimisch.

Besondere Merkmale: Blätter am Hauptstängel viel größer als an den Seitenästen; Blütenkrone nur bis zu einem Drittel verwachsen.
Ähnliche Arten: **Gleichblättriger Vogel-Knöterich,** eine Pflanze der Wege und Parkrasen: Blütenkrone fast bis zur Hälfte verwachsen, grün mit weißem (selten rosa) Rand. Selten auch in Äckern.

Ampfer-Knöterich

Persicaria lapathifolia
(Polygonum lapathifolium)

Blüte: Weißlich, grünlich, selten rosa, in dicken, aufrechten Blütenständen; Juli – Oktober.
Wuchs: Im Acker meist aufrecht (30 – 80 cm hoch); außerhalb auch niederliegend und an den Enden aufsteigend.
Lebensform: Sommer-einjährig; keimt April – Juni; Samen langlebig und widerstandsfähig.
Typ: Kraftlackel.

Bedeutung in der Landwirtschaft: Konkurrenzkraft stark (4); vor allem in Hackfrüchten von Bedeutung; Probleme bei der Bekämpfung.

Ansprüche: Anspruchsvoll gegenüber der Wasserversorgung, vor allem in Trockengebieten nur auf feuchten Böden; gegenüber der Nährstoffversorgung anspruchslos, aber volle Wuchsleistung (und Konkurrenzkraft) nur bei guter Versorgung.
Verbreitung: Überall.
Häufigkeit: Häufig.
Wuchsorte außerhalb der Äcker: Ufer, Gräben.
Herkunft: Einheimisch.

Besondere Merkmale: Blütenstand kurz und dick; Tute dem Stängel locker anliegend, kahl oder am Rand nur ganz kurz bewimpert; Blätter deutlich bis 3 cm lang gestielt, oft mit dunklem Fleck.
Ähnliche Arten: **Floh-Knöterich** und **andere Knöteriche.**

Anmerkungen: Sehr formenreich.

Ampfer-Knöterich

Floh-Knöterich

Persicaria maculosa
(Polygonum persicaria)

Blüte: Meist rosa, selten weiß oder grünlich, in dichten, aufrechten Blütenständen; Juli – Oktober.

Wuchs: Aufrecht oder niederliegend-aufsteigend, 10 – 50 (80) cm hoch.

Floh-Knöterich

Lebensform: Sommer-einjährig; keimt April / Mai.
Typ: Anspruchsvolle Kleine.

Bedeutung in der Landwirtschaft: Konkurrenzkraft mittel (3 – 4); in allen Kulturen, aber Schwerpunkt in Sommergetreide; kaum Probleme bei der Bekämpfung.

Ansprüche: Auf gut mit Wasser und Nährstoffen versorgten Böden.
Verbreitung: Überall.
Häufigkeit: Häufig.
Herkunft: Vermutlich einheimisch.

Besondere Merkmale: Blütenstand kurz, dick; Tute dem Stängel eng anliegend, behaart, außerdem am Rande mit 1 – 4 mm langen borstigen Wimpern; Blätter oft mit schwarzem Fleck, ungestielt oder kurz gestielt.
Ähnliche Arten: Ampfer-Knöterich und andere.

Floh-Knöterich

Pfeffer-Knöterich (Wasserpfeffer)
Persicaria hydropiper
(Polygonum h.)

Blüte: Meist grünlichweiß, selten hellrosa, in schlanken, oft überhängenden Blütenständen, dicht mit gelben Pünktchen (Drüsen) bedeckt; Juli – September.
Wuchs: Aufrecht, 10 – 20 (50) cm (außerhalb der Äcker bis 80 cm).
Lebensform: Sommer-einjährig.
Typ: Anspruchsvolle Kleine.

Bedeutung in der Landwirtschaft: Konkurrenzkraft gering bis mittel (2 – 3); in allen Kulturen.

Ansprüche: Feuchte bis nasse oder schwere, luftarme, nie austrocknende, saure(!) Böden (besonders Gley und Pseudogley).
Verbreitung: Überall.
Häufigkeit: Zerstreut.

Pfeffer-Knöterich

Wuchsorte außerhalb der Äcker: Schlammbesiedler (Ufer, Gräben); vernässte Waldwege.
Herkunft: Einheimisch.

Besondere Merkmale: Grünlichweiße Blütenfarbe, schlanker Blütenstand, hellgrüne Blätter (nur selten mit dunklem Fleck); Tuten kahl, am Rand mit kurzen Wimpern; das einfachste und sicherste Merkmal ist ein wenig unangenehm: Blätter beim Zerkauen scharf (Vorsicht! Nur wenig kosten).
Ähnliche Arten: Durch die eigenartige Blattfarbe und den Geschmack auch im nicht blühenden Zustand unverwechselbar. Den schmalen Blütenstand gibt es nur noch bei Arten, die am Acker kaum auftreten, beim aufrecht wachsenden, meist rosa blühenden **Milden Knöterich** *(P. mitis*, Schlammbesiedler) und dem **Kleinen Knöterich** *(P. minor):* Blüten meist rosa (selten grünlich), in zarten, lockeren, fast immer aufrechten Blütenständen; Pflanze relativ klein, fast immer am

Charakteristisch ist die hellgrüne Blattfärbung

Boden liegend; Blätter in der Mitte parallelrandig. Wächst auf ausgesprochen sauren, oft nährstoffarmen, feuchten bis nassen Böden. Pflanze nasser Waldstellen und Waldwege; in Silikatgebieten auch in Äckern, aber sehr konkurrenzschwach.

Anmerkung: Schwach giftig; Vergiftungen aber selten (außer bei Botanikern, die die Blätter zu Bestimmungszwecken zu oft kosten).

Wasser-Knöterich
Persicaria amphibia
(Polygonum amphibium)

Blüte: Rosa; Juni – September; in Äckern blüht der Wasserknöterich kaum.
Wuchs: Aufrecht bis aufsteigend, 30 – 60 cm lang.
Lebensform: Ausdauernd, mit unterirdischen Kriechtrieben; regenerationsfähig, ähnlich der Quecke.
Typ: Unverwüstliche.

Bedeutung in der Landwirtschaft: Konkurrenzkraft mittel (3); nur lokale Vorkommen; teilweise Probleme bei mechanischer und chemischer Bekämpfung.

Ansprüche: Stark vernässte und / oder verdichtete Böden.
Verbreitung: Überall.
Häufigkeit: Selten.
Wuchsorte außerhalb der Äcker: Kann auch unter seichtem Wasser von Seen und Teichen im Schlamm kriechen; die Stängel fluten dann mehrere Meter lang,

Wasser-Knöterich (Landform)

reichen so in tieferes Wasser und tragen an der Spitze Schwimmblätter.
Herkunft: Einheimisch.

Besondere Merkmale: Ausdauernd, kriechendes Rhizom, Blattstiele zweigen oberhalb der Mitte der Tute ab (bei den drei vorher genannten und den folgenden Knöterichen geschieht dies unterhalb der Mitte); Blätter am Grund abgerundet oder herzförmig (niemals verschmälert wie bei den vorigen Arten). Unsere Zeichnung zeigt die Landform und die Wasserform mit gestielten Blättern.

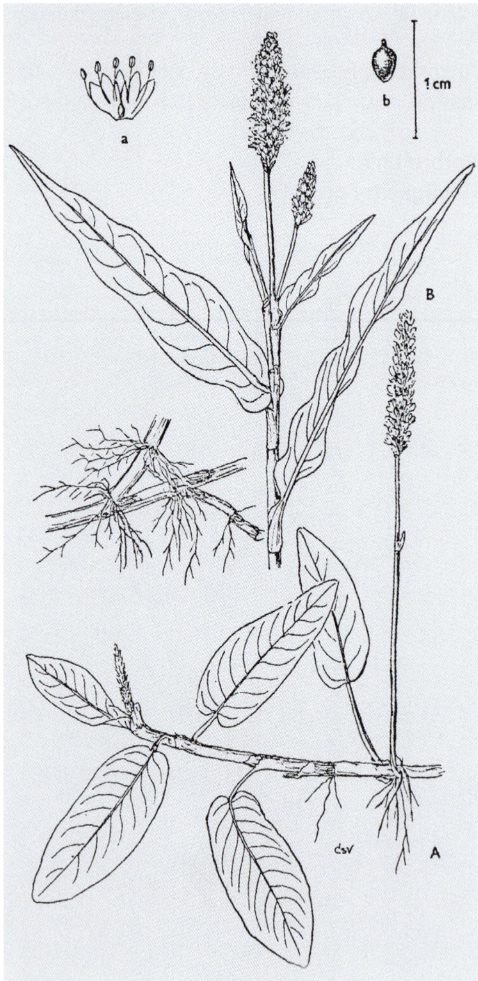

Wasser-Knöterich (oben Land-, unten Wasserform)

Krauser Ampfer

Stumpfblatt-Ampfer

Zwerg-Sauerampfer

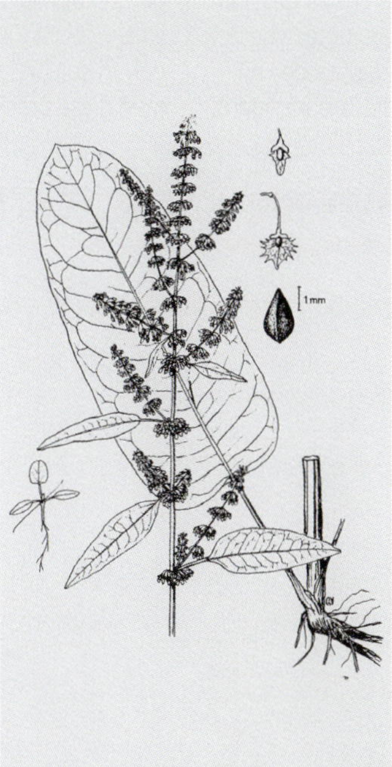

Arten der Gattung *Rumex* (Ampfer)

Ampfer sind vor allem als Unkräuter in Wiesen und Weiden gefürchtet. In Ackerland sind sie eher gelegentliche Gäste (etwas häufiger in Westösterreich bzw. im Bergland) und treten hier nur unter bestimmten Umständen in größerer Dichte auf.

Krauser-Ampfer *Rumex crispus*
Am ehesten gelingt es noch dem Krausen Ampfer, in Äckern Fuß zu fassen. Er wird gewöhnlich etwas über einen halben Meter hoch, vermag also in Kulturen eine gewisse Konkurrenz auszuüben. Als ausdauernde Pflanze mit einer sehr tiefreichenden Pfahlwurzel und ohne spezielle Anpassung an das Überleben bei Bodenbearbeitung kann er sich nur unter besonderen Umständen, z.B. auf sehr schweren Böden, trotzdem aus größeren Wurzelteilen regenerieren. Abgesehen von den schmalen gekräuselten Blättern unterscheidet er sich von der nächsten Art dadurch, dass seine Früchte am Rande nicht gezähnt sind (vgl. die Zeichnungen).

Stumpfblatt-Ampfer *Rumex obtusifolius*
In Grünlandgebieten vermag dieser Ampfer auch in Äcker einzudringen. Aber auch er ist kein typisches Ackerunkraut und tritt nur sehr selten in größerer Dichte auf. Beide Arten haben übrigens sehr langlebige und widerstandsfähige Samen, die dafür sorgen, dass sie nicht aus einer Gegend durch Bekämpfungsmaßnahmen verdrängt werden können. Verbreitet werden sie auf vielerlei Weise: Mist, Gülle, in und auf den Tieren, mit Fahrzeugen.

Zwerg-Sauerampfer *Rumex acetosella* s. l.
Er wird maximal 30 cm hoch, bleibt aber meist deutlich darunter. Dafür hat er einen Anpassungsmechanismus an Bodenbearbeitung mitbekommen: mit seinen Wurzelsprossen vermag er größere Flächen zu besiedeln und ist auch gegen das Zerreißen durch Ackern nicht sehr empfindlich. Als sehr lichtbedürftige und konkurrenzschwache Pflanze vermag er sich aber nur unter ganz extremen Bodenbedingungen durchzusetzen und ist ein Zeiger für niedrige pH-Werte und Nährstoffmangel. In solchen Grenzertragsäckern ist er häufig; lässt man diese brachfallen, so bildet er dichte Teppiche.

Familie

Korbblütengewächse

Compositae (Asteraceae)

Obwohl dies die in Europa bei weitem artenreichste Pflanzenfamilie ist, hat sie nur relativ wenige Pflanzen hervorgebracht, die in Äckern als Unkräuter lästig werden können. Wegen der praktischen Zielsetzung dieses Buches bringen wir sie hier nicht in alphabetischer Reihenfolge, sondern nach ihrer landwirtschaftlichen Bedeutung gereiht: Zunächst (1) die **Disteln,** dann (2) die **Gänsedisteln,** gefolgt von (3) den **Kamillen** und (4) den **Franzosenkräutern,** dann (5) weitere wichtige **Unkräuter** (**Kornblume, Greiskraut, Zweizahn, Berufkräuter, Ambrosie, Huflattich, Löwenzahn, Goldrute, Beifuß, Kompasslattich und Rainkohl**). Unter (6) folgen harmlose und / oder sehr seltene **Wildkräuter,** die in Äckern eher als Bereicherung denn als „Unkräuter" angesehen werden können.

(1) Disteln

Stachelige Pflanzen, vor allem solche aus der Familie der Korbblütler, bezeichnet man als „Disteln". Die Botaniker unterteilen diese Disteln in mehrere Gattungen, von denen die hier wichtigsten die Gattungen Cirsium und Carduus sind. Für praktische Zwecke sind die Unterschiede zwischen den Wuchsformen wichtiger: Es gibt ausdauernde Disteln und zweijährige Pionierdisteln, zu denen eine ganze Reihe von Arten beider oben genannter Gattungen gehören. Wegen ihrer Lebensweise (siehe Weg-Distel) spielen sie als Unkräuter nur eine untergeordnete Rolle, während die ausdauernde Acker-Distel von vielen Landwirten als das Problemunkraut schlechthin angesehen wird.

Acker-Distel*

Cirsium arvense

Blüte: Lilarosa, Juli – September.

Wuchs: Aufrecht, 50 – 150 cm.

Lebensform: Ausdauernd, oberirdische Teile sterben im Herbst ab, überwintert mit Knospen nahe der Erdoberfläche; starke vegetative Vermehrung: unterirdisch weitreichende und tiefgehende Wurzelausläufer, aus deren Knospen nach oben strebende Stängel sprossen. Austrieb der Überwinterungsknospen ab März. Die generative Vermehrung (durch Samen**) ist oft wenig effektiv, da die Samenbildung von vielen Faktoren (mangelnde Befruchtung: es gibt rein männliche und rein weibliche Pflanzen und damit Ackerfluren, in denen nur ein Geschlecht vorkommt; Parasitenbefall) abhängt und daher schwankend und unverlässlich ist. Samenverbreitung nur über geringe Entfernungen, Keimung

* In der botanischen Fachliteratur zieht man die wissenschaftliche Benennung der Arten mit zweiteiligen Namen, die „binäre Nomenklatur" (Gattungsname + Artname), auch bei den deutschen Namen durch. Die Gattung Cirsium wird in den Fachbüchern daher nicht einfach Distel sondern „Kratzdistel" genannt, Carduus „Ringdistel". Acker-Distel oder Ackerdistel (statt Acker-Kratzdistel) ist aber ein völlig eindeutiger und daher ausreichender Name.

** Hier handelt es sich genau genommen nicht um Samen, sondern um Früchte, und zwar um eine spezielle Form von Früchten (Achänen). Die Unterscheidung zwischen Samen und Früchten ist aber in diesem Fall nebensächlich. Wir sprechen daher hier, wie es in der landwirtschaftlichen Literatur üblich ist, von „Samen".

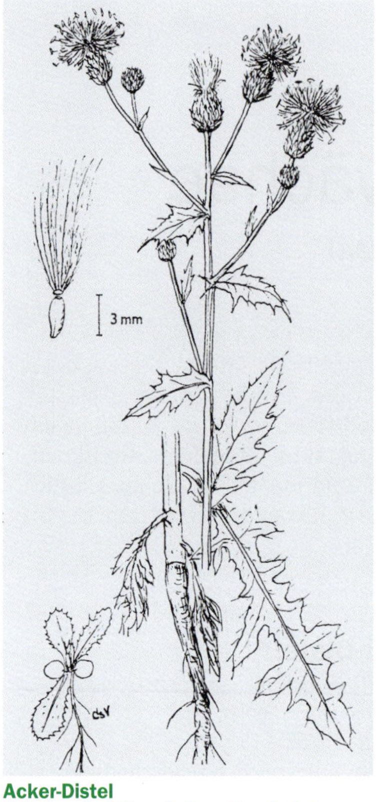

Acker-Distel
(Merkmal: Stängel ohne Stacheln)

Oben: Die weit fliegenden Haarkelche tragen keine Samen
Unten: Die Acker-Distel ist sehr formenreich

zögernd, Keimlinge empfindlich. Daher wird man in Äckern nur unter bestimmten Bedingungen, z.B. bei reduzierter Bodenbearbeitung, Keimlinge finden. Dies wird aber durch die sehr effektive vegetative Vermehrung und die Verbreitung der Ausläuferstückchen durch den Landwirt, vor allem durch landwirtschaftliche Geräte (Erde auf Traktorrädern), wettgemacht.
Typ: Unverwüstliche.

Bedeutung in der Landwirtschaft: Wegen der hohen Regenerationsfähigkeit ihrer unterirdischen Organe (ein Stückchen von 1 cm Länge vermag wieder zu einer ganzen Pflanze auszutreiben) und ihrer hohen Konkurrenzkraft (5) ein gefürchtetes, und vor allem im „Bio-Landbau" schwer bekämpfbares Unkraut. Auf gut mit Wasser und Nährstoffen versorgten Böden vermag eine Pflanze mit ihrem Ausläufersystem in einer Saison einige Meter an Ausdehnung dazu zu gewinnen. Setzt sich unter günstigen Bedingungen auch gegen sehr konkurrenzstarke Kulturpflanzen durch.

Die mechanische Bekämpfung ist schwierig, da die Wurzelausläufer teilweise sehr tief (bis 3 m und mehr) im Boden liegen. Durch Vernichten der oberirdischen Triebe können die Pflanzen zum Wiederaustreiben und damit zum Verbrauch ihrer Reservestoffe gezwungen werden. Während die oberirdischen Triebe wieder austreiben, sinkt der unterirdische Reservestoffvorrat. Dieser ist am niedrigsten, wenn die Pflanzen 5 – 10 cm lang sind. Spätestens zu diesem Zeitpunkt muss der nächste Bekämpfungsgang erfolgen, da die Pflanzen nun bereits wieder so reichlich assimilieren und nach

Extrem stachelige Rasse der Acker-Distel

Acker-Disteln sind auch Augen- und Bienenweide

unten einlagern, dass der Stoffverlust rasch wieder wettgemacht ist und damit die Bekämpfungsmaßnahme zwecklos war; also: lieber zu früh als zu spät! Der Erfolg einer mechanischen Bekämpfung hängt von der Bodenfruchtbarkeit ab. Auf mageren, trockenen Böden kann eine einmalige Maßnahme bereits Wirkung zeigen; auf für die Distel optimalen Standorten kann sie so aber höchstens reduziert, aber nie ganz vernichtet werden. Erfolgversprechender ist der Anbau von konkurrenzstarken ausdauernden Kulturen (v.a. Luzerne), die mehrmals pro Saison gemäht werden.

Dass die Acker-Distel durch Köpfen (oder Abmähen) im blühenden Zustand vernichtet werden kann, wird immer wieder berichtet, ist aber wissenschaftlich weder erwiesen noch erklärbar. Da etwa zur Blütezeit die Erneuerungsknospen gebildet werden, treiben derart behandelte Pflanzen möglicherweise im nächsten Jahr mit geringerer Triebzahl aus. Auf dieser Beobachtung mag dann die soeben erwähnte Ansicht beruhen. Allerdings muss hier betont werden, dass wir trotz zahlreicher gründlicher Untersuchungen noch immer zuwenig über die Biologie der Acker-Distel wissen und dass hier noch einige Überraschungen möglich sind. Ein Grund dafür ist die hohe genetische Vielfalt der Art, sie ist ja eines der Erfolgsrezepte für ein Ackerunkraut. Die Art Cirsium arvense umfasst sicher hunderte, wenn nicht viel mehr Rassen, die sich nicht nur nach dem Aussehen, sondern auch nach ihren physiologischen und ökologischen Eigenschaften unterscheiden. Ergebnisse von Untersuchungen an einer oder wenigen Rassen (Herkünften) können daher nur mit Vorsicht verallgemeinert werden.

Chemisch ist die Acker-Distel durch eine Reihe systemisch wirkender Herbizide gut bekämpfbar. Am bekanntesten sind wohl die Wuchsstoffherbizide, die bereits vor Jahrzehnten als erste Präparate mit gutem Erfolg zur Distelbekämpfung eingesetzt wurden und auch heute noch verwendet werden. Neuere Herbizide (z.B. Sulfonylharnstoffe) weisen eine Teilwirkung (bis befriedigende Wirkung) auf. Verschiedene Kontakt- und Bodenherbizide eignen sich nicht für eine nachhaltige Bekämpfung der Acker-Distel. Betriebswirtschaftlich am günstigsten ist eine chemische Distelbekämpfung in jenen Kulturen, in denen preisgünstige Präparate mit guter Distelwirkung als Standardherbizide auch gegen andere Problemunkräuter eingesetzt werden können.

Ansprüche: An sich auf allen Böden, optimale Entwicklung (und Konkurrenzkraft) nur auf gut mit Nährstoffen und Wasser versorgten, gut durchlüfteten lehmigen Böden. Wächst die Acker-Distel auf durchlässigem Substrat (Sand oder Schotter), so ist entweder eine Stauzone im Boden oder das Grundwasser in erreichbarer Tiefe.

Verbreitung: Allgemein verbreitet.

Häufigkeit: Sehr häufig; in den letzten Jahren starke Zunahme in Österreich (u.a. durch Brachen, reduzierte Bodenbearbeitung, Herbizidverzicht /-reduktion und Veränderung des Wirkstoffspektrums, starke Ausdehnung des Biolandbaues).

Wuchsorte außerhalb der Äcker: Nährstoffreiches Grünland, Ufer, Waldschläge. Auf Ackerbrachen vor allem dann Massenvermehrung, wenn die Disteln schon im vorhergehenden Acker stärker vorhanden waren. Diese Massenbestände auf Ackerbrachen brechen zum Teil (nicht immer!) nach wenigen Jahren zusammen. Der Grund für dieses seltsame Verhalten der unter Ackerbedingungen sehr langlebigen Pflanzen ist nicht bekannt. Möglicherweise ist auch die Acker-Distel, wie ihre Pionierverwandten (siehe Weg-Distel) eher kurzlebig. Wird sie aber durch Ackern, Abmähen oder Häckseln daran gehindert, ihren Lebenszyklus zu vollenden, so wird sie ausdauernd. Das Entfernen der oberirdischen Teile wirkt also als eine Art „Verjüngungsschnitt“. Da das Vermögen, sich mit Samen in Äckern auszubreiten, begrenzt ist (s.o.), können Disteln auf Langzeit-Ackerbrachen ebenso wie auf anderen Standorten ohne weiteres geduldet werden. Das häufige Vorkommen von Acker-Disteln auf Straßenböschungen stellt also nur eine geringe Gefahr für die Nachbarflächen dar. Selbst wenn der Straßenmeister die Disteln abmäht, schadet ihnen dies nicht (s.o.) und die unterirdische Gefahr durch Ausläufer ist trotzdem nicht gebannt. (Die durch Samenflug ist meist gering.) Dem Einwandern mittels Ausläufern muss durch entsprechende Gegenmaßnahmen (passende Bodenbearbeitung, Herbizideinsatz) begegnet werden.

Herkunft: Einheimisch (Ufer, Auen, Erdrutschhänge,...).

Besondere Merkmale: Die Art ist, wie bereits gesagt, sehr formenreich; vor allem die unterschiedlichen Blattgestalten könnten Verwirrung hervorrufen: die Blätter können tief oder leicht geteilt oder – seltener – fast ganzrandig sein, sie können stark bestachelt sein oder so wenig, dass man sie ungestraft angreifen kann; an der Unterseite können die Blätter weißwollig oder kahl sein. Zum Unterschied zu anderen Disteln hat die Acker-Distel aber einen kahlen, glatten (nicht bestachelten) Stängel (d.h. die Blätter laufen z.U. zu den sonst im Ackerland auftretenden Disteln nicht {oder kaum} am Stängel herab) und ziemlich kleine, relativ blasse Blütenköpfchen. Ein eindeutiges Merkmal sind auch die unterirdischen Ausläufer.

Anmerkung: Außerhalb der Äcker, an Ufern, in Auen, sind Acker-Disteln keine Unkräuter mehr, und wer will, kann sich an ihnen sogar erfreuen. Die weiblichen Blütenköpfchen duften stark nach Vanille und werden sehr gerne von Schmetterlingen und Bienen besucht. Die Gefahr eines Samenfluges wird gemeinhin stark überschätzt. Das, was im Spätsommerwind so weit durch die Luft segelt, sind leere Haarkelche, die so leicht sind, weil ihre Frucht steril oder abgebrochen ist. Mit schweren Früchten beladene Fallschirme fliegen nur ganz kurze Strecken, und ihre Keimlinge setzen sich auf bewirtschaftetem Ackerland eher selten durch. Die Disteln auf dem Acker stammen also höchstwahrscheinlich alle aus Ausläuferstückchen, die der Landwirt selbst eingeschleppt hat.

Weg-Distel

Carduus acanthoides

Blüte: Pupurrot, Juni – September.
Wuchs: Aufrecht, 30 – 120 cm hoch.
Lebensform: Zweijährig.
Typ: Pionierdisteln.

Bedeutung in der Landwirtschaft: Als Unkraut kaum von Bedeutung. Zum Unterschied zur Acker-Distel haben die Samen der Weg-Distel eine sehr effektive Wind-Fernverbreitung. Die Lebensform macht die Weg-Distel (und die anderen Pionier-Disteln) aber für ein Überleben im Acker eher ungeeignet. Die Keimlinge bzw. die jungen Rosetten werden bei der herbstlichen Bodenbearbeitung normalerweise vernichtet. Neuerdings tritt die Weg-Distel gelegentlich doch in Äckern auf (in den letzten Jahren regional verstärkte Einwanderung z.B. in Rapsfelder beobachtet), kommt hier aber kaum zur Samenreife. Ihre Rosetten können in Zierrasen lästig werden; Gegenmittel: Ausstechen und schauen, dass der Rasen so dicht ist, dass keine günstigen Keimstellen vorhanden sind.

Ansprüche: Offene Stellen auf trockenen, eher steinigen Böden.
Verbreitung: Überall, Schwerpunkt in Gebieten mit warm-trockenem Klima.
Häufigkeit: In Äckern meist nur vereinzelt.
Wuchsorte außerhalb der Äcker: Straßenböschungen, Dämme, Ackerbrachen (ab dem zweiten Jahr).
Herkunft: Südeuropa.

Besondere Merkmale: Von der Acker-Distel sehr leicht durch die tief eingeschnittenen, stark stache-

Weg-Distel; Merkmal: Stängel stark stachelig; Blütenköpfe relativ klein

Nickende Distel – selten gewordene Schönheit

ligen, krausen Blätter und den stachelig geflügelten Stängel unterscheidbar.

Ähnlich: Noch seltener treten in Äckern Blattrosetten anderer Pionier-Distel-Arten auf. Die der **Nickenden Distel** *(Carduus nutans)* sind von denen der Weg-Distel praktisch nicht, die der **Speer-Distel** *(Cirsium vulgare)* nur schwer zu unterscheiden. Dies spielt aber keine Rolle, da auch diese beiden Arten unter Ackerbedingungen ihren Entwicklungszyklus ohnehin kaum vollenden können. Auf Ackerbrachen können sie, wie die Weg-Distel, ab dem zweiten Jahr massenhaft blühen, sterben aber auf älteren Brachen meist wieder gänzlich aus.

Anmerkung: Die Pionier-Disteln sind selten geworden, da sie in den modernen Kulturlandschaften keinen Lebensraum mehr haben. Daher sollte man ihnen die wenigen Fleckchen, auf denen sie noch vorkommen, gönnen – im eigenen Interesse: sie gehören zu den dekorativsten Gewächsen unserer Flora und sind wichtige Futterpflanzen und Nektarquelle für unzählige Tiere, darunter bekannte und beliebte wie der Stieglitz (Distelfink) und der Distelfalter (sowie viele andere Schmetterlinge).

(2) Gänsedisteln

Die Gänsedisteln haben gelbe Köpfchen, die nur Zungenblüten enthalten. Verletzt man die Pflanzen, so tritt weißer Milchsaft aus. Es sind saftige, leicht brechende Pflanzen, die nicht nur Lieblingsfutter von Hasen und Meerschweinchen (und Gänsen?) sind, sondern auch für die menschliche Ernährung taugen. Sie tragen den Beinamen „Distel" eher zu Unrecht, denn zwei Arten stechen überhaupt nicht, die dritte weit weniger als die meisten „echten Disteln". Ebenso wie diese lassen sich die Gänsedistel-Arten nach der Lebensdauer in zwei Gruppen unterteilen: die ausdauernde **Acker-Gänsedistel** und die einjährigen Arten **Gemüse-Gänsedistel** und **Raue Gänsedistel.**

Acker-Gänsedistel

Sonchus arvensis

Blüte: Goldgelb, Juni – Oktober.

Wuchs: Aufrecht, 50 – 100 cm (außerhalb der Äcker bis 150 cm hoch).

Lebensform: Ausdauernd; stockwerkartiges, bis 2 m tiefes Wurzelsystem mit ± waagrecht verlaufenden Wurzelausläufern; Überwinterung (wie bei Acker-Distel) unterirdisch oder mit Blattrosetten an der Erdoberfläche. Starke vegetative Vermehrung, aber auch generativ durch Samenflug.

Typ: Unverwüstliche.

Bedeutung in der Landwirtschaft: Konkurrenzkraft stark (3 – 4), jedoch nur unter bestimmten Bedingungen stärkeres Auftreten: Wegen der späten und langsamen Frühlingsentwicklung hauptsächlich in Sommergetreide und Hackfrüchten, nur auf nassen und / oder schweren, luftarmen Böden oder dort, wo es den Kulturpflanzen nicht besonders gut geht, ein Problem. Hier aber wegen starker vegetativer Vermehrung und hoher Regenerationsfähigkeit (wie die Acker-Distel) lästiges Unkraut, das man schwer wieder los wird. Chemische Bekämpfung ähnlich wie bei der Acker-Distel.
Hauptverbreitung durch Verschleppung der Ausläuferstückchen (hervorragende Regenerationsfähigkeit). Daneben ist die Verbreitung durch Samenflug

Acker-Gänsedistel in Flachs auf Pseudogleyboden (Waldviertel, NÖ.)

von geringer Bedeutung. Die Samenproduktion ist zwar effektiver als bei der Acker-Distel, sogar bei in der Blüte abgemähten Pflanzen können noch Samen reifen, doch die Keimlinge sind wieder – im Vergleich zu denen einjähriger Unkräuter – langsamwüchsig und heikel und fallen der nächsten Bodenbearbeitung zum Opfer.

Ansprüche: Bevorzugt gut mit Wasser und Nährstoffen versorgte Böden, kann aber mittels Durchlüftungsgewebe und Speicherwurzeln auch auf luftarmen (schweren, verdichteten, staunassen) oder auf (leichten) Böden mit hohem oder stark schwankendem Grundwasserstand gedeihen (und dort im Ackerland zur Plage werden); Zeigerpflanze!

Verbreitung: Allgemein, bis in die höchsten Ackerbaulagen.

Häufigkeit: Lokal sehr häufig.

Wuchsorte außerhalb der Äcker: Ufer, Gräben; in einer eigenen Unterart auch in Feuchtwiesen (auch auf Salzböden).

Urheimat (Herkunft): Einheimisch.

Besondere Merkmale: Sehr charakteristische Blattform: „Harpunenspitzen" mit nach rückwärts gerichteten Widerhaken.

Jeder (zumindest jeder Eskimo) kennt sie: Speer- oder Pfeilspitzen aus Knochen oder Metall, die sich in das Fleisch eines Seehundes bohren. So ist das erlegte Tier durch eine am Pfeil befestigte

Acker-Gänsedistel

Schnur mit dem Jäger verbunden und kann nicht einfach wegtauchen, sondern wird aus dem Wasser gezogen.

Ähnlich: Von den beiden anderen Gänsedistel-Arten kann man sie schon durch den hohen Wuchs und die unterirdischen Ausläufer, die verhindern, dass man die Wurzeln der Pflanzen aus dem Boden ziehen kann, leicht unterscheiden. Ähnlich hochwüchsige, gelbblühende Korbblütler, wie etwa der **Wiesen-Pippau,** haben eine andere Blattgestalt und wachsen nur gelegentlich in Äckern.

Gemüse-Gänsedistel (Kohl-Gänsedistel, Gewöhnliche Gänsedistel)

Sonchus oleraceus

Blüte: Hellgelb, Mai – Oktober.

Wuchs: Aufrecht, 30 – 60 cm; Wurzeln mäßig tiefreichend mit intensiver Durchwurzelung der oberen Bodenschichten durch Seitenwurzeln.

Lebensform: Sommer- oder überwinternd-einjährig: Herbstkeimer überwintern in milden Wintern mit einem Blattbüschel und blühen im Frühsommer; Frühlingskeimer blühen im Sommer. Hohe Samenproduktion, Windverbreitung, die Samen sind sofort keimfähig. Im Spätfrühling oder Frühsommer gekeimte Pflanzen vermögen innerhalb von 6 Wochen bis zur Samenreife zu gelangen.

Typ: Flexible.

Bedeutung in der Landwirtschaft: Konkurrenzkraft gering bis mäßig (2 – 3), selten Massenauftreten; daher als „Unkraut" unbedeutend, am ehesten ein Problem in Sonderkulturen (z.B. Gemüse). In Blüte gejätete oder abgeschnittene Pflanzen vermögen notreife Früchte zu bilden.

Ansprüche: Gute Entwicklung nur auf nährstoffreichen, gut mit Feuchtigkeit versorgten, höchstens mäßig trockenen Böden; etwas wärmebedürftig.

Verbreitung: Überall.

Häufigkeit: Sehr häufig, vor allem in Hackfrüchten, aber selten massenhaft.

Wuchsorte außerhalb der Äcker: Städte, Dörfer (v.a. an Mauerfüßen), Erdhaufen, ...

Herkunft: Seit Urzeiten Begleiter des Menschen; viel-

Gemüse-Gänsedistel

Raue Gänsedistel

leicht ist die Art überhaupt erst aus nahe verwandten mediterranen Arten unter menschlichem Einfluss (Verschleppung der Samen, Schaffung von geeigneten Standorten) entstanden.

Besondere Merkmale: Blätter matt, hell blaugrün, zart, nicht stechend; Blattform recht variabel, von tief bis kaum eingeschnitten. Die Blätter enden am Stängel mit zwei spitzen Flügeln („Öhrchen" in der Sprache der Botaniker).

Anmerkung: Wildgemüse.

Raue Gänsedistel (Stachelige Gänsedistel) *Sonchus asper*

Blüte: Sattgelb, Juni – Oktober.
Wuchs: Aufrecht, 30 – 80 cm.
Lebensform: Wie die Gemüse-Gänsedistel.
Typ: Flexible.

Bedeutung in der Landwirtschaft: Konkurrenzkraft mäßig (3), wüchsiger als die Gemüse-Gänsedistel und daher auch häufiger auf Ackerland und in Gärtnereien; besonders hier kann es zu Massenauftreten kommen; Bekämpfung in der Regel problemlos möglich.

Ansprüche: Bevorzugt gleichmäßig durchfeuchtete, nährstoffreiche, humose Böden.
Verbreitung: Überall; nicht so wärmebedürftig wie die Gemüse-Gänsedistel, geht daher auch in kühl-feuchte (höhere) Lagen.
Häufigkeit: Sehr häufig.
Wuchsorte außerhalb der Äcker: Ufer, Gräben, Erdhaufen, Schuttstellen.
Herkunft: Unklar; vielleicht heimische Uferpflanze (seit mindestens 6.000 Jahren in Mitteleuropa) oder aus einer mediterran-orientalischen Meeresküstenpflanze (S. *glaucescens*) entstanden.

Besondere Merkmale: Blätter dunkelgrün, glänzend, derb, am Rand stachelig; vielgestaltig, aber oft (vor allem die unteren) ungeteilt, jedenfalls (im Durchschnitt) viel weniger tief geteilt als die der Gemüse-Gänsedistel. Blattgrund mit zwei runden, schön geschwungenen Lappen („Öhrchen").

(3) „Kamillen“

Acht Pflanzenarten, bei deren Köpfchen ähnlich wie bei denen der Margerite die inneren Blüten (Röhrenblüten) gelb und die äußeren (Zungenblüten) weiß sind, werden als „Kamille“ bezeichnet. (Die Strahllose Kamille ist hier eine Ausnahme; ihr fehlen die weißen Zungenblüten. Bei der Färber-Hundskamille {*Anthemis tinctoria*} sind auch die äußeren Blüten gelb. Sie kommt jedoch nicht in Äckern {nur auf Ackerbrachen} vor). Die Botanik unterteilt sie in drei Gattungen, die schon nach dem Geruch (Zerdrücken!) leicht unterscheidbar sind:

1. Echte Kamillen
Nur die Köpfchen duften, die Blätter sind geruchlos (der Geruch von Kamillentee dürfte wohl den meisten Menschen bekannt sein).

2. Geruchlose Kamillen
Sowohl Blätter als auch Köpfchen geruchlos.

3. Hunds-Kamillen
Köpfchen u n d Blätter duften.

Weitere gute Unterscheidungsmerkmale, die Form der Köpfchen sowie die Spreublätter, kann man nur an blühenden Pflanzen feststellen. Spreublätter sind winzige, schuppenförmige oder fast nadelförmige Gebilde, die zwischen den Blüten am Blütenboden sitzen. Man sieht sie am besten, wenn man ein Köpfchen zerreißt und die Blüten durch leichten Druck mit einem Finger wegbricht. Sind die Früchte ausgefallen, so bleiben die vertrockneten Spreublätter am Köpfchenboden zurück. Spreublätter haben nur die Hunds-Kamillen.

Hinsichtlich der landwirtschaftlichen Bedeutung bestehen größere Unterschiede zwischen den einzelnen Arten – Konkurrenzkraft, regionale Verbreitung, Häufigkeit usw. Bei chemischer Bekämpfung der Kamillen sind große Wirkungsunterschiede zwischen Wirkstoffen erkennbar. So zeigen z.B. verschiedene Wuchsstoffe keine oder nur unzureichende Wirkung, hingegen Harnstoffderivate, Sulfonylharnstoffe oder Triazolpyrimidine eine gute Wirkung. In den meisten Feldkulturen stehen für eine Kamillenbekämpfung geeignete Herbizide zur Verfügung.

Echte Kamille
Matricaria chamomilla (Chamomilla recutita, Matricaria recutita)

Blüte: Weiß/Gelb, Mai – September.
Wuchs:. Aufrecht, bei genügend Platz stark verzweigt und breit, 15 – 50 cm hoch.
Lebensform: Sommer-einjährig oder überwinternd-einjährig. Kann vom Frühling bis in den späten Herbst keimen; herbstgekeimte Individuen überwintern im grünen (vegetativen) Zustand. Hohe Samenproduktion. Die Samen sind bald keimfähig; gelangen sie jedoch in den Boden, so vermögen sie eine langlebige Samenbank aufzubauen.
Typ: Flexible.

Bedeutung in der Landwirtschaft: Konkurrenzkraft mäßig (3); auf für Kamille optimalen Standorten aber oft Massenentwicklung in Winterungen und Sommerungen (in ausgesprochen winterkalten Gebieten nur in letzteren, da die Pflanzen auswintern).

Ansprüche: Bevorzugt gut mit Wasser versorgte oder schwere, nasse, schwach saure, aber nährstoffreiche Böden (Pseudogley) in feuchten, wintermilden Klimabereichen; Zeigerpflanze!
Verbreitung: Überall (meidet die Äcker in ausgesprochen sommertrockenen Gebieten, z.B. den pannonischen Raum Österreichs).
Häufigkeit: Selten bis mäßig häufig; besonders häufig und stellenweise massenhaft im (südlichen und nördlichen) Alpenvorland.
Wuchsorte außerhalb der Äcker: Gärten; feuchte, überdüngte Stellen im Siedlungsbereich.
Herkunft: Seit ältesten Zeiten als Heilpflanze genutzt, kultiviert und verschleppt; heute fast weltweit verbreitet. Ihr Ursprung liegt daher im Dunklen; vielleicht ist die Stammform die kontinentale Salzsteppen-Kamille (M.c. subsp. bayeri), die auch in Österreich im Seewinkel vorkommt.

Besondere Merkmale: Der typische Geruch der Köpfchen ist auch bei relativ jungen Pflanzen schon wahrnehmbar, wenn man den Bereich des Vegetationspunktes (dort, wo die Blüten im Knospenzustand schon angelegt sind) drückt. Köpfchen kegelig, hohl, ohne Spreublätter.

Echte Kamille; Merkmale: kegeliges Zentrum, Duft!

Ähnlich: Im jungen Zustand ist die hundertprozentige Unterscheidung zwischen anderen feinblättrigen Kamillen nicht möglich. Die als Unkraut besonders bedeutende **Geruchlose Kamille** ist aber viel größer, ebenso die Blätter.

Sehr ähnlich und bei oberflächlicher Betrachtung schwer unterscheidbar ist die **Stinkende Hundskamille** *(Anthemis cotula)*, bei der aber nicht nur die Köpfchen, sondern die ganze Pflanze (!) kräftig und völlig anders riecht (zerdrücken!). Außerdem hat sie, wie es sich für eine Hundskamille gehört, Spreublätter.

Strahllose Kamille

Matricaria matricarioides (M. discoidea, Chamomilla suaveolens)

Blüte: Grünlichgelb, Juni – August.

Wuchs: Aufrecht, 5 – 20 cm (außerhalb der Äcker kommen auch ± niederliegende Formen vor).

Lebensform: Sommer-einjährig (selten überwinternd-einjährig). Sehr rasche Entwicklung von der Keimung bis zur Fruchtreife.

Typ: Anspruchsvolle Kleine.

Bedeutung in der Landwirtschaft: Konkurrenzkraft gering (2); auf Sonderstandorten (sehr nährstoffreich, verdichtet oder vernässt) und in Sonderkulturen lokal problematisch.

Strahllose Kamille; Merkmal: Zungenblüten fehlen

Ansprüche: Liebt gute Wasser- und Nährstoffversorgung, erträgt Luftarmut im Boden (Verdichtung, Vernässung), Zeigerpflanze!
Verbreitung: Überall.
Häufigkeit: In Äckern selten und meist nur vereinzelt.
Wuchsorte außerhalb der Äcker: Sehr häufig als Trittpflanze auf Wegen, in Pflasterritzen (geeignet für „Duftrasen"), da Samenverbreitung auf den Schuhsohlen.
Herkunft: Unbekannt (Nordamerika?, Nordostasien?) – Menschenbegleiter (Kosmopolit: heute fast weltweit verbreitet, bei uns seit etwa 1850).

Besondere Merkmale: Durch die fehlenden Strahlblüten und den Kamillenduft unverwechselbar. Jugendzustand: Blätter kleiner und feiner zerteilt als bei anderen Kamillen.
Anmerkungen: Volksheilpflanze (gilt in der wissenschaftlichen Kräuterkunde als nicht so wirksam wie die Echte Kamille).

Geruchlose Kamille

Tripleurospermum inodorum (T. perforatum, Matricaria maritima ssp. inodora)

Blüte: Weiß/gelb, Juli – Oktober.
Wuchs: Aufrecht, bei genügend Platz breit verzweigt, 30 – 80 (bis 175) cm; die Stängel niederliegender oder durch mechanische Einwirkung niedergedrückter Pflanzen können sich bewurzeln.
Lebensform: Überwinternd-einjährig oder sommer-einjährig (außerhalb der Äcker auch mehrere Winter überdauernd); Jugendentwicklung ähnlich wie bei der Echten Kamille, jedoch langsamer; hohe Samenproduktion, langlebige Samenbank im Boden.
Typ: Flexible.

Bedeutung in der Landwirtschaft: Konkurrenzkraft stark (4). Konkurrenzstärkste und verbreitetste Kamille. Massenentwicklung auf Ackerbrachen im zweiten Jahr. In den letzten zwei Jahrzehnten Verbreitung besonders in Winterraps.

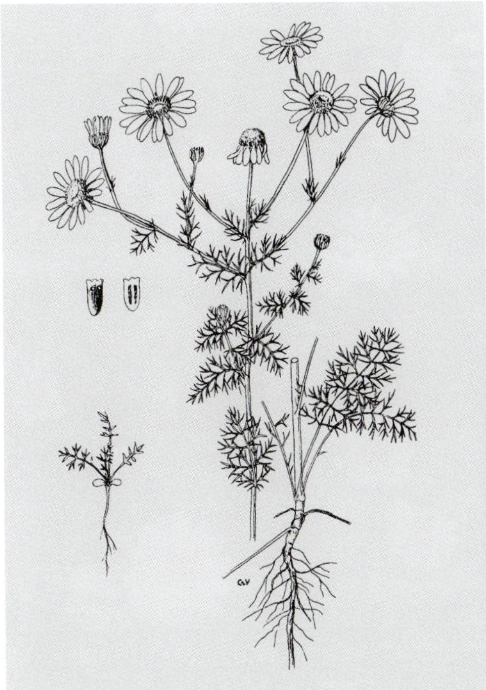

Geruchlose Kamille; Merkmal: große Blütenköpfchen

Ansprüche: Anspruchslos; auf fast allen Böden und in allen Klimabereichen (außer im Hochgebirge). In Äckern vor allem auf zwar (schwach) sauren, aber nicht nährstoffarmen, eher schweren und gut mit Wasser versorgten Böden in mittleren, klimafeuchten Höhenlagen.
Verbreitung: Überall.
Häufigkeit: Sehr häufig.
Wuchsorte außerhalb der Äcker: Auf Pionierstandorten (Straßenböschungen, Erdhaufen etc.) sehr häufig.
Herkunft: Unbekannt; vielleicht erst unter dem Einfluss des nährstoffreiche Pionierstandorte produzierenden Menschen entstanden; Stammform vielleicht die nahe verwandte Meeresküstenpflanze T. maritimum.

Besondere Merkmale: Hochwüchsigste Kamille mit margeritengroßen Blütenköpfchen (dekorativ, dankbare Schnittblume!). Alle Teile geruchlos. Köpfchen im Querschnitt halbkugelig, keine Spreublätter.
Ähnlich: Im Jugendstadium von den anderen Kamillen durch die größeren Blätter unterscheidbar.

Anmerkung: Die nahe verwandte **Feinblatt-Kamille** *(T. tenuifolium)* ist nur an den reifen Früchten unterscheidbar.
T. inodorum: Frucht oben mit „Krönchen" (scharfer, leicht becherförmiger Rand), auf dem Rücken runzelig.
T. tenuifolium: Frucht oben abgerundet, am Rücken glatt (oder mit feiner Längsrippe).
Sie kommt stellenweise in Äckern des östlichen Österreich (v.a. im mittleren und südlichen Burgenland) vor, ist aber entweder doch eher selten oder wurde bisher meist übersehen.

(Siehe Fachliteratur: ADLER, W., OSWALD, K., FISCHER, R: Exkursionsflora von Österreich. E.Ulmer Verlag).

Acker-Hundskamille
Anthemis arvensis

Blüte: Weiß/Gelb, Mai – Oktober.
Wuchs: Selten aufrecht, meist ausgebreitet, vom Grund an weit verzweigt, manchmal mit am Boden aufliegenden Seitenästen, 10 – 30 (60) cm hoch.

Acker-Hundskamille; Merkmale: ausgebreiteter Wuchs, halbkugeliges Köpfchen

Lebensform: Sommer-einjährig oder überwinternd-einjährig (außerhalb der Äcker unter Umständen sogar mehrjährig).
Typ: Flexible.

Bedeutung in der Landwirtschaft: Konkurrenzkraft mäßig (3). Vor allem in Gebieten mit sauren Böden sehr verbreitet und in allen Kulturen, tritt jedoch nur dann in größerer Dichte auf, wenn die Kulturpflanzen aus irgendeinem Grund (Nährstoffmangel, ungünstige Witterung) geschwächt sind und der Hundskamille zu wenig Konkurrenzdruck entgegensetzen.

Ansprüche: Anspruchslos; wächst durchaus auch auf guten Böden, kann sich in Äckern dort aber wegen geringer Konkurrenzkraft nicht durchsetzen. Durch intensive Landwirtschaft und Herbizide überdies in die extreme Ecke ihrer Lebensmöglichkeiten zurückgedrängt. Daher heute in Äckern (bei stärkerem Auftreten) Zeiger für kalkarme, schwach bis stark saure, eher trockene, nährstoffarme und meist leichte (sandige) Böden. Etwas empfindlich gegenüber (sommer) trockenem Klima, bevorzugt Berglagen.
Verbreitung: Überall (im pannonischen Raum Österreichs aber nur ganz lokal auf sehr sauren, sandigen Böden).
Häufigkeit: Häufig.
Wuchsorte außerhalb der Äcker: Typische Ackerpflanze; am ehesten noch auf Erdhaufen (mit Ackerboden).
Herkunft: Sandpionier aus Südwesteuropa.

Besondere Merkmale: Im blühenden Zustand: Korbboden flach-kegelig, Spreublätter ohne Zähnchen, verlaufen nach oben allmählich spitz zu und enden in einer Stachelspitze.
Im vegetativen Zustand: Blätter nicht so fein zerteilt wie die der Matricaria- und *Tripleurospermum*-Arten; beim Zerreiben zwar schwacher, aber doch deutlich bitterer Geruch.
Ähnlich: Am ähnlichsten ist die **Russische Hundskamille.**

Österreichische Hundskamille

Anthemis austriaca

Blüte: Weiß/Gelb, Juni – August.
Wuchs: Aufrecht, 20 – 50 (70) cm.
Lebensform: Im für sie optimalen Klima und in Äckern überwinternd-einjährig, sonst auch sommer-einjährig.
Typ: Steppenkraut.

Bedeutung in der Landwirtschaft: Konkurrenzkraft gering bis mäßig (2 – 3); Konkurrenzwirkung auf Getreide besonders, wenn Probleme mit Wasser- und Nährstoffversorgung gegeben sind. Im pannonischen Raum Österreichs Massenunkraut, dessen Blüten die Wintergetreideäcker ab etwa Ende Mai weiß färben. Die Verunkrautung schaut von außen häufig schlimmer aus, als sie tatsächlich ist, da die Kamillen nur am Ackerrand so dicht stehen. Daher ist die Österreichische Hundskamille eher eine Zierde der Agrarlandschaft als ein Unkraut. Außerhalb des pannonischen Gebietes ist die Art eine Rarität.

Ansprüche: Liebt sommerwarmes, trockenes Klima – hier auf allen Böden, außer auf ausgesprochen vernässten. Mit zunehmend kühlerem Klima zieht sich die Art auf trockene, sich leicht erwärmende, kalkhältige Standorte zurück.
Verbreitung: Als Ackerwildkraut im Wesentlichen nur im pannonischen Raum Österreichs, sonst meist nur eingeschleppt (mit Saatgut, Grassamen) und unbeständig.
Häufigkeit: Siehe oben.
Wuchsorte außerhalb der Äcker: Trockene Bahn- und Straßenböschungen, Erdhaufen,...
Herkunft: Südosteuropäischer Steppenpionier.

Besondere Merkmale: Durch den sehr regelmäßig kämmig gefiederten Blattschnitt und den bitter-würzigen aromatischen Geruch (ähnlich dem der Schafgarbe) unverkennbar.
Ähnlich: Einen ähnlichen Blattschnitt hat die **Färber-Hundskamille** *(Anthemis tinctoria)*. Diese ausdauernde Art wächst aber nur ganz ausnahmsweise auf

Österreichische Hundskamille; Merkmal: kammartig gefiederte Blätter

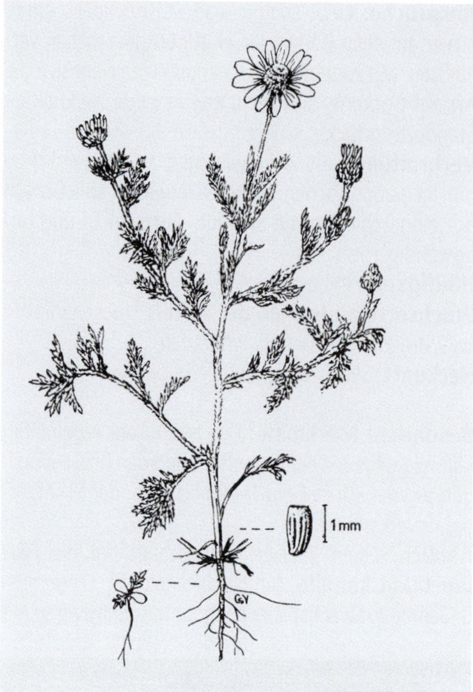

Russische Hundskamille

Stinkende Hundskamille

steinigen Äckern, eher auf Ackerbrachen. Sie riecht nicht so stark und hat gelbe Zungenblüten (also zur Gänze gelbe Köpfchen).

Eine gewisse Ähnlichkeit gibt es auch mit der sehr seltenen **Russischen Hundskamille** (s.u.), mit der sie sogar gemeinsam in einem Acker stehen kann. In gemischten Beständen sind die beiden schon an der Wuchsform leicht zu unterscheiden: Während die Österreicherin immer aufrecht dasteht, wächst die Russin von unten her breit und an den Boden gedrückt.

Russische Hundskamille (Anthemis ruthenica)
Überwinternd- oder sommer-einjährig; ausladender Wuchs, aber nur ca. 20 – 30 cm hoch; Blätter stark wollig behaart und deswegen grau (bei der Acker-Hundskamille sind sie nur zerstreut behaart oder ganz kahl und daher grün), beim Zerreiben mit stark aromatischem Duft (bitter mit Zitronenkomponente), Spreublätter oben am Rand gezähnelt. In Mitteleuropa eine große Rarität saurer Sandäcker in warm-trockenen Klimabereichen (in Ostösterreich nur mehr häufig im Mittleren Burgenland und ab und zu im Marchfeld). Aus landwirtschaftlicher Sicht ein konkurrenzschwaches (überwinternd-einjähriges) Steppenkraut in Wintergetreide und Weinbergen, das nicht bekämpfungs-, sondern schutzwürdig ist.

Die **Stinkende Hundskamille** (Anthemis cotula) sieht der Echten Kamille sehr ähnlich (fein zerteilte Blätter, spitzkegeliger, aber voller Körbchenboden), kann jedoch durch den Geruch leicht von ihr und anderen Kamillen unterschieden werden: Er ist kräftig, streng und bitter und wird von manchen Menschen als unangenehm empfunden. Die Spreublätter sind ganz schmal. Typisch ist auch ihr Standort: sie liebt Böden, die sehr nährstoffreich (eher überdüngt) und feucht sind. Früher war sie daher charakteristisch für Gänseweiden. In Äckern tritt sie nur ganz lokal auf, kann aber in Sommergetreide (sie ist meist eine sommereinjährige Pflanze) Massenbestände mit mäßiger Konkurrenzkraft ausbilden (z.B. auf Feuchtschwarzerden im Wiener Becken). Wirklich lästig wird sie, wenn sie

als Unkraut in Kulturen der Echten Kamille auftritt. Sie wird mitgeerntet und stellt eine unangenehme Verunreinigung des Kamillentees dar. Anthemis cotula steht im Verdacht, Allergien auszulösen.
Ansonsten ist sie ein ziemlich selten gewordener Siedlungsbegleiter („Dorfpflanze"), der früher zu Gänseweiden, feuchten Dorfangern (mit Wassergraben) und die Umgebung von Misthäufen (Mistlacken) gehörte. Heute findet man sie am ehesten noch an so ausgefallenen Standorten wie in Wild(schwein)gattern im Bereich der Fütterungen oder an feuchten Straßenbanketten.

(4) Franzosenkräuter *Galinsoga* spp.

Eigentlich müssten die beiden zu dieser Gattung gehörenden Unkräuter nach ihrer Urheimat „Mexikaner" heißen. Ihr Name soll aber daher kommen, dass eine der beiden Arten zur Zeit der Napoleonischen Kriege in Deutschland auftauchte und man daher die Feinde für die Einschleppung dieses Unkrautes verantwortlich machte. Es ist auch durchaus möglich, dass die Truppenbewegungen in diesen unruhigen Zeiten die rasche Ausbreitung des Krautes förderten, denn Feldzüge haben seit jeher zur Ausbreitung von Pflanzen und auch Tieren beigetragen. Da der Name also sozusagen zu Unrecht besteht, da es genauso gut Armeeteile anderer Nationen gewesen sein können, welche die Samen von *Galinsoga* verschleppten, wollen wir diesen Namen, obwohl er in der Landwirtschaft üblich ist, durch einen passenderen, nämlich „Knopfkraut", benannt nach den kleinen, rundlichen Blütenköpfchen, ersetzen.

Kleinblütiges Knopfkraut
Galinsoga parviflora

Blüte: Weiß/Gelb, Juni – Oktober.
Wuchs: Aufrecht, 10 – 50 cm.
Lebensform: Sommer-einjährig; Wärme- und daher Spätkeimer (ab Mai bis in den Spätsommer hinein), aber sehr rasche Entwicklung (blüht bereits 4 – 8 Wochen nach der Keimung, genügend feuchte Witterung vorausgesetzt). Sehr frostempfindlich, stirbt schon bei kurzem Frühfrost ab. In günstigen Jahren mit genügend Feuchtigkeit und späten Frösten sind zwei Generationen (Keimwellen) pro Jahr möglich. (Von „zwei Generationen" kann man streng genommen nur sprechen, wenn die zweite Population aus den Samen der ersten entstanden ist. Das lässt sich auf dem Feld kaum feststellen. Die zweite Keimwelle kann auch aus schon vorher in der Samenbank des Bodens vorhandenen Samen stammen). Die Samenproduktion ist im Verhältnis zur Größe der Pflanzen sehr hoch; die Samen bleiben in der Samenbank des Bodens mindestens über Jahrzehnte hinaus keimfähig. Die winzigen, steifen Schuppenkelche an den „Samen" (eigentlich: Früchtchen) dienen zum Anheften an Tiere, Hosenbeine, Säcke, etc.
Typ: Anspruchsvolle Kleine.

Bedeutung in der Landwirtschaft: Konkurrenzkraft mittel (3); die Pflanzen verbrauchen aber während ihres raschen Jugendwachstums reichlich Nährstoffe und sind daher in dieser Zeit starke Konkurrenten für die Kulturpflanzen. Ausgesprochen starkes Wachstum zeigen die Knopfkräuter aber nur in feuchten Jahren. In Jahren mit trockenem Frühling fehlen sie weitgehend (zumindest die erste Generation), da sie zur Keimung viel Feuchtigkeit benötigen.
Lästig in Hackfrüchten (Kartoffel, Mais, Sojabohne usw.) und vor allem im Gemüsebau. Perfekte Anpassung an mechanische Bekämpfung: Gejätete und liegengelassene Pflanzen vermögen sich bei genügend Feuchtigkeit wieder zu bewurzeln. Blühende entwurzelte Pflanzen bilden sehr rasch notreife Samen. Sind die Bedingungen günstig, so keimen die Knopfkräuter sofort wieder nach dem Jäten oder nach der Bodenbearbeitung aus der Samenbank im Boden. Für eine chemische Bekämpfung stehen in den wichtigsten Feldkulturen geeignete Herbizide zur Verfügung, wenngleich einige Wirkstoffe ausgeprägte Wirkungslücken aufweisen. Zu beachten ist, dass spät auflaufende Pflanzen in der Regel nicht erfasst werden. In Einzelfällen wurden größere Toleranzunterschiede (z.B. bei Triazinen) beobachtet.

Links das kräftige Zottige Knopfkraut, rechts das zarte Kleinblütige Knopfkraut

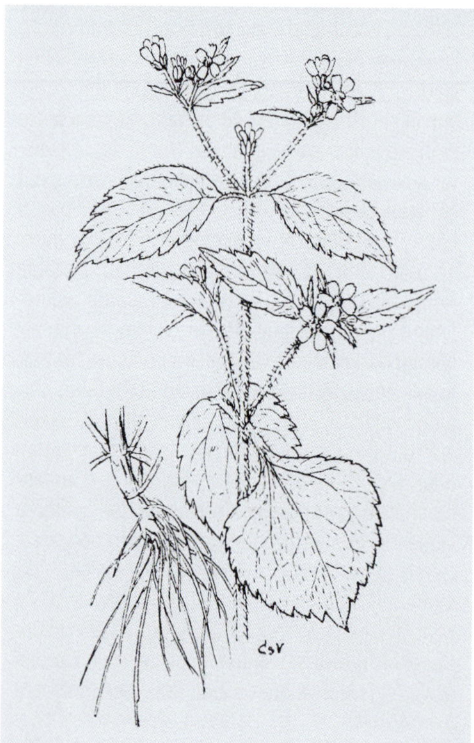

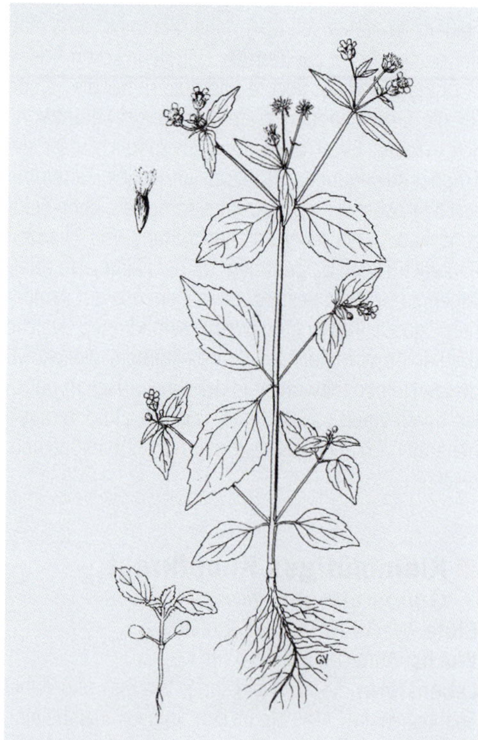

Ansprüche: Bei üppiger Entwicklung Zeiger für optimale Bodenbedingungen. In Äckern nur in Gebieten mit sommerfeuchtem Klima.
Verbreitung: Überall; in Österreich drückt sich die Empfindlichkeit gegenüber Sommerdürre so aus, dass die Art im pannonischen Raum in Äckern kaum auftritt, sondern auf Gärten, auch Weingärten (Schatten!) und (bewässerte) Gemüsekulturen beschränkt ist. Mit zunehmender Klimafeuchte nach Westen zu wird sie zum Hackfruchtunkraut und kann schließlich in Westösterreich auch im (Sommer-)getreide massenhaft auftreten.
Häufigkeit: Häufig.
Wuchsorte außerhalb der Äcker: Auf Pionierstandorten wie etwa Erdhaufen im Siedlungsbereich, an Ufern von Gräben.
Herkunft: Soll aus dem südlichen und mittleren Mexiko aus Höhen von 1.100 – 2.500 m* stammen, wurde aber offenbar erst in der Neuzeit weltweit verschleppt. In Mitteleuropa Ende des 18. Jh.s aus Botanischen Gärten „entkommen" und breitete sich so rasch aus, dass es Ende des 19. Jh.s bereits überall häufig war. In Wien wurde es z.B. noch 1850 als „selten" bezeichnet. 1889 war es bereits in ganz Niederösterreich eingebürgert und stellenweise häufig.

Besondere Merkmale: An der charakteristischen Verzweigung, den gezähnten Blättchen, dem kantigen, brüchigen Stängel und den winzigen glockenförmigen Blütenköpfchen sind die Knopfkräuter leicht zu erkennen.
Ähnlich: **Zottiges Knopfkraut;** dieses ist aber eine derbere, auffälligere Pflanze (s.u.).

* Genauere weltweite Verbreitungskarten und -angaben siehe KÄSTNER, E., JÄGER, X., SCHUBERT, R.: Handbuch der Segetalpflanzen Mitteleuropas. Springer, Wien – New York, 2001)

Zottiges Knopfkraut
Galinsoga ciliata

Blüte: Weiß/Gelb; Juni – Oktober.
Wuchs: Aufrecht (buschiger und kräftiger als das Kleinblütige Knopfkraut), 10 – 80 cm.
Lebensform: Sommer-einjährig, ähnlich wie Kleinblütiges Knopfkraut.
Typ: Anspruchsvolle Kleine.

Bedeutung in der Landwirtschaft: Konkurrenzkraft: mittel (3); keimt zwar später als ihre kleinblütige Verwandte, ist aber noch wüchsiger (polyploide Art) und kommt noch rascher zum Blühen (und gleichzeitig bereits zum Fruchten). Wächst häufig gemischt mit dem Kleinblütigen Knopfkraut und ist vor allem in Gebieten mit feuchtem Klima und schweren Böden deutlich konkurrenzstärker als dieses. Wie die andere Art in den Trockengebieten Ostösterreichs auf geschützte Standorte beschränkt, im Westen sehr verbreitetes und lästiges Unkraut in Sommergetreide, Hackfrüchten und Gemüsebau. Bekämpfung ähnlich wie beim Kleinblütigen Knopfkraut, aber Empfindlichkeit gegenüber einigen herbiziden Wirkstoffen unterschiedlich.

Ansprüche: Ähnlich der vorigen Art, aber noch empfindlicher gegenüber trockenem Klima.
Verbreitung: Überall; in Äckern nur in Gebieten mit sommerfeuchtem Klima.
Häufigkeit: Mäßig häufig.
Wuchsorte außerhalb der Äcker: Siedlungsbereich, Ufer.
Herkunft: Mexiko; wurde bei uns etwa ein halbes Jh. später eingeschleppt als das Kleinblütige Knopfkraut, breitete sich aber etwa doppelt so rasch aus wie dieses. Das Zottige Knopfkraut bevorzugt noch ausgeprägter klimafeuchte Gebiete und scheint hier die früher angekommene kleinblütige Schwester teilweise zu verdrängen.

Besondere Merkmale: Die Pflanze riecht beim Zerreiben aromatisch.
Ähnlich: Die beiden Knopfkräuter sind meist recht leicht zu unterscheiden. Das **Zottige Knopfkraut** ist derber und hat auch einen dickeren Stängel, der dicht mit abstehenden Borsten besetzt ist. Auch die Blätter sind breiter und am Rand gröber gezähnt. Die Köpfchen wirken dadurch auffälliger, dass die Zungenblüten länger sind als bei der kleinblütigen „Schwester". Das **Kleinblütige Knopfkraut** ist zarter, hat einen dünneren Stängel, der ganz oder fast kahl ist, schmälere, feiner gezähnte Blätter und sehr kurze Zungenblütchen, so dass seine Köpfchen ausgesprochen unauffällig sind.

Anmerkung: Soll allergen wirken.

(5) Weitere wichtige Unkrautarten

Kornblume
Centaurea cyanus

Blüte: Kornblumenblau (Ziersorten mit anderen Farben), Mai – November.

Wuchs: Aufrecht, 30 – 100 cm. Verzweigung und Breitenwuchs einerseits vom Konkurrenzdruck abhängig – daher im Acker eher schlank, auf Brachen oft breit, stark verzweigt und buschig –, andererseits von der Keimzeit: herbstgekeimte Pflanzen zeigen im Frühjahr starkes vegetatives Wachstum und lassen sich bis zur Blüte Zeit; je später die Keimzeit sich vom Frühling in den Sommer hineinzieht, desto eiliger haben es die Pflanzen mit der Blütenbildung.

Lebensform: Überwinternd-(sommer-) einjährig: Die erfolgreichste Generation ist die im Herbst gekeimte, deren Jungpflanzen als Rosetten am Ackerboden überwintern und im Frühling dann zu entsprechend kräftigen Pflanzen heranwachsen. Weitere Pflanzen keimen dann vom zeitigen Frühling bis in den Sommer hinein. Dass die Keimung über einen sehr weiten Zeitraum verzögert ist, hängt mit dem ungleichen Keimverzug (Nachreife) der Samen zusammen. Ein kleiner Teil der ausgefallenen Samen ist gleich keimfähig, der größere Teil muss erst nachreifen oder wandert durch die Bodenbearbeitung in die Samenbank, wo die Samen mindestens mehrere Jahre, wahrscheinlich aber Jahrzehnte am Leben bleiben.

Typ: Der Herkunft nach wohl ein „Steppenkraut", das unter Kulturbedingungen Eigenschaften der Spezialisten und der Flexiblen angenommen hat.

Bedeutung in der Landwirtschaft: Konkurrenzkraft gering bis mittel (3); Schwerpunkt in Wintergetreide und Winterraps.
Samenreife über einen langen Zeitraum (s.o.): Frühreife Samen fallen lange vor der Getreideernte aus, später reifende bei der Ernte, der Rest wird unreif mitgeerntet und kommt ins Erntegut oder ins Stroh (und wird mit diesem bzw. mit Mist verbreitet). Das ist einer der Gründe, warum Kornblumensamen in manchen Agrarlandschaften trotz intensiver Landwirtschaft heute noch im Boden vorhanden sind. Ein weiterer ist, dass die Samen sich mit ihrem kurzen, steifen Haarkelch sehr leicht an Gewebe und andere Materialien anheften oder sich in Ritzen von Maschinen festklemmen. Außerdem sind die schweren, großen Samen nicht vollständig aus Getreidesaatgut entfernbar und werden daher doch immer wieder in geringsten Mengen als Saatgutverunreinigung mit angebaut. Empfindlich gegenüber zahlreichen herbiziden Wirkstoffen, interessanterweise relativ unempfindlich gegenüber MCPP und 2,4-DP.

Ansprüche: Vermag in einem sehr weiten Bereich von Boden- und Klimabedingungen zu gedeihen; stärkstes Auftreten auf eher leichten und sauren Böden; meidet ausgesprochen feuchte Äcker.

Verbreitung: Überall.

Häufigkeit: Nur regional noch bzw. wieder häufig (z.B. massenhaft im Waldviertel, Niederösterreich); mit Ausweitung des Rapsanbaues ± starke Zunahme.

Wuchsorte außerhalb der Äcker: Kann sich außerhalb von Äckern nur vorübergehend ansiedeln.

Herkunft: Woher und wie die Kornblume in unsere Äcker gekommen ist, bleibt rätselhaft.*
Versucht man den Schleier um die Herkunft einer Unkrautart zu lüften, so sucht man nach Vorkommen an naturnahen, vom Menschen relativ wenig beeinflussten Standorten, sogenannten „Wildstandorten". Die Kornblume wächst wild in lichten Wäldern und gebüschbestandenen Weiden Griechenlands und der Türkei. Damit wäre die Frage nach ihrer Herkunft gelöst, wären da nicht weitere widersprüchliche Tatsachen: Zwischen- und späteiszeitliche Pollenfunde belegen, dass eine Kornblume in Mitteleuropa schon heimisch war, bevor Ackerbau betrieben wurde. Sie lebte damals in der Tundra, einer Kältesteppe, die locker mit Birken und Föhren bestanden war. Als es wärmer und die

* Ausführlich dargestellt in: SCHNEIDER, C., SUKOPP U. & H.: Biologisch-ökologische Grundlagen des Schutzes gefährdeter Segetalpflanzen. Schriftenreihe z. Vegetationskunde 26: 105 – 135, 1994. HÜBL. E., HOLZNER, W. & GLAUNINGER, H.: Beiträge zu Centaurea cyanus L. Ann. Naturhist Mus. Wien, 98b: 317 – 327, 1996.

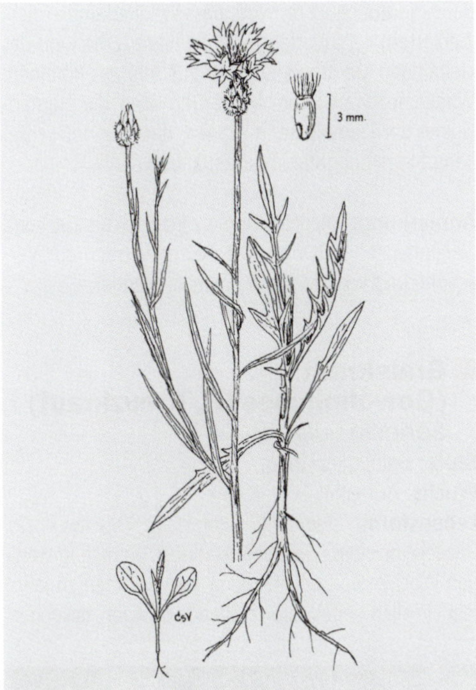

Kornblume

Kornblume unter Roggen

Vegetation höher und dichter wurde, scheint sie wieder ausgestorben zu sein. Häufige Funde gibt es erst wieder aus einer Zeit, in der bereits Getreide kultiviert wurde. Es wäre also möglich, dass sie zwar ausstarb, dann aber wieder wie andere Getreideunkräuter mit dem Ackerbau aus dem Vorderen Orient zu uns kam. Dort gibt es tatsächlich heute noch wilde Kornblumen. Verblüffenderweise wachsen sie aber dort praktisch nur an Wildstandorten und kaum jemals in Äckern.

Man kann sich nun mehrere Möglichkeiten zurechtlegen:

- Die Kornblume kam in unserer Urlandschaft vor, solange sie noch steppenartig war, starb später aus und wurde mit Getreide neuerlich zu uns gebracht. (Dagegen spricht unter anderem, dass es auch – wenn auch spärliche – Funde aus späteren Zeiten gibt, allerdings aus Gebieten, in denen noch kein Ackerbau betrieben wurde).

- Unsere eiszeitliche Kornblume war sehr verschieden von der heutigen, etwa wie die „Kältesteppen-Kornblume" *(Centaurea depressa)*, deren Areal von Anatolien über den Iran (wo sie in über 3.000 m Höhe wächst) bis nach Tibet hineinreicht.

- Das Ackerunkraut ist dadurch entstanden, dass die Eiszeit-Steppenpflanze mit der durch den Ackerbau eingeschleppten ostmediterranen Waldsteppenart zusammenkam, Gene wurden ausgetauscht, und das Leben in den Agrarsteppen sorgte für zunehmende Anpassung an den Ackerbau.

Das sind interessante Denksportaufgaben für Wissenschaftler.

Gewiss ist jedenfalls, dass Pflanzen, die sich im Laufe von Jahrtausenden derartig gut auf das Überleben in Äckern spezialisiert haben, wie es bei der Kornblume der Fall ist, sich sehr weit von etwaigen Wildformen wegentwickelt haben müssen. Dies gilt wohl für alle erfolgreichen Unkräuter – bei einigen wurde dies durch Untersuchungen nachgewiesen. So betrachtet, ist die Frage nach der Herkunft einer Unkrautart eine recht theoretische – streng genommen sind sie alle heimatlos und Produkte des Ackerbau treibenden Menschen.

Besondere Merkmale: Weil die Blüten so bekannt sind, achtet man kaum auf die Blätter. Daher wird die Kornblume im Rosettenstadium oft nicht erkannt. Die Blätter sind an der Oberseite hellgrau, wie von dichten, verfilzten Spinnweben überzogen. Ihre Form ist sehr variabel, da sie mit dem Alter der Pflanze (und daher auch am Stängel von unten nach oben) wechselt.

Naturschutz: Eine der populärsten Pflanzen überhaupt, nostalgisches Symbol für eine liebliche Ackerbaulandschaft, ist in vielen Gebieten Mitteleuropas selten geworden. Die Ursachen dafür sind komplex, Herbizide spielen dabei eine Rolle, aber auch verbesserte Saatgutreinigung. Stickstoffdüngung fördert die anspruchslose, konkurrenzschwache Kornblume weniger stark als das Getreide, und sie wird von diesem verdrängt.
Schutzmaßnahmen haben nur einen Sinn, wenn sie in Äckern stattfinden, z.B. in Freilichtmuseen, und wenn dabei darauf geachtet wird, dass Wildherkünfte (nicht Ziersorten) verschiedenster Provenienz (Erhaltung des vielfältigen Genpools der Art) zur Aussaat kommen. Wirksamer wäre eine Aufklärung über die Harmlosigkeit der Kornblume in Äckern, damit unnötige Bekämpfungsmaßnahmen unterbleiben.

Anmerkung: Die Kornblume wird auch als Zier- und „Heilpflanze" kultiviert: Die Blüten werden zur Verschönerung von Teemischungen verwendet.

Greiskraut (Gewöhnliches G., Kreuzkraut)

Senecio vulgaris

Blüte: Gelb, ganzjährig.
Wuchs: Aufrecht, 10 – 40 cm.
Lebensform: Einjährig, kurzlebig, raschwüchsig, Hauptkeimzeiten Frühling und Herbst, vermag in wenigen Wochen von der Keimung zum Fruchten zu kommen. In allen Jahreszeiten blühende Pflanzen, besonders

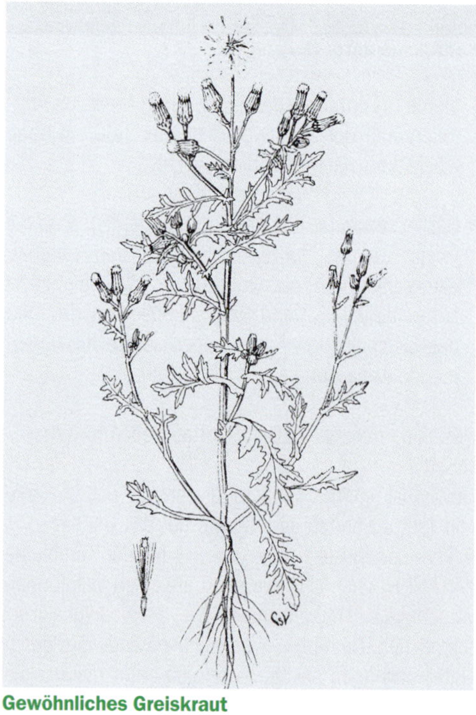

Gewöhnliches Greiskraut

Greiskraut (Gemüsebeet Ende März)

aber im Frühjahr. Mehrere Generationen / Jahr; hohe Samenproduktion, Wind- und Klebeverbreitung der Früchte; diese überdauern nur wenige Jahre im Boden.
Typ: Frühreife.

Bedeutung in der Landwirtschaft: Konkurrenzkraft mäßig (2 – 3), daher hauptsächlich in Gemüsekulturen problematisch; in den Achtzigerjahren in der Steiermark und in Oberösterreich triazinresistente Typen festgestellt, zur Zeit aber kaum Probleme bei Bekämpfungsmaßnahmen.

Ansprüche: Anspruchsvoll, optimale Entwicklung nur auf gut mit Wasser und Nährstoffen versorgten Böden; empfindlich gegen Bodenverdichtung und -vernässung sowie Trockenheit.
Verbreitung: Überall; weltweit verbreitet.
Häufigkeit: Häufig.
Wuchsorte außerhalb der Äcker: Weingärten (hier kein Unkraut), Erdhaufen, Waldschläge usw.
Herkunft: Westlicher Mittelmeerraum (?), hier heute noch in der Natur auf schattigen, feuchten Felshängen.

Besondere Merkmale: Unscheinbare, kleine, walzenförmige Köpfchen ohne strahlende Randblüten (siehe Zeichnung).
Ähnliche Arten: Der Name „Greiskraut" kommt von den spinnwebig weiß behaarten Blättern mancher Arten der Gattung, wie etwa beim **Frühlings-Greiskraut** *(S. vernalis)*, das um etwa 1850 aus Osteuropa bei uns eingewandert ist und vor allem im pannonischen Raum gelegentlich in Äckern auftritt. Zum Unterschied vom Gewöhnlichen Greiskraut hat es schön gelbe, strahlende Randblüten.

Anmerkung: Sehr giftig; alle Senecio-Arten enthalten Alkaloide, die auch im Heu und in der Silage erhalten bleiben. Auch geringe Mengen, über einen langen Zeitraum aufgenommen, sind gefährlich. Giftpflanzen auf feuchten Almweiden sind **Berg-Greiskraut** *(S. subalpinus)* und **Alpen-G.** *(S. alpinus)*, in Feuchtwiesen tieferer Lagen gebietsweise das **Wasser-G.** *(S. aquaticus)*; weltweit wird das **Jakobs-Greiskraut** *(S. jacobaea)* als Weideunkraut gefürchtet.

Zweizahn (Dreiteiliger Z., Gewöhnlicher Z.)

Bidens tripartitus (B. tripartita)

Blüte: Bräunlichgelb, Juli – Oktober.
Wuchs: Aufrecht, mit breit ausladenden Ästen, 15 – 100 cm, neuerdings unter günstigen Bedingungen in Mais bis 175 cm.
Lebensform: Sommer-einjährig, Spätkeimer; Früchte mit Klettverbreitung.
Typ: Schlammzwerg (neuerdings: „Schlammriese").

Bedeutung in der Landwirtschaft: Von mäßiger Konkurrenzkraft (3 – 4) und mit sehr speziellen Standortansprüchen, daher an sich kein wichtiges Ackerunkraut. Wegen Herbizidresistenz (Triazinresistenz) im Burgenland und in der Steiermark jedoch unter Umständen in Mais problematisch. Diese resistenten Typen können mangels Konkurrenz durch andere Unkräuter viel größer als normal werden. Reinbestände dieser Riesen bilden ein schier undurchdringliches Dickicht.

Ansprüche: Stark vernässte, luftarme (schwere) Böden.
Verbreitung: In tieferen Lagen überall.
Häufigkeit: Häufig.
Wuchsorte außerhalb der Äcker: Ufer, Gräben, Auwälder, Sümpfe.
Herkunft: Einheimisch.

Besondere Merkmale: Stängel meist rotbraun, mittlere Stängelblätter dreigeteilt, Früchte mit zwei langen (Name!) und ein bis zwei kürzeren Grannen, die am Rand rückwärts gerichtete Zähnchen tragen (Klettverbreitung).

Zweizahn

Zweizahn

Kanadisches Berufkraut (Katzenschweif)

Conyza canadensis (Erigeron c.)

Blüte: Köpfchen winzig, gelblichweiß (keine Zungenblüten), Juli – Oktober.

Wuchs: Steif aufrecht, mit steil nach oben gerichteten Seitenästen, 20 – 100 cm.

Lebensform: Überwinternd einjährig und sommer-einjährig; weit fliegende Früchte, keimt außer im Hochsommer und Winter (fast) das ganze Jahr. Herbstgekeimte Pflanzen überwintern mit dicht an den Boden gedrückten Blattrosetten.

Typ: Streuner.

Bedeutung in der Landwirtschaft: Konkurrenzkraft mäßig (3); an sich wegen des doch relativ lang dauernden Lebenszyklus eher wenig Chancen im Acker; neuerdings aber wegen Herbizidresistenz (in der zweiten Hälfte der Achtzigerjahre Selektion triazinresistenter Typen in Mais, auf Kommunal- und Industrieflächen sowie Bahnanlagen) gelegentlich als Ackerunkraut; möglicherweise sind auch kurzlebigere Formen entstanden. Bei reduzierter Bodenbearbeitung kann das Berufkraut zum Problem werden.

Ansprüche: Auf allen Böden.

Verbreitung: Überall.

Häufigkeit: Sehr häufig (in Äckern selten).

Wuchsorte außerhalb der Äcker: Vorübergehend auf offenen Bodenstellen aller Art, in Ackerbrachen oft (gemeinsam mit anderen Berufkräutern, s. Anmerkung) massenhaft im 2./3. Jahr nach der Stilllegung (zweite Besiedlungswelle). Wird dann in den Folgejahren von ausdauernden Arten (dritte Besiedlungswelle) verdrängt. Auf Dauer hält sich die anspruchslose Pflanze nur auf extrem trockenen Standorten wie Kiesdächern, Schottergruben und dgl.

Herkunft: Nordamerika.

Besondere Merkmale: Lange Haare an Blättern und Stängel.

Ähnliche Arten: Im Rosettenzustand sehr ähnlich dem **Weißen Berufkraut,** Erigeron annuus. Dieses wird jedoch bis über 1 m hoch und hat etwa 1 cm breite, schöne weiße Blütenköpfchen mit weißen bis blass-

Kanadisches Berufkraut; rechts auf Getreidestoppeln

lila Strahlblüten und gelben Röhrenblüten. Es stammt ebenfalls aus Nordamerika und kann noch mehr als die vorige Art auf Ackerbrachen in der zweiten Besiedlungswelle (2./3. Jahr) beherrschend werden.

Anmerkungen: Der seltsame Name der Gruppe, „Berufkraut", kommt von der Verwendung einheimischer Gebirgspflanzen der Gattung als Gegenzauber (gegen das „Berufen", d.h. einen Zauberspruch sprechen).

Traubenkraut (Ambrosie)
Ambrosia artemisiifolia

Blüte: Winzig, männliche Blüten gelblich, in wenige Millimeter breiten, nickenden Köpfchen; weibliche Blütenköpfchen darunter in den Achseln der oberen Blätter, grünlich; August – Oktober.
Wuchs: Steif aufrecht, 50 – 200 cm hoch.
Lebensform: Sommer-einjährig, Keimzeit in Österreich ab März / April, spät blühend (s.o.), die Samen kommen daher bei uns oft nicht zur Reife. Früchte im Boden langlebig. Verschleppung durch Tiere (Frucht borstig), Verpackungsmaterial, Fahrzeuge, Saatgut.
Typ: Kraftlackel.

Bedeutung in der Landwirtschaft: Konkurrenzstark (4 – 5), bisher nur in den wärmsten Gebieten Österreichs und meist nur vereinzelt; in der Südsteiermark in begrenzten Gebieten stärkerer Befall, besonders in Mais-, aber auch in Kürbisfeldern. (In Ungarn und Slowenien schon seit vielen Jahrzehnten Maisunkraut). Ob die Art tatsächlich als Ackerunkraut bei uns generell in Ausbreitung begriffen ist, ist wegen ihrer hohen Temperaturansprüche fraglich. In der Steiermark scheint sie jedoch langsam, aber kontinuierlich zuzunehmen.

Ansprüche: Sehr (sommer)wärmebedürftig, bevorzugt auf Böden, die sich leicht erwärmen, erträgt mäßige Trockenheit (tiefes, stark verzweigtes Wurzelsystem).

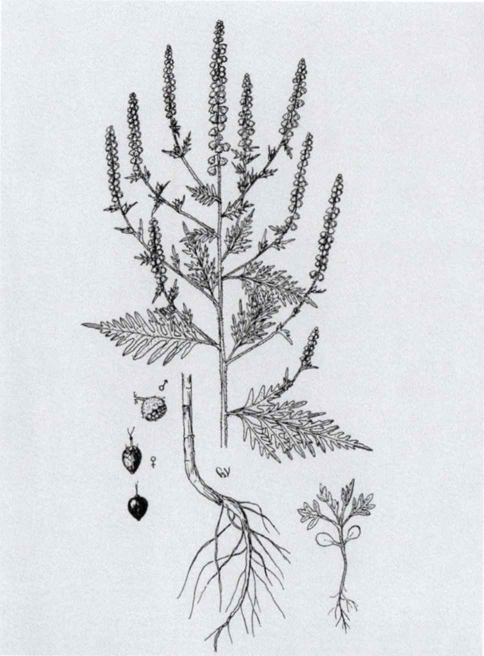

Traubenkraut

Blütenstand: Oben die zahlreichen männlichen, unten die weiblichen Blüten

Verbreitung: In Äckern nur in den wärmsten Gebieten (östl. Niederösterreich, Burgenland, südl. Steiermark); auf anderen Standorten überall (in Vorarlberg noch nicht entdeckt).
Häufigkeit: Zerstreut.
Wuchsorte außerhalb der Äcker: Bahngelände, Hafenanlagen, Straßenböschungen, Ortschaften (Mauerfüße, Parkanlagen, ...), Ackerbrachen.
Herkunft: Nordamerika.

Besondere Merkmale: Der charakteristische elegante Blattschnitt erinnert an einen Wermut (daher der wissenschaftliche Name); die Blätter duften aber beim Zerreiben nicht, die Stängel sind oben zottig behaart.

Anmerkung: Der Name „Traubenkraut" kommt von der Anordnung der (männlichen) Blütenköpfchen am Ende des Stängels.
Die Art wird in erster Linie mit Saatgut (daher manchmal massenhaft in Luzerne, hier aber unschädlich) und Vogelfutter verschleppt (daher in Parkanlagen, am Fuß von Hausmauern, gemeinsam mit Rübsen, Lein etc.). Ihre Blüten werden vom Wind bestäubt und

Huflattich

produzieren Unmengen von Pollen. Die Ambrosie ist daher ein international berüchtigter Erreger des Spätsommer-Heuschnupfens (und wird in Amerika verächtlich „ragweed" genannt). Diese Allergie kann auch in Gebieten auftreten, in denen die Art nicht häufig ist, denn der Pollen kann vom Wind über Hunderte von Kilometern vertragen werden.

Huflattich
Tussilago farfara

Bekannter Vorfrühlingsblüher, Köpfchen gelb; Stängel mit rötlichen Schuppen, die Blätter kommen erst nach der Blüte, haben schwarze Zähnchen und an der Unterseite einen weißen Filz, der sich wegrubbeln lässt, Blattdurchmesser ca. 10 cm. Sehr weit fliegende Früchte (Fallschirmpionier), Rohbodenbesiedler; ausdauernd mit im Boden weitreichendem Wurzelausläufersystem. Gelegentlich in Äckern mit schweren, vernässten oder verdichteten Böden. Konkurrenzschwach (2), als Unkraut daher von geringer Bedeutung, aber bodenverbessernd (Durchlüftung, Humus); seit einigen Jahren verstärkt in Südösterreich besonders in Maisfeldern anzutreffen.

Alte Heilpflanze (Schleimdroge), Verkauf wegen des Gehaltes an lebergiftigen Alkaloiden zur Zeit verboten.

Löwenzahn (Maiblume, Pusteblume, Röhrlsalat, Frühlings-Löwenzahn)
Taraxacum officinale agg.

Bekannter Frühlingsblüher mit tiefreichender Pfahlwurzel und Blattrosette. Durch seine weit fliegenden und im Boden langlebigen Samen ist er praktisch überall präsent (Fallschirmpionier). Er keimt auf offenen Bodenstellen und versucht sich mit seiner an den Boden gedrückten Blattrosette ein Plätzchen zu reservieren. Obwohl er in zahlreichen Kulturen auftritt, kann er wegen seiner geringen Konkurrenzkraft (2 – 3) nicht als Unkraut bezeichnet werden. Gegen Bodenbearbeitung ist er empfindlich, obwohl seine Wurzeln nach Zerschneiden ein gewisses Regenerationsvermögen besitzen. Das starke Auftreten in Luzerne oder Klee ist durch die Lückigkeit der Kultur bedingt. Beste Bekämpfung (auch im Rasen) ist hier die Vorbeugung: auf dichte Vegetation achten, Kulturpflanzen bzw. Gräser fördern,

Löwenzahn

Kanadische Goldrute auf Brache am Nordrand von Wien

Narbenverletzungen vermeiden. Die zahlreichen Kleinarten, in welche die Sammelart heute aufgespalten ist, sind bereits für die meisten Botaniker und um so mehr für Laien nicht unterscheidbar (daher die Abkürzung „agg.", d.h. Aggregat, Gruppe als Abschluss des wissenschaftlichen Namens).

Goldrute
Solidago ssp.

Zwei amerikanische Arten dieser Gattung können auf feuchten Ackerbrachen ab dem dritten Jahr beherrschend auftreten. Ihre weit fliegenden Samen keimen zwar auch in Äckern, werden aber bei üblicher, intensiver Bodenbearbeitung meist vernichtet. Überleben sie in Äckern doch, was zuweilen auf nassen Böden im Aubereich der Fall sein kann, so sind sie als ausgesprochen konkurrenzstarke Unkräuter (5) einzustufen. Auf Brachen vermögen sie ihr dichtes, unterirdisches Ausläufersystem so auszubauen, dass sie nach wenigen Jahren Reinbestände zu bilden vermögen, die dann viele Jahrzehnte den Standort allein beherrschen. Dies hat auch Vorteile: Sie sind Spätsommerblüher und wertvolle Nektarlieferanten für Honigbienen und eine Unzahl von wilden Blütenbesuchern zu einer Zeit, wo Mangel an Blüten herrscht. In der Forstwirtschaft sind sie unerwünscht, da sie die Gehölzverjüngung hemmen.

Beifuß (Wilder Wermut, Gewöhnlicher Beifuß)
Artemisia vulgaris

Ausdauernde Pionierpflanze mit kurzen unterirdischen Stängelausläufern und winzigen Blütenköpfchen mit gelblichen oder rotbraunen Blütchen.

Blätter beim Zerreiben mit – je nach Rasse – fast fehlendem oder schwachem aromatisch-bitteren Duft. Hohe Samenproduktion, Verbreitung durch Wind, Tiere und Menschen (Klebfrüchte); in Äckern meist nur vereinzelt (kann allerdings im Jahr der Keimung schon blühen und fruchten); massenhaft in älteren Ackerbrachen (dritte Besiedlungswelle) auf nährstoffreichen Böden im warmen Klima. Gefahr der Zunahme durch Mini-

Beifuß, ein häufiger Begleiter der Menschen

malbodenbearbeitung; Verschleppung von Teilen der unterirdischen Organe führt ebenfalls zur Ausbreitung.

Der **Kamtschatka-Beifuß** *(A. verlotiorum)* sieht dem Gewöhnlichen B. sehr ähnlich, hat aber schmäler und eleganter geschnittene Blätter. Wenn man einmal Verdacht geschöpft hat, einen vor sich zu haben, ist er leicht zu erkennen: Blätter zerreiben – sie duften stark aromatisch (kampferartig).
Die Pflanze treibt zudem lange Ausläufer. Mit Ausläuferstückchen wird sie mittels Baumschul-Containerware und Wurzelballen verschleppt und kann gelegentlich in feuchten Äckern massenhaft auftreten (so in Mais in Vorarlberg).

Der **Echte Wermut** *(A. absinthium)* ist durch seine graufilzigen, intensiv bitter-aromatisch duftenden Blätter leicht zu erkennen. Er besiedelt in Trockengebieten ältere Ackerbrachen.

Kamtschatka-Beifuß unter Mais in Vorarlberg

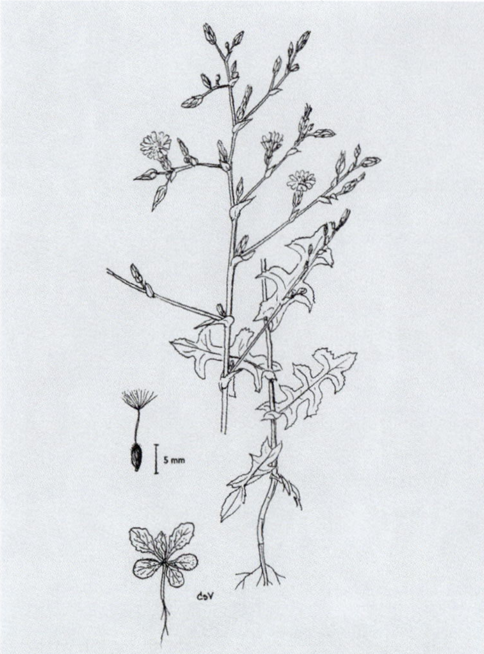

Kompass-Lattich

Blattrippe unterseits mit Stacheln

Kompass-Lattich

Lactuca serriola (L. scariola)

Aufrecht, 60 – 170 cm hoch; die Blätter drehen sich im Hochsommer so, dass ihre Blattflächen senkrecht stehen und in Nord-Süd-Richtung zeigen, Mittelrippe an der Blattunterseite mit Zähnchen. Blüten blassgelb, Juli – September. Überwinternd einjährig (bleibt aber u. U. mehrere Jahre im Rosettenstadium), relativ langlebig, daher in Äckern wenig Chancen und nur in Ausnahmefällen massenhaft (Konkurrenzkraft mäßig [3]); seit einigen Jahren Zunahme in Winterraps; häufig in der zweiten Besiedlungswelle von Ackerbrachen in warm-trockenen Gebieten. Vielleicht Stammart des Kopfsalats.

Rainkohl

Lapsana communis

Aufrecht, 30 – 100 cm, Köpfchen hellgelb, Juni – August. (Sommer-) oder überwinternd einjährig (außerhalb der Äcker langlebiger); mäßig konkurrenzstark (2 – 3), bevorzugt feuchte, humose, nährstoffreiche Böden und feuchtes Klima (Berglagen), schattentolerant.

Rainkohl

Nur gelegentlich Massenauftreten in Äckern; vor allem Gartenunkraut. Schwer zu erkennen, man achte auf folgende Merkmalskombination: Endabschnitt der Blätter größer als die seitlichen; zahlreiche unscheinbare hellgelbe Blütenköpfchen (ca. 1 cm breit) mit nur relativ wenigen Blüten; Stängel behaart.

Rainkohl

(6) Harmlose und/oder seltene Ackerwildkräuter

■ Filzkraut
Filago spp.

Klein (5 – 15 cm), steif aufrecht, hell-graufilzig; Blütenköpfchen winzig unscheinbar, in Knäueln. Winter- und sommer-einjährig. Säurezeiger auf trockenen Böden. Konkurrenzschwache (1) Raritäten, vom Aussterben bedroht.

In Österreich 3 Arten: *F. arvensis,* noch relativ häufig, *F. minima,* sehr selten, *F. vulgaris,* nur ganz lokal in Sandgebieten.

■ Ruhrkraut (Sumpf-Ruhrkraut, „Acker-Edelweiß“)
Gnaphalium uliginosum

Klein (5 – 15 cm), hell-graufilzig, mit am Boden liegenden oder bogig aufsteigenden Stängeln; Blütenköpfchen klein, bräunlich, von graufilzigen Hochblättern umgeben. Die Pflanzen erinnern dadurch an das nah verwandte Edelweiß. Sommer-einjährig; Konkurrenzkraft sehr gering (1 – 2), aber trotzdem noch regelmäßig zu finden, wenn auch meist nur vereinzelt (massenhaft in Sonderkulturen, z.T. in Verbindung mit

Acker-Filzkraut

Filago arvensis

Ruhrkraut

Spitzname „Acker-Edelweiß“

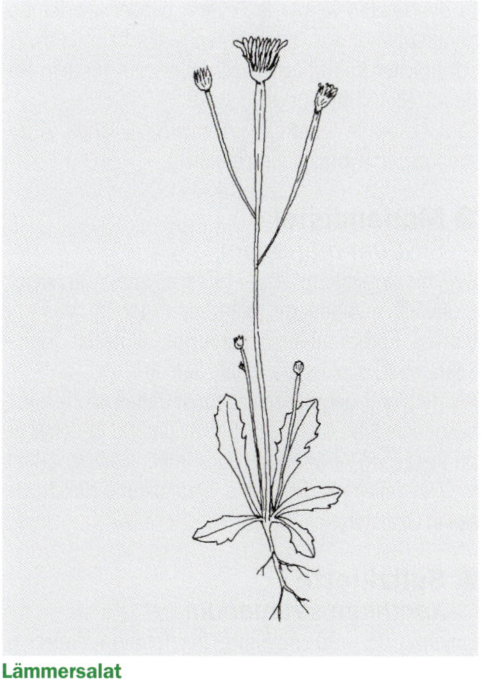

Lämmersalat

Große Klette

Spitzklette

Kletten sind Nektarspender

Folienanwendung). Zeiger für oberflächlich zumindest im Frühjahr stark vernässte, verdichtete Böden.

Lämmersalat
Arnoseris minima

Gelbe Blütenköpfchen auf nach oben auffällig verdicktem Stiel, Pflanzen aufrecht, 10 – 25 cm hoch.
Bei uns sommer-einjährig (frostempfindlich).
Herkunft: Südwesteuropa. Säure- und Magerkeitszeiger, vom Aussterben bedroht, in Äckern kaum mehr zu finden, sonst: Ackerbrachen, Straßenböschungen, im nördlichsten Waldviertel (Sandgebiet) und Mühlviertel.

Kletten-Arten
Arctium spp.

Meist zweijährig (1. Jahr Rosette mit gestielten, großen, rund-eiförmigen Blättern; 2. Jahr Stängelbildung und generative Phase); groß (bis 120 cm und höher), buschig; namengebend die zahlreichen mit nach außen gebogenen Haken versehenen Hüllblätter (Kinderspiele!).

Mariendistel

In den letzten Jahren in Feldern bei reduzierter Bodenbearbeitung zu beobachten; außerhalb landwirtschaftlicher Kulturflächen besonders auf frischen Ruderalstellen, Ufern usw.
(Auf Äckern in Österreich: *A. minus, A. lappa, A. tomentosum;* Hybridbildung möglich).

Mariendistel
Silybum marianum

Ein- bis zweijährig; 20 – 150 cm; meist verzweigt; grünweiß marmorierte, glänzende, dornig gezähnte Blätter; Körbchenblüten purpurrot, Blütezeit Juni – September; dunkle, glänzende Samen.
Als Heil- und Zierpflanze angebaut (Inhaltsstoffe – insbesondere Silymarin – zum Schutz und zur Regeneration der Leber; Anwendung auch in der Homöopathie).
In Einzelfällen als Unkraut in Getreide und Hackfrüchten in Ostösterreich.

Spitzklette
Xanthium strumarium

Einjährig; 15 – 80 cm; Blätter herzförmig – dreieckig, unregelmäßig gelappt – gezähnt, kurz behaart; Stängel kurz anliegend behaart, verzweigt, an den Enden kleine Blütenstände mit männlichen Blüten, in den Blattachseln weibliche Blüten; Blütezeit August – Oktober; elliptische, mit häkchenförmigen Dornen besetzte Doppelfrüchte.
Bisher in Österreich vereinzelt im Burgenland und in der Steiermark auf schweren, nährstoffreichen Böden in Hackfrüchten aufgetreten.
Unterscheidung in 2 Unterarten: *X. strum.* subsp. *strumarium, X. strum.* subsp. *italicum.*

Familie

Rötegewächse

Rubiaceae

Ein hellroter Farbstoff gab der Gattung „Röte" *(Rubia)*, auch unter dem Name „Krapp" bekannt, und damit auch der Familie den Namen. Auch die Wurzeln heimischer Arten sind oft rot oder gelb gefärbt (s.u.). Wer die Vertreter der Familie bei uns kennt – es sind durchwegs eher zarte Kräuter mit schmalen, quirlig stehenden Blättern – wird überrascht sein, zu lesen, dass sie weltweit über zehntausend Arten zu ihrer Verwandtschaft zählt, darunter zahlreiche Bäume und Sträucher. Auch der Kaffeebaum gehört zur Familie.

Beschreibung der wichtigsten Arten

■ Ackerröte
Sherardia arvensis

Blüte: Blasslila (selten weiß), Mai – Oktober.
Wuchs: Nahe dem Stängelgrund verzweigt, Triebe am Boden liegend mit aufsteigenden Enden, 5 – 20 cm, manchmal polster- oder teppichbildend; Flachwurzler, Wurzeln rötlich oder gelblich.
Lebensform: In warmen Gebieten überwinternd- und sommer-einjährig; in kühleren Gegenden nur sommer-einjährig; Tieftemperaturkeimer, Hauptkeimzeiten Herbst und Frühling (ganzjährig Keimung möglich).

Bedeutung in der Landwirtschaft: Konkurrenzkraft gering (1); harmloser, aber hübscher Begleiter fast aller Ackerkulturen, vor allem des (Winter-)Getreides, heute hauptsächlich an Ackerrändern.

Verbreitung: Vorliebe für sommerwarme, aber nicht ausgesprochen trockene Lagen und lehmige, gut mit Wasser versorgte, aber sich leicht erwärmende (gut durchlüftete), nicht nährstoffarme, kalkhältige bis schwach saure Böden; geringes Nährstoffbedürfnis (Österreich: alle Bundesländer).
Häufigkeit: Zerstreut.
Wuchsorte außerhalb der Äcker: Wegränder, Zierrasen.
Herkunft: Mittelmeerraum.

Besondere Merkmale: Blätter stehen in Quirlen.
Ähnliche Arten: Die Labkraut-Arten, die in Äckern vorkommen, blühen weiß (s. u.).
Recht ähnlich ist der **Acker-Meister** *(Asperula arvensis)*. Seine Blüten sind jedoch leuchtend blau, stehen am oberen Ende des Stängels gehäuft und überragen die Pflanze mit ihren langen Blütenkronröhren wie eine Krone. Diese kleine Schönheit stammt aus dem Mittelmeerraum und war über Jahrtausende Gast in unseren Äckern. Gegen Ende des vorigen Jahrhunderts wurden die letzten Exemplare gefunden. In Österreich gilt die Art heute als ausgestorben.

Naturschutz: Durch späte Fruchtreife (früher reiften die Früchte auf der Stoppel), geringe Konkurrenzkraft in dicht stehenden Kulturen, geringe Samenproduktion, kurzlebige Samen (kein Vorrat im Boden) können sich Röte und Meister nicht mehr oder nur mehr randlich in den Äckern von heute behaupten. Ein freiwilliger Verzicht auf das Mitspritzen der Ackerränder würde diesen hübschen und harmlosen Blümchen helfen und uns Menschen erfreuen. Warum sollte der Landwirt nicht auch selbst Freude mit seinem bunten Ackerrand haben? Ein wertvoller Beitrag zu mehr natürlicher

Ackerröte

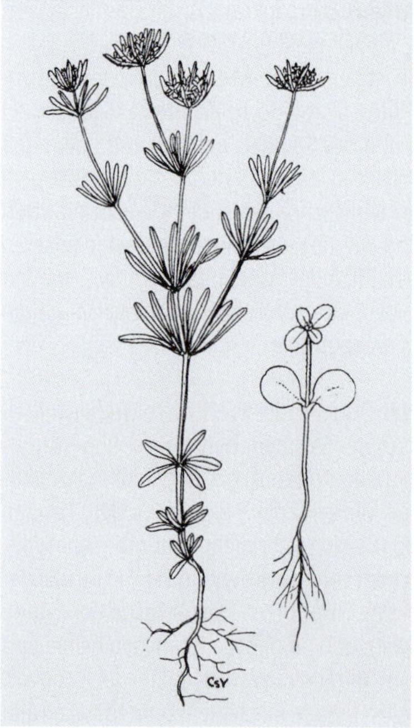

Acker-Meister, in Österreich praktisch ausgestorben

Acker-Meister

Vielfalt in der Agrarlandschaft wäre auch späteres Umbrechen der Stoppel (etwa 2 – 3 Wochen nach der Ernte) – eine Reihe von kleinen „Unkräutern" könnte dann noch blühen, und für viele verschiedene Tiere – auch Bienen – wäre damit der Tisch noch länger gedeckt.

„Kletten-Labkräuter"
(Galium spp.)

Große Bedeutung kommt auf Ackerland den „Kletten-Labkräutern" zu, die nicht nur ertragsmindernd wirken können, sondern auch in bestimmten Kulturen die Erntearbeiten stören, die Feuchtigkeit des Erntegutes erhöhen und durch ihre Früchte („Samen") dieses verunreinigen können. Der Name „Kletten-Labkraut" geht auf zwei Wurzeln zurück: Mit steifen, teilweise hakenförmig gebogenen Haaren / Borsten haften bei bestimmten Arten Früchte, Stängel und Blätter an Kleidern, Fellen usw. und lassen sich nur mühsam entfernen; das Wort „Lab" weist auf den Inhaltsstoff Labferment hin – in ferner Vergangenheit wurde mit dem Kraut der Pflanzen die Milch zum Gerinnen gebracht.

Die „Kletten-Labkräuter" auf Ackerland sind in Österreich meist zwei Arten: Das **Saat-Labkraut** *(Galium spurium)* und das **Kleb-Labkraut** oder **(Echtes) Kletten-Labkraut** *(G. aparine)*. Bereits sehr selten ist das **Dreihörnige Labkraut** (G. tricornutum) und eine Rarität das zarte **Pariser Labkraut** *(G. parisiense)*. Die beiden erstgenannten Arten nahmen in den letzten Jahrzehnten bei intensiver Bewirtschaftung stark zu, Dreihörniges und Pariser Labkraut hingegen ab. Ursachen waren u. a. die forcierte Stickstoffdüngung von Feldfrüchten und der (z. T. einseitige) Einsatz bestimmter Herbizide. So ist bekannt, dass Klebkraut und Saat-Labkraut mit den Wuchsstoffen 2,4-D und MCPA nicht bekämpfbar sind, die beiden anderen Arten hingegen sehr empfindlich auf diese Wirkstoffe reagieren. Für eine Bekämpfung der beiden wichtigen Arten kommen mechanische Maßnahmen (Wirkung je nach Kultur unterschiedlich) und Herbizide in Frage. Gerade bei chemischer Bekämpfung ist zu beachten, dass sehr viele Herbizide Wirkungslücken bei Kletten-Labkräutern aufweisen.

Im Keimblattstadium werden Kletten-Labkräuter oft nicht als solche erkannt. Später hingegen sind die einfachen, ungeteilten Laubblätter mit quirliger Anordnung typisch. Hinsichtlich Blütenfarbe und -größe besteht Ähnlichkeit zwischen Klebkraut und Dreihörnigem Labkraut. Eine einfache Unterscheidung der Arten ist üblicherweise bei den Früchten möglich. In Bezug auf Konkurrenzkraft erweist sich das Pariser Labkraut mit Abstand als schwächste (und eigentlich schützenswerte) Art.

■ Saat-Labkraut
Galium spurium

Blüte: Grünlichweiß, 1 mm breit; Mai – Oktober.
Wuchs: Kletternd (kleine, nach rückwärts gerichtete steife Haare an Stängelkanten); 30 – 200 (300) cm (wächst oft nach Erreichen der Bestandesoberkante waagrecht weiter); etwas stärker verzweigt als Klebkraut.
Lebensform: Überwinternd- und sommereinjährig; hohe Keimfähigkeit zwischen 10° und 22° Bodentemperatur; Hauptkeimzeiten Herbst und Frühjahr.
Typ: Steppenkräuter.

Bedeutung in der Landwirtschaft: Konkurrenzkraft stark (4); ebenso wie Klebkraut große Probleme in Getreide und Hackfrüchten (kaum in Mais); Früchte der glattfrüchtigen Unterart nur schwer von Rapssamen zu trennen; ähnliches Verhalten wie Kleblabkraut gegenüber den meisten Herbiziden; mechanisch in Getreide nur schwer bekämpfbar (u. U. „Auskämmen" mit Hackstriegel).

Saat-Labkraut; Merkmale: stark verzweigt, hellgrün, schmalblättrig

Saat-Labkraut mit Samen

Blüten links: Saat-Labkraut; rechts: Kleb-Labkraut

Saat-Labkraut

Mitte: Früchte von subsp. infestum
Links und rechts: von subsp. spurium

Kleb-Labkraut, Blüten weiß

Ansprüche: Oft gemeinsam mit Kleblabkraut auf trockenen bis mäßig feuchten (kaum vernässten) Böden; Keimung weniger vom Nitratgehalt im Boden abhängig (meidet aber doch eher nährstoffarme Standorte); nicht in sehr kühlen Lagen (glattfrüchtige Unterart etwas wärmeliebender).
Verbreitung: In allen Ackerbaugebieten Österreichs (Ausnahme: sehr kühle Lagen); in verschiedensten Feldkulturen.
Häufigkeit: Sehr häufig.
Wuchsorte außerhalb der Äcker: Eher selten; am ehesten in Weingärten, auf nährstoffreichen, trockenen Erdhaufen und anderen Pionierstandorten sowie Müllplätzen.
Herkunft: Vermutlich Vorderasien.

Besondere Merkmale: Keimblätter breit-oval; Stängel vierkantig; Blätter meist schmäler als bei Klebkraut; Blütenstand 3- bis 9-blütig; Blüten grünlichweiß, 1 mm breit; Unterarten leicht an den Früchten unterscheidbar (subsp. *spurium:* ovale, glatte glänzende Früchte; subsp. *infestum = vaillantii:* Früchte oval, hakenartige steife Borsten auf glänzender Fruchtoberfläche, Borsten nicht auf Knötchen wie bei Kleblabkraut).

Ähnliche Arten: **Kleblabkraut; Dreihörniges Labkraut** (vor der Blüte und der Fruchtbildung).

Anmerkung: In der Praxis werden Saat-Labkraut und Kleblabkraut kaum getrennt erfasst; deshalb Angaben/ Informationen zu den einzelnen Arten nur bedingt aussagekräftig.

Kleb-Labkraut („Klebkraut")
Galium aparine

Blüte: Weiß, 2 mm breit, Mai – Oktober.
Wuchs: Kletternd (wie Saat-Labkraut); 30 – 200 (300) cm; zunächst langsame Jugendentwicklung (aber schnelle Wurzelentwicklung), später rascheres Sprosswachstum, erreicht in verschiedenen Feldkulturen ± rasch Bestandesoberkante (Spreizkletterer); weniger verzweigt als Saat-Labkraut; Wuchsform abhängig von der Herkunft (Ökotypen).
Lebensform: Überwinternd- und sommereinjährig; Keimoptimum zwischen 4° und 12°.
Typ: Unbekannt.

Bedeutung in der Landwirtschaft: Konkurrenzkraft stark (4 – 5); ebenso wie Saat-Labkraut in Getreide und Hackfrüchten (wenig Probleme in Mais); mechanische und chemische Bekämpfungsprobleme ähnlich wie bei Saat-Labkraut; in bestimmten Kulturen relativ wenige herbizide Wirkstoffe mit guter Klettenlabkrautwirkung verfügbar.

Ansprüche: Geringe Ansprüche an Klima; vor allem auf frischen bis feuchten, gut mit Nährstoffen versorgten humosen Lehm- und Tonböden; gute Stickstoffversorgung begünstigt Keimung und Jugendentwicklung; Dunkelkeimer; optimale Keimtiefe 1 – 5 cm (Auflaufen auch aus größeren Bodentiefen möglich).
Verbreitung: In allen Ackerbaugebieten Österreichs in verschiedensten Feldkulturen.
Häufigkeit: Sehr häufig.

Wuchsorte außerhalb der Äcker: Ufer, Auwälder, Gebüsch; auf nährstoffreichen, ± feuchten Böden.
Herkunft: Einheimisch.

Besondere Merkmale: Keimblätter eiförmig (unter der Mitte am breitesten); Stängel vierkantig, Stängelknoten behaart; Blätter oval-lanzettlich bis verkehrt-eiförmig (sehr variabel); Blütenstand 2- bis 5-blütig; Blüten weiß, 2 mm breit (größer als bei Saat-Labkraut); Früchte 4 – 7 mm mit auf Knötchen sitzenden hakenartigen Borsten und daher nicht glänzend.
Ähnliche Arten: In bestimmten Entwicklungsstadien **Saat-Labkraut** und **Dreihörniges Labkraut.**

Anmerkung: Wird in der Praxis bei Kletten-Labkraut-Problemen meist als alleiniger Verursacher angegeben (aber: siehe Saat-Labkraut!).

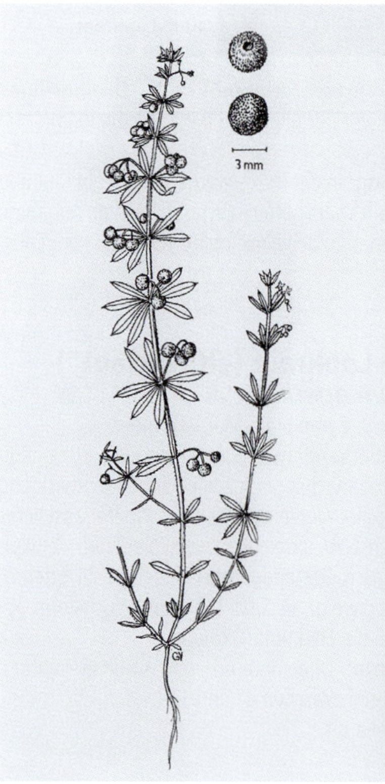

Dreihörniges Labkraut

Kletten-Labkräuter mit geringer oder ohne Bedeutung für die landwirtschaftliche Praxis

Dreihörniges Labkraut
Galium tricornutum

Winter- und sommereinjährig; wärmeliebend; auf schweren Böden. Ähnlicher Entwicklungsrhythmus wie bei beiden vorhin genannten Arten; geringere Sprosslänge, aber ähnliche Konkurrenzkraft in bestimmten Kulturen; länglich-ovale Keimblätter; Blüten weiß; Blütenstand meist 3-blütig; auffallend die bogig zurückgekrümmten Blüten- bzw. Fruchtstiele; warzige Früchte (Größe ähnlich wie bei Kleb-Labkraut).

Mediterrane Art; in Österreich bereits sehr selten; hin und wieder lokal stärker auftretend; durch gute Stickstoffversorgung Keimförderung (aber empfindlich gegen hohe Nitratkonzentration); im Gegensatz zu Saat-Labkraut und Kleblabkraut empfindlich gegen 2,4 – D und MCPA.

Pariser Labkraut
G. parisiense

(Winter-) und sommereinjährig; klein und zierlich (bis höchstens 25 cm); auf trockenen, sauren Äckern; kleine spatel- bis eiförmige Keimblätter; sehr kleine, grünlich-weiße, außen rötliche Blüten; Früchte ebenfalls sehr klein (1 – 1,5 mm), höckerig oder kahl; stark verzweigt.

Bereits sehr selten; nur bei Bedingungen, die für Kulturpflanzen ungünstig sind, Überlebenschancen; Früchte in einem weiten Temperaturbereich hohe Keimfähigkeit und viele Jahre lebensfähig; zuweilen mit Feinsämereien (z.B. Gemüsesamen) verschleppt.

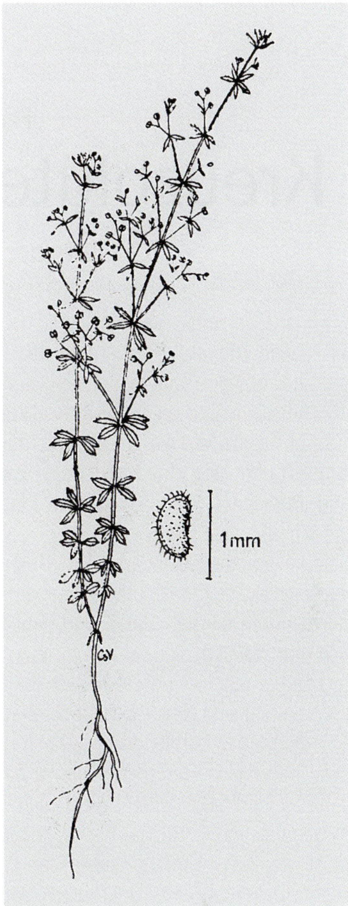

Pariser Labkraut

Familie

Kreuzblütengewächse

Cruciferae; Brassicaceae

Der Name der Familie kommt vom charakteristischen Bau der Blüten, deren vier Blüten(kron)blätter von oben betrachtet in Kreuzform stehen. Typisch sind auch die Früchte, die sich mit zwei Klappen öffnenden Schoten. Man nennt sie Schötchen, wenn sie viel kürzer sind (laut Definition höchstens 3x so lang wie breit). Doch ist es nicht nötig abzuwarten, bis die Früchte reif sind, um sie dann abzumessen. Fast alle Schötchen zeichnen sich durch eine sehr charakteristische Gestalt aus (s. Abb. Hellerkraut), die sich schon im ganz jungen Zustand abzeichnet. Wenn die beiden Klappen der Schoten bzw. Schötchen abfallen, bleibt eine trockenhäutige Scheidewand stehen.

Es gibt Pflanzenfamilien, die besonders viele „Unkräuter" enthalten; dazu gehören etwa die Knöterich- und die Gänsefußgewächse. Die Kreuzblütler sind ebenfalls ein besonders ausgeprägtes Beispiel, denn sehr viele Ackerunkräuter gehören hierher. Der Grund liegt in einer der Familieneigenschaften, dass die einzelnen Arten genetisch sehr plastisch sind, also aus vielen im Genmaterial unterschiedlichen Rassen bestehen, die sich auch in ihren Eigenschaften unterscheiden. Daher können sie in einem weiten Bereich unterschiedlicher Standorte existieren und sind sehr anpassungsfähig, weil einerseits die Chance, dass Anpassungsstrategien an geänderte Bedingungen bereits da sind, hoch ist, und andererseits Neukombinationen von Genen und Eigenschaften leicht möglich sind, so dass immer neue Formen entstehen können. Deswegen lässt sich auch mit Vertretern dieser Familie besonders leicht züchten. Es gehören also eine Fülle von wichtigen Kulturpflanzen, vor allem Gemüse und Ölfrüchte, hierher, ebenso Pionierpflanzen, die an die Besiedelung neu entstehender Standorte angepasst sind. Ist dieser Standort ein Acker oder ein Gartenbeet und sind die Pflanzen dort unerwünscht, so werden sie zu Unkräutern, von denen es in dieser Familie, wie eingangs erwähnt, sehr viele gibt. Sie werden im Folgenden in vier Gruppen vorgestellt:

1. Wichtige Unkrautarten mit Schötchen
2. Wichtige Unkrautarten mit Schoten
3. Häufige Wildkrautarten, aber als Unkräuter ohne Bedeutung, weil ohne Schadwirkung
4. Raritäten – vom Aussterben bedroht

Beschreibung der wichtigsten Arten

Wichtige Unkrautarten mit Schötchen

Hirtentäschel
Capsella bursa-pastoris

Blüte: Weiß; blüht ganzjährig (bei Temperaturen über dem Gefrierpunkt).
Wuchs: Aufrecht, am Grund mit Blattrosette; 1 – 50 cm.
Lebensform: Einjährig; keimt ganzjährig bei Temperaturen über 10° C; Lichtkeimer (keimt nur auf offenem Boden); von der Keimung bis zur Reife der ersten Früchte etwa 6 Wochen; dann werden laufend über viele Monate neue Blüten und Früchte gebildet, bis die Pflanze durch Bodenbearbeitung oder Frost abstirbt.
Typ: Frühreife.

Bedeutung in der Landwirtschaft: Konkurrenzkraft gering (1 – 2); wird von den meisten Kulturpflanzen leicht unterdrückt; Ausnahme: konkurrenzschwache Kulturen, wie etwa Karotte, Feldsalat; eigene Bekämpfungsmaßnahmen kaum erforderlich.

Ansprüche: Sehr anspruchslos und variabel (viele Rassen), daher keine ausgeprägten Standortansprüche; was nötig ist, sind offener Boden, volles Licht und eine mäßige Nährstoffversorgung.
Verbreitung: Überall bis in die subalpine Stufe.
Häufigkeit: Sehr häufig.
Wuchsorte außerhalb der Äcker: Wegränder, Mauerfüße, lückige Rasen.
Herkunft: Unbekannt; seit jeher Begleiter des Menschen; heute jedenfalls Kosmopolit in der nördlichen und südlichen gemäßigten Zone (fehlt in den Tropen).

Besondere Merkmale: Im fruchtenden Zustand unverkennbar (der Name kommt von der Fruchtform);

Hirtentäschel

bevor Früchte zu sehen sind, ist das Hirtentäschel gar nicht so leicht zu erkennen, da es extrem formenreich ist: Die Form der Blätter variiert einerseits von Rasse zu Rasse, dann mit dem Alter des Blattes und wird außerdem noch von den Umweltbedingungen beeinflusst (z.B. bei Frost entstehen tief zerschlitzte Blätter). Hat man sich „eingeschaut" – also den Hirtentäschelblick, dann lässt man sich nicht mehr täuschen. Eine Hilfe ist später die charakteristische Glöckchenform der 2 – 3 mm langen Blütchen (weiße Blütenblätter überragen etwas den grünen Kelch).
Ähnliche Arten: Andere klein- und weißblütige Kreuzblütler; man achte auf Blütenform und vor allem die Frucht.

Anmerkung: Der weltweite Erfolg der Art beruht einerseits auf der perfekten Anpassung an menschliche Aktivitäten (Samen kleben sich an unsere „Fersen") und andererseits darauf, dass die Art hunderte Rassen ausbildet (die teilweise durch Selbstbestäubung vor dem Aufblühen erbbeständig sind), die sich an unterschiedlichste Bedingungen anpassen können.
Alte Volksheilpflanze – die blutungshemmende Wirkung (äußerlich und innerlich) ist wissenschaftlich untersucht und anerkannt. Wildgemüse.

Hellerkraut (Acker-Täschelkraut)
Thlaspi arvense

Blüte: Weiß; April – September.
Wuchs: Aufrecht, 10 – 50 cm, wenig und erst im oberen Teil verzweigt.
Lebensform: Sommer- oder überwinternd-einjährig; Frühlings- oder Herbstkeimer (Kältekeimer).
Typ: Flexible.

Bedeutung in der Landwirtschaft: Konkurrenzkraft gering (2).

Ansprüche: Vorliebe (vor allem im sommertrockenen Klima) für schwere, feuchte, gut mit Nährstoffen versorgte, basenreiche Böden.
Verbreitung: In allen Ackerbaulagen von der Ebene bis ins Gebirge.
Häufigkeit: Häufig.

Hellerkraut

Wuchsorte außerhalb der Äcker: Erdhaufen und dgl.
Herkunft: Westasien; seit der Steinzeit in Europa.

Besondere Merkmale: Sehr charakteristische Frucht! Pflanze gelblich-grün, kahl, beim Zerreiben Lauchgeruch, Stängel kantig.
Ähnliche Arten: Andere, seltenere Arten der Gattung.

Anmerkung: Wildgemüse.

Pfeilkresse *Cardaria draba*

Blüte: Weiß, Mai – Juni.
Wuchs: Stängel aufrecht oder gebogen aufsteigend (20 – 50 cm), oben mit verzweigtem Blütenstand.
Lebensform: Ausdauernd, mit einem tiefgehenden Wurzelsystem; kriecht mit Wurzelausläufern in die Breite.
Typ: Unverwüstliche.

Bedeutung in der Landwirtschaft: In sommerwarmen Gebieten „Wurzelunkraut", z.B. im Weinbau recht lästig, aber relativ konkurrenzschwach (Konkurrenzkraft 3), da niederwüchsig (kaum Lichtkonkurrenz) und anspruchslos (geringe Wasser- und Nährstoffkonkurrenz); häufig in Randzonen von Äckern zu finden.

Verbreitung: Im Pannonikum sehr häufig und nur hier Ackerunkraut; auf anderen, warm-trockenen Sonderstandorten in tiefen Lagen überall.
Wuchsorte außerhalb der Äcker: Bahngelände, Straßenböschungen, Störstellen in trockenen Weiden, Gebüschränder.
Herkunft: Steppenpflanze aus Westasien; bei uns schon sehr lange eingebürgert, aber erst in der zweiten Hälfte des 20. Jahrhunderts in Ackerland eingedrungen.

Besondere Merkmale: Die durch dichte Behaarung ± grauen Blätter sitzen am Stängel wie ein Pfeil auf der Bogensehne (Name); Früchte (Schötchen) herzförmig.
Ähnliche Arten: Auf Grund der Ausläufer (nachgraben!) eindeutig erkennbar.

Finkensame *Neslia paniculata*

Blüte: Goldgelb; Mai – Juli.
Wuchs: Aufrecht, oben verzweigt, 15 – 80 cm.
Lebensform: Sommer-einjährig; Kältekeimer: keimt im zeitigen Frühjahr.
Typ: Steppenkraut(?).

Bedeutung in der Landwirtschaft: Konkurrenzkraft gering (2); meist nur vereinzelt; eher Zierde der Äcker als Unkraut.

Pfeilkresse

Links und Mitte: Finkensame

Gewöhnliche Sumpfkresse

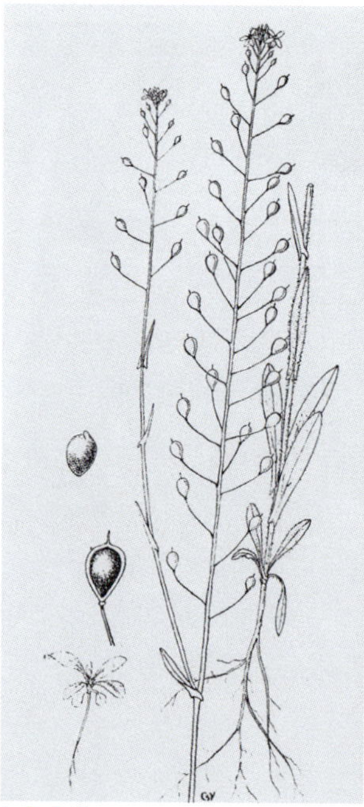

Leindotter

Ansprüche: Nährstoffreiche, feuchte Böden; im sommerwarmen Ostösterreich besonders auf schweren, nassen, schlecht durchlüfteten Böden, mit zunehmend niederschlagsreicherem und kühlerem Klima auf gut durchlüftete, kalkhältige Böden beschränkt.
Verbreitung: Überall, bis in mittlere Gebirgslagen.
Häufigkeit: Nur im Pannonikum häufig, sonst recht zerstreut.
Wuchsorte außerhalb der Äcker: Erdhaufen.
Herkunft: Südosteuropa, Vorderasien.

Besondere Merkmale: Hübsche, kugelförmige Früchtchen.
Ähnliche Arten: Dem **Leindotter** sehr ähnlich, im nichtblühenden Zustand nicht zu unterscheiden.

Naturschutz: Wird immer seltener.

Wilder Leindotter
Camelina microcarpa subsp. silvestris

Blüte: Hellgelb; Mai – Juli.
Wuchs: Zunächst Blattrosette, aus der im Frühling ein aufrechter, 10 – 60 cm hoher Stängel treibt, der im oberen Teil verzweigt ist. Die Blattrosette stirbt nach dem Winter ab.
Lebensform: Überwinternd-einjährig.
Typ: Steppenkraut.

Bedeutung in der Landwirtschaft: Konkurrenzkraft gering (2); vor allem in Wintergetreide, kaum jemals Schadwirkung.

Ansprüche: Im Pannonikum auf vielen Böden, wenn sie nicht ausgesprochen nass und dicht sind; bevorzugt auf Löss; mit zunehmend kühlerem, feuchterem Klima auf gut durchlüftete, kalkhältige Böden beschränkt.
Verbreitung: Im Pannonikum häufig, aber selten massenhaft; sonst überall in wärmeren Lagen zerstreut.
Wuchsorte außerhalb der Äcker: Trockenrasen, Bahndämme, Straßenböschungen.
Herkunft: Alter Kulturbegleiter; stammt wohl von vorderasiatischer Steppenpflanze ab.

Besondere Merkmale: Sehr charakteristische, birnenförmige Früchte; Fruchtklappen nur schwach gewölbt.
Ähnliche Arten: Die **Leindotter** bilden eine Gruppe sehr nahe verwandter, schwer unterscheidbarer Arten und Unterarten: Einerseits Wildformen, andererseits Kulturformen und wieder solche, die sich auf das Leben (als „Unkräuter") in Getreideäckern und Leinkulturen spezialisiert haben.Von all diesen wird man am ehesten den Kulturformen (Arten und Sorten) begegnen, die wegen ihres sehr wertvollen (Speise-)Öls auch bei uns kultiviert werden und aus Vogelfutter verwildern. Sie haben größere Früchte mit stark aufgewölbten, deutlich netznervigen Klappen.

Gewöhnliche Sumpfkresse
Rorippa palustris

Blüte: Klein (Blütenblätter nicht länger als der Kelch), hellgelb; Juni – September.
Wuchs: Aufrecht, 5 – 60 cm.
Lebensform: Überwinternd- oder sommer-einjährig.
Typ: Anspruchsvolle Kleine / Schlammzwerge.

Bedeutung in der Landwirtschaft:
Konkurrenzkraft mäßig (2 – 3).

Ansprüche: Stark vernässte, meist saure, aber nährstoffreiche Böden.
Verbreitung: Besonders in warmfeuchten Klimagebieten.
Häufigkeit: Häufig.
Wuchsorte außerhalb der Äcker: Schlammbesiedler.
Herkunft: Einheimisch.

Besondere Merkmale: Fruchtform dick, walzig; charakteristisch sind ferner die Blattform, die kleinen Blüten und der nasse Standort.
Ähnliche Arten: **Wilde Sumpfkresse.** Diese ist aber ausdauernd (Wurzelausläufer, Teppichwuchs) und hat anders aussehende Früchte (siehe Zeichnungen auf der folgenden Seite.)

Wichtige Unkrautarten mit Schoten

Wilde Sumpfkresse
Rorippa sylvestris

Blüte: Klein, aber Blütenblätter länger als der Kelch, goldgelb; Mai – September.
Wuchs: Flachstreichende Wurzelausläufer, dadurch teppichartiger Wuchs; blühende Triebe bogig aufsteigend, 15 – 40 cm.
Lebensform: Ausdauernd.
Typ: Unverwüstliche.

Bedeutung in der Landwirtschaft: Konkurrenzkraft bloß mittel 3(4), aber schwer bekämpfbares Wurzelunkraut: Vermehrung und Verschleppung durch abgerissene Teile; sowohl mechanisch wie chemisch schwer zu bekämpfen; ± unempfindlich gegen zahlreiche herbizide Wirkstoffe; regional auf feuchten Standorten große Probleme in einigen Kulturarten.

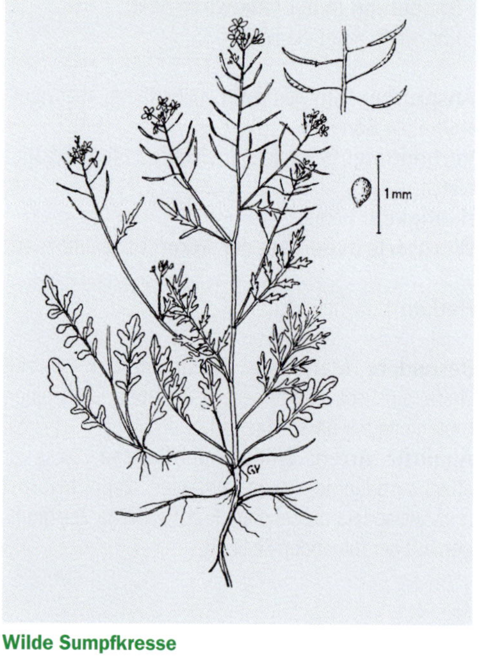

Wilde Sumpfkresse

Ansprüche: Feuchtezeiger.
Verbreitung: Überall.
Häufigkeit: Zerstreut.
Wuchsorte außerhalb der Äcker: Ufer.
Herkunft: Einheimisch.

Besondere Merkmale: Frucht zylindrisch, 8 – 20 mm lang, mit (fast) gleich langem Stiel waagrecht oben steil abstehend; Stängel mit sehr kurzen Borstenhaaren, Ausläufer!
Ähnliche Arten: **Gewöhnliche Sumpfkresse,** diese ist aber einjährig, ohne Ausläufer, kürzere Früchte und kleinere Blüten.

Besenrauke (Sophienkraut)
Descurainia sophia

Blüte: Winzig (2 mm), hellgelb, Mai – September.
Wuchs: Aufrecht, 5 – 100 cm hoch.
Lebensform: Überwinternd-einjährig oder sommer-einjährig.
Typ: Steppenkraut.

Bedeutung in der Landwirtschaft: Konkurrenzkraft groß (4); vor allem in Getreide und Raps.

Ansprüche: Sommerwarmes Klima; unempfindlich gegen Bodentrockenheit durch tiefes Wurzelsystem.
Verbreitung: Als Ackerunkraut hauptsächlich in Ostösterreich.
Häufigkeit: Sehr häufig.
Wuchsorte außerhalb der Äcker: Bahndämme, Straßenböschungen.
Herkunft: Steppengebiete Eurasiens; heute weltweit verschleppt, war noch vor 40 Jahren als Ackerunkraut unbekannt und wanderte erst mit der Herbizidanwendung und flächenmäßigen Ausdehnung von Winterraps und Wintergetreide in die Äcker ein.

Besondere Merkmale: Fein zerteilte, graugrüne Blätter, winzige Blütchen, Früchte sehr dünn (bis zu 1 mm dick), gestielt und charakteristisch geknickt abstehend; unverwechselbar!

Anmerkung: Sehr hohe Samenproduktion, Klebverbreitung: Räder, Schuhe, Maschinen.

Besenrauke

Besenrauke im Jugendstadium

Acker-Senf *Sinapis arvensis*

Blüte: Rein schwefelgelb, Juni – Oktober.
Wuchs: Breit ausgebreitet, aufrecht; 30 – 70 cm.
Lebensform: Sommer-einjährig, Spätfrühlingskeimer.
Typ: Kraftlackel.

Bedeutung in der Landwirtschaft: In Sommerungen und Hackfrüchten, Konkurrenzkraft stark (4); durch zahlreiche Herbizide leicht bekämpfbar; durch die lange Lebensdauer der Samen im Boden oft nach vielen Jahren plötzlich wieder stark in Erscheinung tretend (z.B. bei Änderung der pflanzenbaulichen Gepflogenheiten).

Ansprüche: Anspruchsvoll; in kühlen Gebieten Kalkzeiger.
Verbreitung: Überall.
Häufigkeit: Sehr häufig.
Herkunft: Vorderasien? Bei uns schon seit urgeschichtlichen Zeiten, heute über fast alle gemäßigten Regionen der Erde verbreitet.

Der Acker-Senf senkt den Kelch

Acker-Senf (Jugendstadium)

Ähnliche Arten: Im nichtblühenden Zustand vom Hederich nicht sicher zu unterscheiden.

Anmerkung: Wildgemüse; der Speisesenf stammt vom Weißen Senf ab, einer Kulturpflanze, die heute auch zur Gründüngung verwendet wird.

Hederich
Raphanus raphanistrum

Blüte: Hellgelb bis weiß, mit dunklen Adern; Juni – Oktober.
Wuchs: Aufrecht, 20 – 50 cm.
Lebensform: Sommer-einjährig, Hauptkeimzeit: Spätfrühling.
Typ: Kraftlackel.

Bedeutung in der Landwirtschaft:
Konkurrenzkraft stark (4); ähnlich wie Acker-Senf, vor allem in Sommerungen und Hackfrüchten.

Ansprüche: Schwerpunkt auf sauren Böden.
Verbreitung: Überall.
Häufigkeit: Wegen der im Boden langlebigen Samen trotz leichter Bekämpfbarkeit immer noch häufig.
Herkunft: Südeuropa? Eine nah verwandte Art lebt hier auf Sandstränden an der Meeresküste.

Anmerkung: Sehr nahe verwandt mit Rettich und Radieschen.

	Acker-Senf	Hederich
Blüte	rein schwefelgelb	hellgelb oder weiß, mit dunklem Adernetz
Kelch	abstehend „Senf senkt den Kelch"	aufrecht anliegend „Hederich hebt den Kelch"
Schoten	kantig, nicht quer gegliedert	perlschnurartig gegliedert
Stängel	grün, steif behaart	blaugrün (dünner, abwischbarer Wachsüberzug), wenig behaart od. kahl
Blätter	mittelgrün	etwas blaugrün

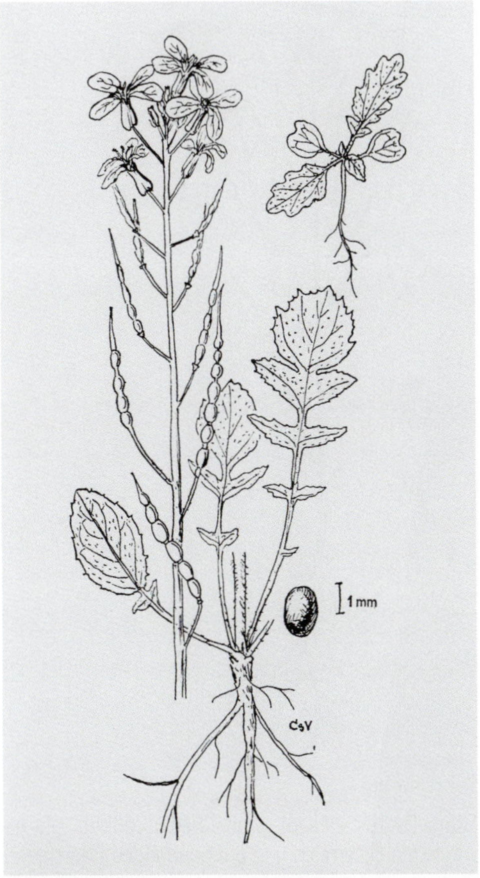

Hederich

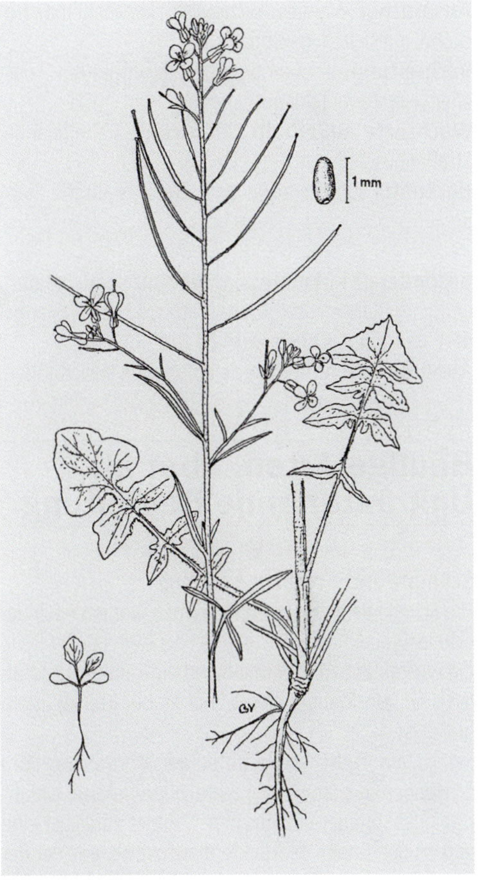

Orient-Rauke

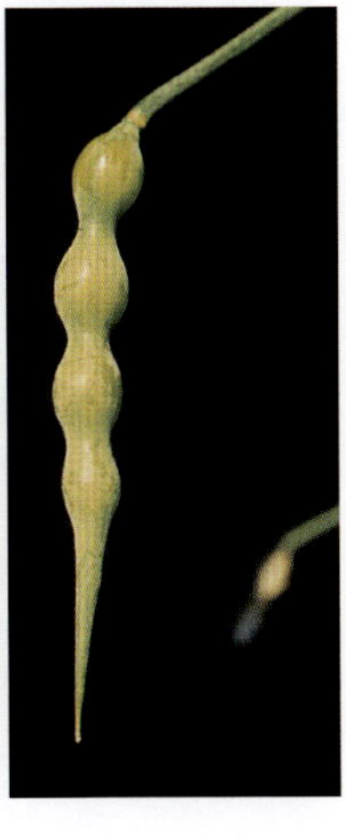

Orient-Rauke

Sisymbrium orientale

Blüte: Zitronengelb, Juni – Oktober.

Wuchs: Entwickelt sich aus einer am Boden angedrückten Blattrosette, mit der die Pflanze überwintert, aufrechter Stängel, 30 – 60 cm.

Lebensform: Überwinternd-einjährig (selten sommer-einjährig).

Typ: Steppenkraut.

Bedeutung in der Landwirtschaft: Konkurrenzkraft mittel (3); vor allem im Wintergetreide und auf Stoppelflächen, nur selten lokales Massenauftreten.

Ansprüche: Warmes, sommertrockenes Klima, trockene, meist steinige Böden.
Verbreitung: Im pannonischen Raum häufig, sonst eher selten oder fehlend.
Wuchsorte außerhalb der Äcker: Bahngelände, Straßenböschungen.
Herkunft: Südosteuropa und vorderasiatische Steppen.

Besondere Merkmale: Ganze Pflanze grau behaart, typischer Blattschnitt (untere Blätter, s. Abb.), Stängel derb und zäh, bis oben weichhaarig.
Ähnliche Arten: Andere gelbblühende Kreuzblütler.

Häufige Arten, aber als Unkräuter ohne Bedeutung

Schmalwand *Arabidopsis thaliana*

Die Schmalwand hat ihren seltsamen Namen nach der Scheidewand ihrer Früchte, die, nachdem bei der Reife die Fruchtklappen abgefallen und die Samen ausgefallen sind, am Stängel bleibt, wie es bei Kreuzblütlern üblich ist.
Sie ist ein typischer Vertreter der Vorfrühlingsflora (s. Hungerblümchen). Sehr zarte, überwinternd einjährige oder sommer-einjährige Art: Bildet zunächst eine eng an den Boden gedrückte Blattrosette, aus der der 5 – 20 cm hohe Stängel entspringt, der nur wenige schmale Blättchen trägt. Die Blüten sind winzig und weiß (innen gelblich), die Schoten 1 – 2,5 cm lang. Zur Zeit der Fruchtreife ist die Grundblattrosette abgestorben, so dass die Pflanzen recht kümmerlich aussehen. Wegen seiner Anspruchslosigkeit und großen genetischen Variabilität (viele Rassen) ist das für den Ackerbau völlig harmlose Pflänzchen trotz seiner geringen Konkurrenzkraft (1) immer noch weit verbreitet und häufig. Außerhalb der Äcker wächst es auf Straßenböschungen, in Rasenlücken und auf Gleisschotter. Weltweit häufigste Versuchspflanze in der Genetik („Taufliege der Botaniker").

Hohe Rauke *Sisymbrium altissimum*

Wuchs viel ausladender als Orientalische Rauke, Blüten weißlichgelb, Stängel nur unten behaart, obere

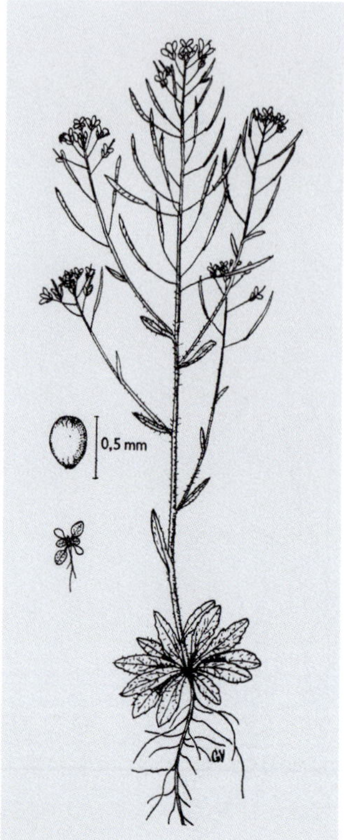

Schmalwand

Stängelblätter elegant schmal fiederschnittig. Nur im wärmsten Österreich und auf Sandböden (Marchfeld) gelegentlich in Ackerland.

Weg-Rauke *Sisymbrium officinale*

Blattschnitt dem der Orientalischen Rauke recht ähnlich, aber unverkennbar wegen der angedrückten Schoten und des sparrig verzweigten Wuchses. Weit verbreitet, anspruchsvoll: Mag gut mit Nährstoffen versorgte Böden. In Ackerland kaum ein Problem, da nicht sehr konkurrenzstark, vereinzelt in Hackfrüchten; lästig in Gärten und Gemüsekulturen. Häufig als Pionierpflanze in Dörfern und Städten; alte Heilpflanze.

Französische Hundsrauke *Erucastrum gallicum*

Blätter auffallend dunkelgrün und mit charakteristischem Blattschnitt (rundliche Zipfel); Blüten(kron)blätter blassgelb, 6 – 8 mm lang, grünlich geädert, Stängel 20 – 50 cm hoch.

Hohe Rauke

Unscheinbar und selten, nur im wärmeren Österreich vor allem in Hackfrüchten; relativ häufig im Marchfeld. Konkurrenzschwach, als Unkraut unbedeutend und hier nur wegen des eindrucksvollen Namens aufgenommen.

Schmalblatt-Doppelrauke (Doppelsame)

Diplotaxis tenuifolia

Unverwechselbar wegen des „Schweinebratengeruchs" der Blätter! Eine Art von Rucola-Salat stammt aus dieser Gattung, deren seltsamer Name daher kommt, weil die Samen pro Fach in zwei Längsreihen angeordnet sind. Blüten relativ groß (Blütenblättchen um 1 cm lang), leuchtend gelb, Stängel meist gebogen aufsteigend (30 – 50 cm), Blätter nicht als grundständige Rosette, sondern zu etwa dritt bis sechst am Stängel; ausdauernd, aber kurzlebig (im Acker einjährig). Vor allem in warmen Gebieten und auf trockenen Böden recht häufig, aber konkurrenzschwach und als Unkraut unbedeutend.

Weg-Rauke

Weg-Rauke

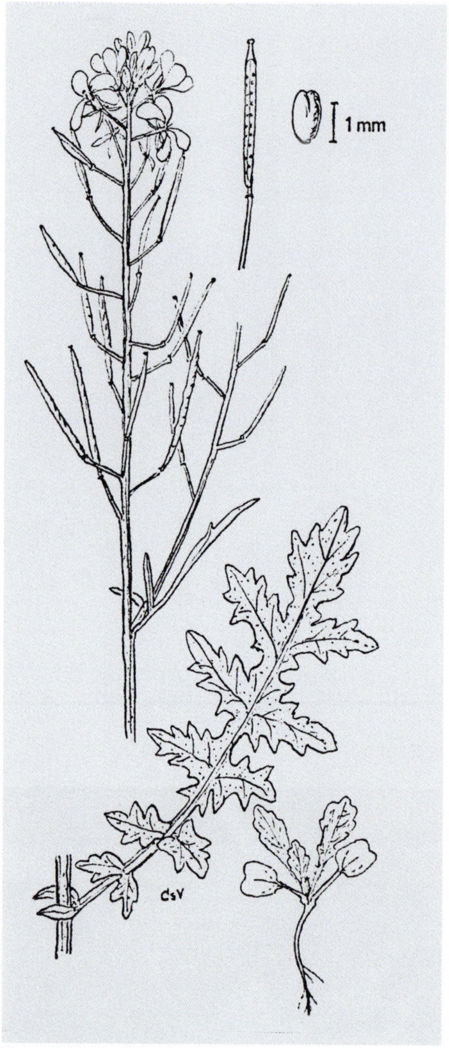

Französische Hundsrauke

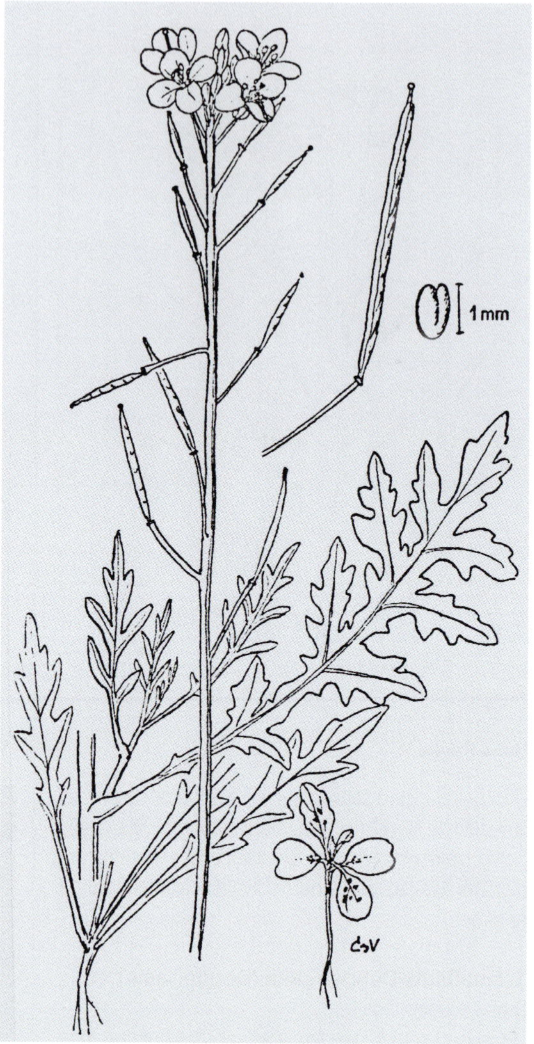

Schmalblatt-Doppelrauke (Doppelsame)

Acker-Schöterich *Erysimum cheiranthoides*

Dieser Kreuzblütler hat so gar keine auffälligen Merkmale und ist gerade daran gut zu erkennen: Er ist überwinternd- oder sommer-einjährig und hat eine dünne Wurzel, die leicht aus dem Boden zu ziehen ist. Der Stängel ist steif aufrecht und 10 – 90 cm hoch. Die schmalen Blätter sind ungezähnt oder leicht gezähnt, die goldgelben Blütenblättchen nur 3 – 5 mm lang, die Schoten etwa 1 – 3 cm lang und an der Stelle, wo sie am Stiel ansitzen, nach oben abgewinkelt. Dieser Schöterich liebt gut mit Wasser und Nährstoffen versorgte Böden und tritt vor allem im Aubereich in Äckern stärker auf, ohne jedoch Schaden anzurichten.

Garten-Schaumkraut (Viermänniges Schaumkraut) *Cardamine hirsuta*

Sommer-einjährig, selten mit Rosette überwinternd, sehr raschwüchsig, wenige Wochen von der Keimung

Acker-Schöterich

Garten-Schaumkraut (Viermänniges Schaumkraut)

bis zur Samenreife, so dass in einer Saison zwei und mehr Generationen möglich sind (Frühreife); klein und unscheinbar (5 – 20 cm hoch); Stängel vor allem am Grund verzweigt; Stängelblätter etwa 2 – 4, meist kahl, Blütenblätter weiß, 3 – 4 mm lang, Staubblätter meist 4 (daher der Büchername). Schattenertragende, klimafeuchte Gebiete und gut mit Wasser und Nährstoffen versorgte Böden liebende Pionierpflanze; vor allem (eher konkurrenzschwaches) Garten-„Unkraut", gerne in Parks, auf Friedhöfen, in Gärtnereien und Baumschulen. Wird durch Verschleppung mit Containerpflanzen immer weiter verbreitet (ähnlich dem Kamtschatka-Beifuß, siehe dort).

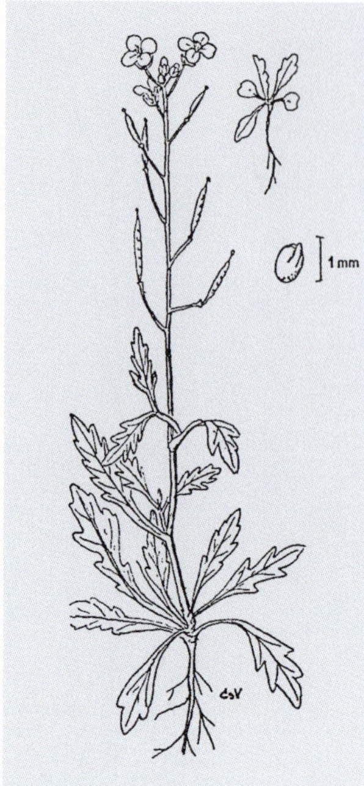

Acker-Doppelrauke

Sehr seltene und vom Aussterben bedrohte, rückläufige Arten

Acker-Doppelrauke (Mauer-Doppelsame)

Diplotaxis muralis

Zum Unterschied zur Schmalblatt-Doppelrauke einjährig, Blätter am Boden rosettig, Blüten nur etwa halb so groß, Pflanze unter Ackerbedingungen meist klein (5 – 15 cm). Wie ihr Name sagt, war die sehr wärmebedürftige Art vor wenigen Jahrzehnten in Hackfruchtäckern des östlichen Österreich durchaus häufig. Heute ist sie eine Rarität geworden.

Spreiz-Schöterich *Erysimum repandum*

Die nur 10 – 30 cm hohe Pflanze wirkt mit ihren weit ausgespreizten, langen Früchten auf gleich dicken kurzen Stielen exotisch und ist es auch. Sie ist ein typischer Pionier offener Steppenstellen und kommt nur im pannonischen Raum in Äckern vor, wird aber immer seltener.

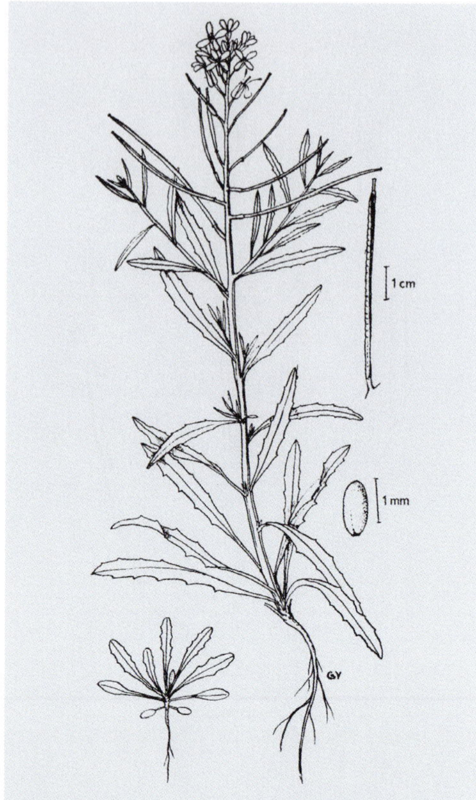

Spreiz-Schöterich

Ackerkohl

(Frühlings-) Hungerblümchen

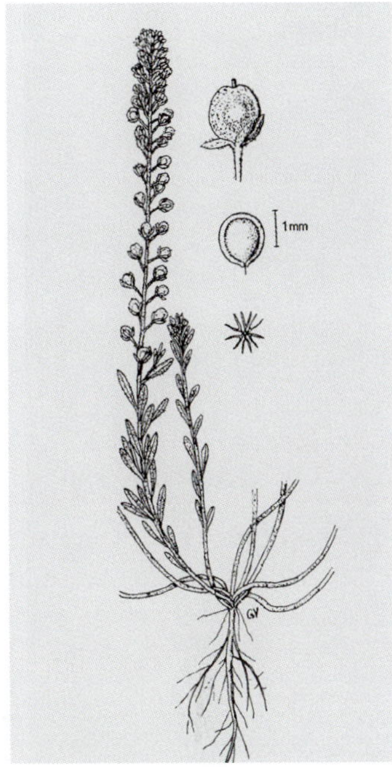

Steintäschelkraut

Ackerkohl Conringia orientalis

Überwinternd- und sommer-einjährig, bis etwa 50 cm hoch; Blüten gelblichweiß, Blätter hell blaugrün (bereift), umfassen am Grund den Stängel.

Die Art gehört zu den vielen Ackerwildkräutern, die aus wärmeren Breiten stammen und vor langer Zeit zu uns gekommen sind, wo ihnen der Bauer Lebensmöglichkeiten bot. Heute ziehen sich diese zwar wasser-stress-toleranten, aber konkurrenzschwachen Arten wieder mehr in die Gebiete zurück, in denen das Klima für sie optimal und die Landwirtschaft noch nicht so intensiv ist. Relativ häufig ist der Ackerkohl noch im NÖ Steinfeld.

(Frühlings)-Hungerblümchen *Erophila verna*

Blüten weiß, Pflanze 2 – 10 cm hoch, Schötchen elliptisch. Der Gattungsname drückt Anspruchslosigkeit aus, der wissenschaftliche Artname besagt außerdem, dass die Pflanze im Frühling auftritt. Tatsächlich gehört sie zu einer Gruppe von Vorfrühlingsblühern, neben einigen Kreuzblütlern (Herbstgeneration von Schmalwand und Hirtentäschel), Ehrenpreis-Arten, winzigen Nelkengewächsen (wie Spurre) und anderen, die im Herbst bei tiefen Temperaturen zu keimen vermögen, mit einer Blattrosette überwintern, ganz zeitig im Frühling bereits blühen, die Samen bald reifen und die Pflanzen absterben. Dies ist eine Anpassung an Standorte mit flachgründigen Böden, die im Sommer stark austrocknen. Die Pflänzchen sind extrem stresstolerant, dafür aber auch besonders konkurrenzschwach. Früher bildeten sie auf früh abtrocknenden Böden einen hübschen weißblauen Blütenteppich in Wintergetreide und in den Weingärten; heute sieht man sie in Ackerland kaum mehr, wohl aber auf im Sommer stark austrocknenden Extremstandorten wie Kiesflächen, Gleisanlagen, Verladerampen, Mauerkronen.

Steintäschelkraut *Alyssum alyssoides*

Winzling (5 – 10 cm) mit gelben Blütchen, einem auffallend derben, kräftigen Stängel und runden, flachen Schötchen, an denen der Kelch erhalten bleibt. Wer eine starke Lupe (besser ein Auflichtmikroskop) hat, kann die dichten Sternhaare auf den Blattunterseiten bewundern.

Links und Mitte: Hohldotter

Wilder Rübsen

Extrem anspruchslos, trockenfest – auf stark zur Austrocknung neigenden Böden (und Ackerstellen) – wird in Äckern immer seltener, auf Ackerrändern und in manchen Gegenden (z.B. südliches Waldviertel) immer noch häufig.

Hohldotter *Myagrum perfoliatum*
Überwinternd- und sommer-einjährig, 20 – 50 cm hoch, Blüten gelb auf weit weggestreckten, rutenförmigen Ästen; Stängelblätter pfeilförmig sitzend (wie Pfeilkresse), nicht oder sehr wenig gezähnt; Frucht sehr charakteristisch, spitz, mit zwei leeren Hohlräumen auf beiden Seiten („Pfarrerkappe"). Sehr selten auf schweren Böden (v.a. Seewinkel).

Wilder Rübsen *Brassica rapa subsp. sylvestris*
Die Wild- oder Unkrautform der vielseitigen Kulturart (Öl-Rübsen, Herbstrübe, Chinakohl,...) dürfte vor wenigen Jahrzehnten bei uns ganz ausgestorben sein. Damals gab es sie noch als harmloses „Unkraut" vor allem in Kartoffeläckern in den Alpen. Die Pflanzen, die heute immer wieder zu finden sind, sind verwilderte Kulturformen. Ihre Samen stammen oft aus Vogelfutter. Vom Raps, der ihm recht ähnlich ist (dieser ist aus einer Kreuzung von Rübsen und Kohl entstanden), unterscheidet er sich durch viel zarteren und kleineren Wuchs (um 30 cm hoch) und grasgrüne Grundblätter (Raps blaugrün).

Zackenschötchen *Bunias erucago*
Blüten hellgelb, Pflanze 20 – 50 cm hoch, Stängel mit roten Wärzchen, Früchte vierkantig, scharf zackig (früher im Hafer gefürchtet; Maulverletzungen bei Pferden). Heute nur mehr ganz lokal in Kartoffeläckern und Getreide.

Afrikanische Meerviole *Malcolmia africana*
Pflanze klein (10 – 20 cm), sparrig, grau behaart, Blütchen lila, winzig; Frucht bis über 6 cm lang, vierkantig, dicht behaart. Seit langem eingeschleppt und bis heute in Äckern zwischen Kittsee und Edelsthal (NÖ / Bgld).

Zackenschötchen

Gliederschote

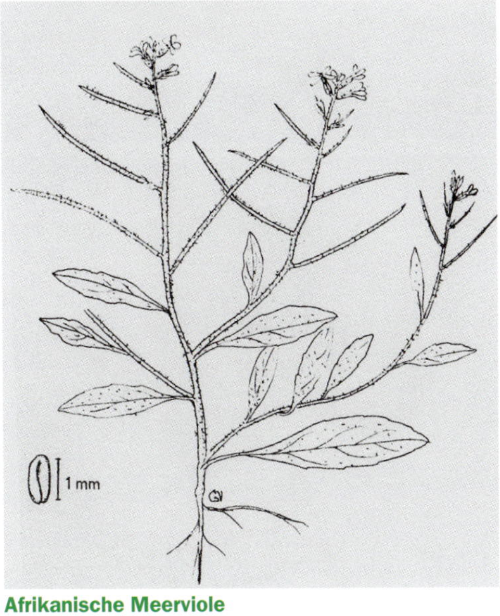

Afrikanische Meerviole

Gliederschote *Chorispora tenella*

Pflanze aufrecht, sparrig, bis etwa 60 cm hoch; Blüten ca. 2 cm im Durchmesser, hellpurpurn; Frucht 1,5 – 2 cm lang, gegliedert, zerbricht in zwei Segmente; aus Südosteuropa eingeschleppt; seit vielen Jahrzehnten z. B. in Äckern und Brachen im Bereich der Lobau (Wien).

Familie

Kürbisgewächse

Cucurbitaceae

Die meisten Familienmitglieder sind mit Ranken kletternde Kräuter und bis auf die Gattung Zaunrübe (Bryonia, mit zwei Arten) bei uns nicht heimisch. Neben den Kulturpflanzen Kürbis und Zucchini (ursprünglich aus Amerika), Melone (Afrika) und Gurke (Indien) wurden wilde Kletterpflanzen eingeschleppt, die in warmen Gebieten in Auen, an Ufern und in nährstoffreichen Gebüschstandorten in Siedlungsnähe verwilderten. Von dort vermochten sie gebietsweise in die Maisäcker einzudringen und erweisen sich als sehr konkurrenzstark; sie werden durch betriebsübliche Bekämpfungsmaßnahmen nicht erfasst.

Beschreibung der wichtigsten Arten

Haargurke
Sicyos angulatus

Einjährig, Blüten in Knäueln, glockig, fünfzipfelig, grünlich oder weiß mit grünen Streifen; Früchte zu mehreren gehäuft, etwa 1,5 cm lang, mit steifen langen Borsten und kurzen krausen Haaren; Blätter fünfeckig oder mit fünf seichten Lappen. Aus Nordamerika. In den letzten Jahren vereinzeltes Einwandern in Äcker Südkärntens.

Igelgurke
Echinocystis lobata

Einjährig, (weibliche) Blüten in länglichen Rispen, sechszipfelig (tief gespalten), weiß bis gelblichgrün; Früchte 3 – 6 cm lang, weichborstig; Blätter tief fünfspaltig mit feinen, haarförmigen Spitzen. Aus Nordamerika.

Quetschgurke
Thladiantha dubia

Ausdauernd (mit unterirdischer Wurzelknolle), Blüten einzeln oder nur zu wenigen, glockig, fast bis zum Grund in fünf Zipfel zerteilt, goldgelb; zweihäusig: es

Haargurke

Igelgurke (aus dem Herbar)

Quetschgurke

gibt männliche und weibliche Pflanzen; Früchte 4 – 5 cm lang und ca. 2 cm breit, mit 10 seichten Längsrinnen, kahl, reif dunkelrot; Blätter rundlich, spitz, unterseits mit Kletthaaren.

Aus Nord-China; bei uns Zierpflanze. Kleinvorkommen („Gartenflüchtlinge") bereits jahrzehntelang in Kärnten bekannt; breitet sich derzeit langsam im Maisbau aus; hier als ausdauernde Kletterpflanze ein früher und starker Konkurrent. Gegenmaßnahmen: Fruchtfolge; mechanische Bekämpfung auf Brachen und zwischen Vegetationsperioden der Feldfrüchte.

Kletternd, aber nicht zur Familie der Kürbisgewächse gehörend

Maiskulturen sind offenbar anziehend für Kletterpflanzen (siehe Zaun-Winde). Hier sollen daher gleich noch zwei Arten erwähnt werden, obwohl sie nicht zu den Kürbisgewächsen gehören:

■ Seidenrebe
Periploca graeca

Ausdauernd, verholzt, klettert bis 10 m hoch; Blüten 2 cm im Durchmesser, fünfteilig, grünlichgelb mit braunvioletter Innenseite und auffälligem, derbem Duft; Blätter oval, glänzend. Herkunft: Südosteuropa (Balkan), Zierpflanze, verwildert vor allem im Siedlungsbereich. Familie: Seidenpflanzengewächse (mit Milchsaft).

Seidenrebe

Erdbirne

Apios tuberosa = A. americana

Ausdauernd, krautig mit Wurzelknollen; Blätter gefiedert (Familie *Leguminosae* bzw. Schmetterlingsblütler); Blüten braun- oder blass-purpur. Aus Nordamerika; in Südeuropa wegen der essbaren Wurzelknollen kultiviert. Kleinräumige Vorkommen in der Südsteiermark bekannt (Mais!); durch viele Maisherbizide nicht erfasst.

Erdbirne

Familie

Liliengewächse

Liliaceae s.l.*

Eine Reihe von hübschen Zwiebelgewächsen war früher in trockenen, steinigen Äckern und vor allem in Weingärten recht verbreitet, aber harmlos und daher nicht als Unkräuter zu bezeichnen. Heute sind sie ohnedies durch die intensive und tiefe Bodenbearbeitung aus dem Ackerland praktisch verdrängt und zählen zu den gefährdeten Arten.

Am ehesten findet man heute noch:

■ Traubenhyazinthen

Schopfige Traubenhyazinthe *Muscari comosum*
Weinbergs-Traubenhyazinthe *Muscari neglectum*
Dunkelblauviolette Blütentrauben,
Schopfige T. blüht ab Mai, 30 – 50 cm hoch;
Weinbergs-T. blüht im April, 15 – 30 cm hoch.

■ Pyrenäen-Milchstern

Ornithogalum pyrenaicum subsp. *sphaerocarpum*

Blüten weißlich (Mai – Juli); bis über 1 m hoch (ragt über das Getreide hinaus und ist dadurch sehr auffällig); Zwiebel sehr tief (unter der Pflugsohle) im Boden.

■ Acker-Gelbstern

Gagea villosa (G. arvensis)

Nur 10 – 15 cm hoch, Blüten gelb (März – Mai), Blütenstiele behaart. Vereinzelt in wärmeren Gegenden (z.B. Wachau, mittleres Burgenland) auf lockeren, grusigen oder sandigen Böden, vor allem in Weingärten.

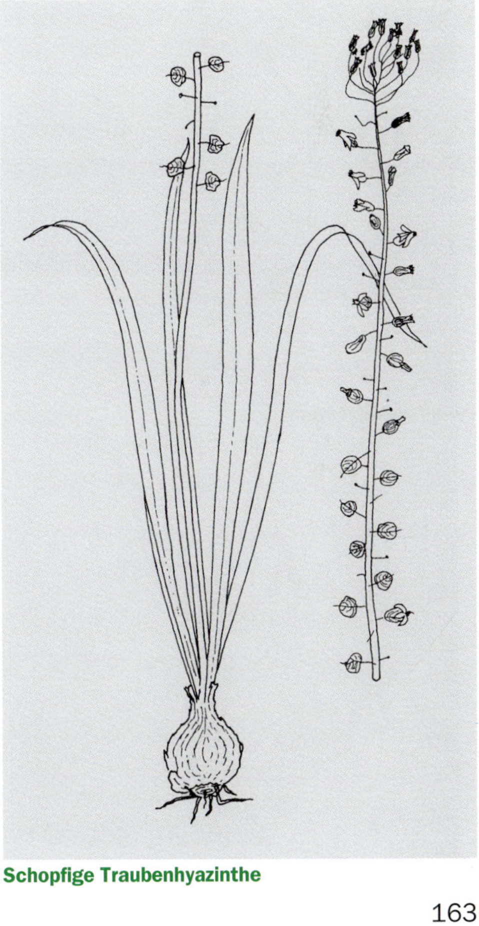

Schopfige Traubenhyazinthe

* s.l. *(sensu lato)*, d.h. „im weiten Sinne", wurde hier angefügt, um klar zu stellen, dass hier die Großfamilie im klassischen Sinn gemeint ist. Heute werden die Liliengewächse in manchen Werken in 9 Familien aufgespalten.

Pyrenäen-Milchstern

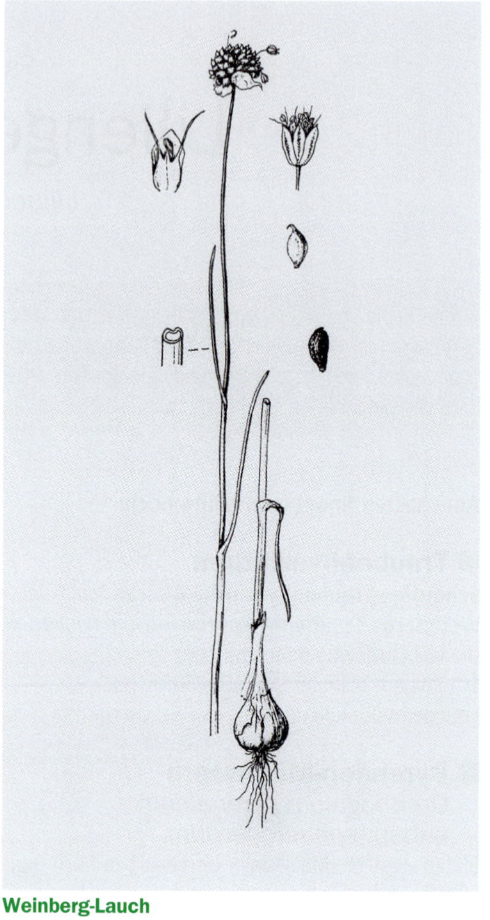

Weinberg-Lauch

Acker-Gelbstern

Weinberg-Lauch

Allium vineale

Blüten blass-purpurn (Juni – August), neben den Blüten zahlreiche Brutzwiebeln im Blütenstand; 30 – 70 cm hoch. In Mitteleuropa kaum mehr in Äckern; nur in Weingärten, Ackerrändern, Böschungen, lückigem Grünland. In anderen Teilen der Welt gefürchtet, da er dem Getreide Lauchgeschmack verleiht (bei uns passiert das ab und zu mit der Milch nach Verfüttern).

Familie

Lippenblütengewächse

Labiatae, Lamiaceae

Diese große Pflanzenfamilie hat zwar viele Gewürz- und Heilpflanzen, aber nur wenige und meist eher harmlose Ackerunkräuter hervorgebracht.
Neben der Blütenform – eine Röhre, die in Oberlippe und Unterlippe mündet – sind die Lippenblütler leicht an den gegenständigen Blättern und dem vierkantigen Stängel zu erkennen. Viele Arten haben einen deutlichen Geruch, der von ätherischem Öl unterschiedlichster chemischer Zusammensetzung herrührt.

Beschreibung der wichtigsten Arten

Stechender Hohlzahn (Gewöhnlicher Hohlzahn)

Galeopsis tetrahit

Blüte: 1,5 – 2 cm lang, weiß oder rot, mit gelb und purpurn gefleckter Unterlippe; Juni – Oktober.
Wuchs: Aufrecht, 20 – 50 cm.
Lebensform: Sommer-einjährig, Samen keimen im Frühling (Kältekeimer).
Typ: Kraftlackel.

Bedeutung in der Landwirtschaft: Konkurrenzkraft mittel bis stark (3 – 4). Probleme sowohl in Getreide wie in Hackfrüchten möglich; unempfindlich gegenüber bestimmten herbiziden Wirkstoffen.

Ansprüche: Anspruchslos, doch Hauptvorkommen und beste Entwicklung auf frischen bis feuchten, humosen, eher nährstoffreichen Böden in kühl-feuchten Klimalagen (Berggebiete).
Verbreitung: Als Ackerunkraut im pannonischen Raum selten (z.B. auf Feuchtschwarzerde), sonst überall verbreitet.
Häufigkeit: Verbreitetster und häufigster Hohlzahn, vor allem in Sommergetreide und Hackfrüchten.

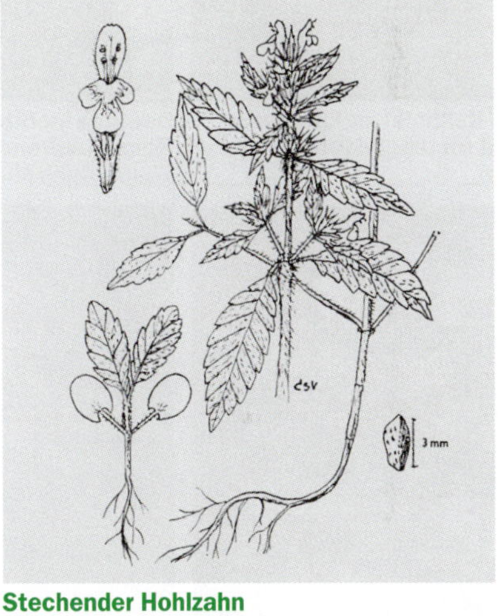

Stechender Hohlzahn

Wuchsorte außerhalb der Äcker: Waldschläge.
Herkunft: Einheimisch (artgewordener Bastard aus Buntem x Flaumigem Hohlzahn).

Besondere Merkmale: Blüten eher klein, nur etwa 1 – 1,5 mal so lang wie der Kelch. Mittellappen der Unterlippe quadratisch, gezähnt oder ungezähnt (ganzrandig).
Ähnliche Arten: Im nichtblühenden Zustand sind die Hohlzahn-Arten nicht sicher unterscheidbar. Für die wichtigen Ackerunkraut-Arten unter ihnen ist typisch,

Hohlzahn-Keimblätter kaulquappenförmig (m. angedeuteten Beinchen)

Deutlich sichtbar: die hohlen Zähne (seltene gelbe Form des Flaum-Hohlzahnes)

Früher beim Garbenbinden eine Qual – die dornigen Kelche

Stechender Hohlzahn: Blüten klein, Röhre ± im Kelch verborgen

Flaum-Hohlzahn: Blüten groß, Röhre ragt weit aus dem Kelch; links deutlich sichtbar: der Haarflaum in der Stängelrinne

dass alle eine auffällige Stängelverdickung unter den Knoten haben.

Anmerkung: Die Kelche der im Acker häufigen Hohlzahn-Arten verholzen bei der Fruchtreife und werden zu stechenden Dornen. Deshalb fielen sie beim Binden der Garben sehr unangenehm auf (Volksname: „Dorn" oder „Daun").

Flaum-Hohlzahn (Weicher Hohlzahn)
Galeopsis pubescens

Blüte: Groß (1,8 – 2,5 cm), leuchtend dunkelpurpurn (selten blassgelb oder weiß), mit gelbem Schlund.
Wuchs: Aufrecht, breit ausladend (da oft doppelt verzweigt), 20 – 60 cm.
Lebensform: Sommer-einjährig.
Typ: Kraftlackel.

Bedeutung in der Landwirtschaft: Konkurrenzkraft mittel (3); manchmal massenhaft in Kartoffeln; im Waldviertel auch unter Getreide; sonst eher seltenes Unkraut.

Ansprüche: Vor allem in sauren, eher nährstoffarmen Äckern.
Verbreitung: Überall (in Vorarlberg ausgestorben).

Flaum-Hohlzahn mit „lebenden Edelsteinen": Blattkäfer *(Diochrysa fastuosa)* fressen nur Hohlzahn und Taubnessel

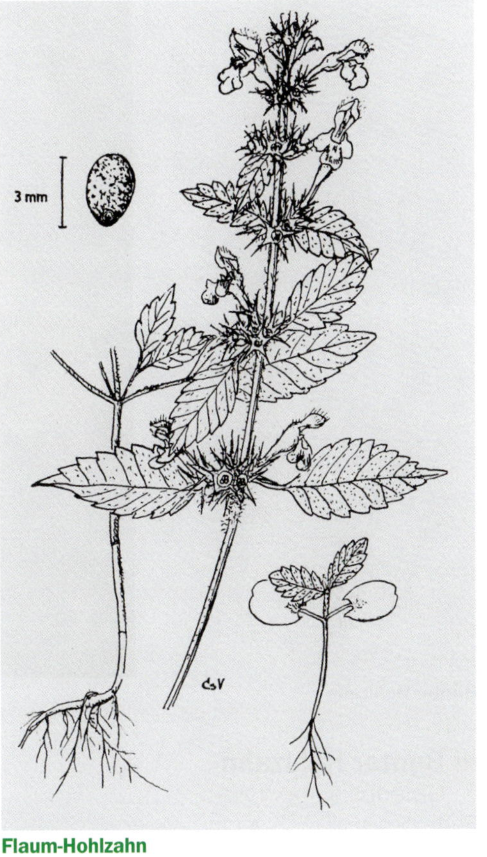

Flaum-Hohlzahn

Häufigkeit: Besonders häufig (und massenhaft in Äckern) im NÖ Waldviertel und in Kärnten.
Wuchsorte außerhalb der Äcker: Waldränder, Waldschläge, Ufer.
Herkunft: Einheimisch.

Besondere Merkmale: Blühend eine sehr dekorative Blume (blüht einige Monate hindurch): Blüten groß, auffällig gefärbt, ragen weit aus dem Kelch heraus (2 – 3 mal so lang wie der Kelch), am Stängel neben den bei den Hohlzahn-Arten üblichen Borsten- und Drüsenhaaren kurze, dicht anliegende, weiße Behaarung, die die Rinne in der Stängelmitte ausfüllt (diese Rinnen befinden sich jeweils auf zwei gegenüberliegenden Seiten des vierkantigen Stängels; an jedem Knoten wechselt die Stellung der Rinne um 90°).

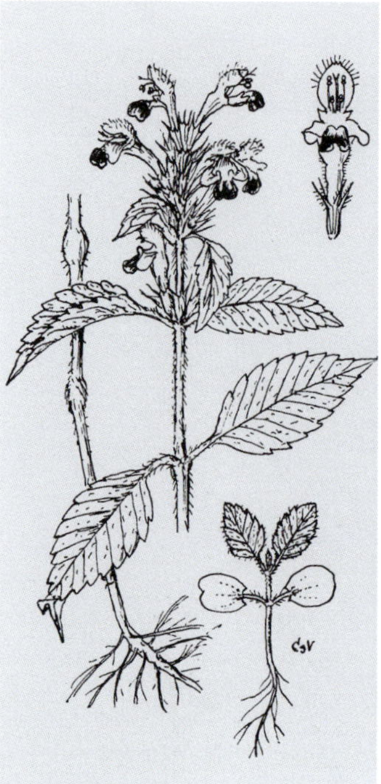

Bunter Hohlzahn

Bunter Hohlzahn
Galeopsis speciosa

Blüte: Sehr groß (2,5 – 4 cm), hellgelb mit violettem Mittelzipfel (sehr selten reinweiß oder reingelb; Juli – Oktober.
Wuchs: Aufrecht, 30 – 70 cm.
Lebensform: Sommer-einjährig; keimt im April, Mai.
Typ: Kraftlackel.

Bedeutung in der Landwirtschaft: Konkurrenzkraft mittel bis stark (3 – 4); bei Massenauftreten (vor allem in Hackfrüchten) starke Konkurrenzwirkung.

Ansprüche: Auf gut mit Wasser und Nährstoffen versorgten, gut durchlüfteten humusreichen oder torfigen Böden.
Verbreitung: Überall, aber Schwerpunkt als Ackerunkraut in kühl-feuchten (Gebirgs-) Lagen; im warm-trockenen Klima (Ostösterreich) nur in Wäldern und schattigen Gärten.
Häufigkeit: Zweithäufigster Hohlzahn in Äckern.
Wuchsorte außerhalb der Äcker: Waldschläge, Ufer.
Herkunft: Einheimisch.

Besondere Merkmale: Im blühenden Zustand sehr dekorativ (Zierpflanze) und unverkennbar; im nichtblühenden Zustand die Hohlzahn-Art mit der geringsten Behaarung; der Stängel ist oft blau bereift.

Weitere in Äckern seltene Hohlzahn-Arten

Zweizipfeliger Hohlzahn *Galeopsis bifida*
Ähnlich dem Stechenden Hohlzahn, aber Blüten kleiner, blass lilarötlich (sehr selten gelb, mit violettem Mittelzipfel, sieht dann aus wie ein Bunter Hohlzahn mit winzigen Blüten), Mittellappen der Unterlippe länglich, buchtig eingeschnitten (Name!).

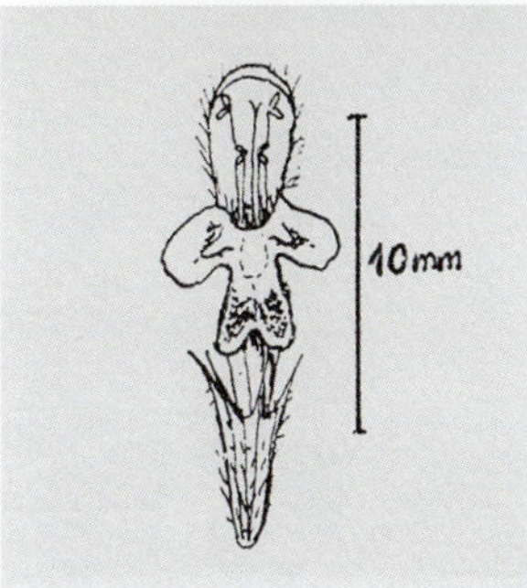

Zweizipfeliger Hohlzahn

Konkurrenzschwach (2); Waldschlagpflanze (selten in Äckern bodensaurer Gebirgslagen: Waldviertel, Zentralalpen).

Schmalblättriger Hohlzahn *Galeopsis angustifolia*
Stängel unter den Knoten nicht verdickt, Blütenröhre purpurrot, ragt weit aus dem Kelch (3-mal so lang wie dieser), Blätter schmal. Schutthalden (Gleisschotter); im warmen Österreich selten in steinigen (Getreide-) Äckern. Sehr konkurrenzschwache Rarität; früher vor allem auf der Stoppel (heute durch frühen Stoppelsturz verschwunden).

Breitblättriger Hohlzahn *Galeopsis ladanum*
Wie die vorige Art, doch Blätter breiter und Blüten kleiner; ebenfalls Kies-, Schotter- und Gesteinsschuttpionier, aber eher in höheren Lagen. In Äckern praktisch ausgestorben (früher: Hochlagenäcker der inneralpinen Trockentäler und der wärmeren Teile des Waldviertels).

Schmalblättriger Hohlzahn

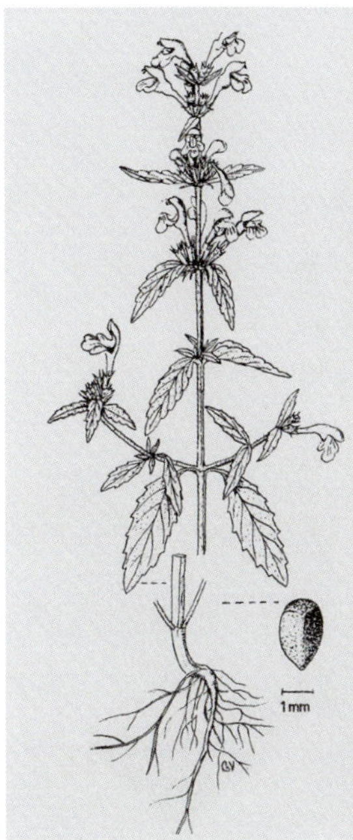

Breitblättriger Hohlzahn

Purpur-Taubnessel (Kleine Taubnessel)

Lamium purpureum

Blüte: Purpurrot, 1 – 2 cm; Ganzjahresblüher (Schwerpunkt im Vorfrühling).

Wuchs: Aufrecht, 10 – 20 (30) cm.

Lebensform: Überwinternd- und sommer-einjährig (außerhalb der Äcker auch länger lebend); rasche Entwicklung von der Keimung bis zur Fruchtreifung; sehr langlebige Samen bauen eine Samenbank im Boden auf.

Typ: Frühreife.

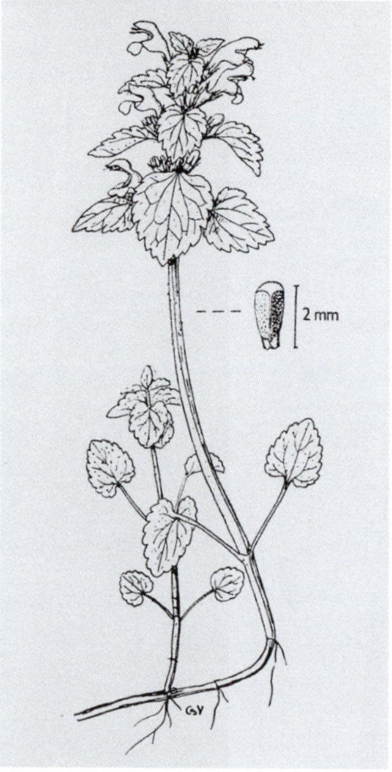

Purpur-Taubnessel

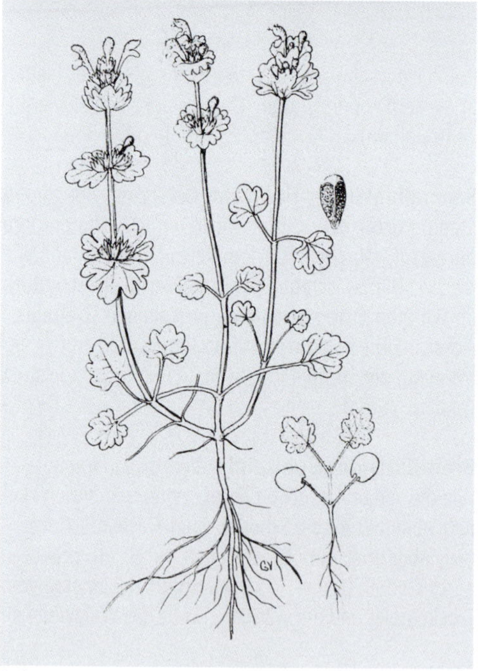

Stängelumfassende Taubnessel

Bedeutung in der Landwirtschaft: Konkurrenzkraft gering (2); nur in Sonderkulturen schädlich (wegen ihrer frühen Nährstoffaneignung); von verschiedenen Herbiziden nicht oder nur ungenügend erfasst.

Ansprüche: Gilt als Zeiger für sehr gut mit Nährstoffen (v. a. Stickstoff) versorgte Böden, die weder vernässt noch ausgesprochen trocken sind; wegen des seichten Wurzelsystems Zeiger nur für die oberste Bodenschicht (Ackerkrume).
Verbreitung: Überall.
Häufigkeit: Häufig, vor allem in Gärten, Weinbergen.
Herkunft: Einheimisch.

Ähnliche Arten: Die bekanntere **Gefleckte Taubnessel** hat größere Blüten (2 – 3 cm) mit nach oben gebogener Röhre und bildet mit unterirdischen Ausläufern Teppiche mit reichlich nichtblühenden Trieben. Sie wächst nie in Ackerland, sondern in Wäldern, Hecken und Parks.

Stängelumfassende Taubnessel
Lamium amplexicaule

Blüte: Rot; März – Mai (ausnahmsweise auch später); im Vorfrühling bleiben die Blüten im Knospenzustand und bestäuben sich selbst.
Wuchs: Aufrecht, 5 – 20 cm.
Lebensform: Hauptsächlich überwinternd-einjährig, manchmal auch sommer-einjährig; kurzlebig.
Typ: Anspruchslose Begleiter.

Bedeutung in der Landwirtschaft: Konkurrenzkraft gering (1 – 2); gegen einige Herbizide unempfindlich.

Ansprüche: Auf allen Böden (bevorzugt lockere, gut durchlüftete; meidet sehr nährstoffarme oder vernässte).
Verbreitung: Überall, Schwerpunkt in warmen Lagen. Hauptauftreten im Frühling in Weingärten.
Häufigkeit: Häufig.
Herkunft: Einheimisch.

Besondere Merkmale: Obere Blätter ungestielt, umfassen mit ihrem Grund den Stängel; Blüten mit sehr schlanker Röhre, die weit aus dem Kelch herausragt.

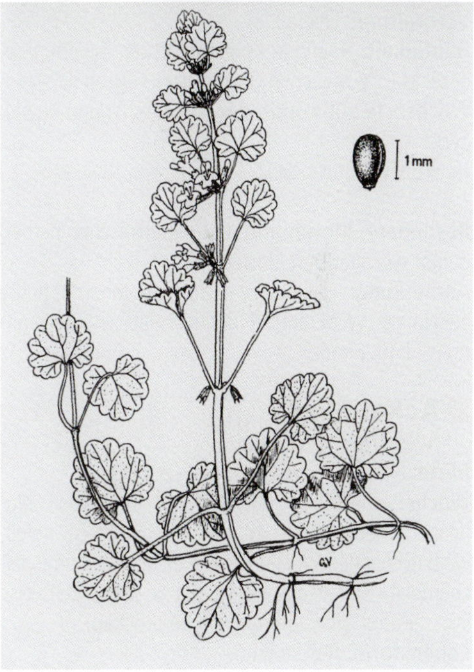

Gundelrebe

Ähnliche Arten: Der Bastard *(Lamium purpureum x L. amplexicaule = Lamium hybridum)* wird **Schlitzblatt-Taubnessel** genannt, weil die Blattzähne tief in das Blatt einschneiden. Die Blüten sind rosa. Sehr selten in feuchten Äckern in Tirol und Vorarlberg.

Gundelrebe (Gundermann)
Glechoma hederacea

Blüte: Violettblau; April – Juni.
Wuchs: Am Boden kriechend und an den Stängelknoten wurzelnd.
Lebensform: Ausdauernd; die oberirdischen Teile der Pflanze sterben im Herbst meist ab, es überwintern nur die Wurzeln mit den an der Erdoberfläche sitzenden Sprossknospen. Samen im Boden sehr langlebig.
Typ: Lückenkriecher.

Bedeutung in der Landwirtschaft: Konkurrenzschwach (2); nur in Sonderkulturen lästig.

Ansprüche: Feuchte- und Nährstoffzeiger (flachwurzelnd).
Verbreitung: Überall.
Häufigkeit: Häufig in krumenfeuchten Äckern, v. a. unter Mais; zuweilen in Gärten stark vertreten.
Wuchsorte außerhalb der Äcker: Ufer und Auwälder.
Herkunft: Einheimisch.

Besondere Merkmale: Charakteristischer herber, dumpf-würziger Duft (Zerreiben).
Anmerkung: Heilpflanze in der Volksmedizin; heute beliebt als „Wildkräuter-Frühlingssalat"; schwach giftig (v. a. für Pferde).

Acker-Minze
Mentha arvensis

Blüte: Hellviolett, winzig; Juni – Oktober.
Wuchs: Kriechende Pflanzen mit aufrechten blühenden Trieben (10 – 40 cm) und bis 40 cm tiefen, weitkriechenden Wurzeln sowie dickfleischigen (speichernden) Stängelausläufern (kann damit zeitweise Wasser- und Nährstoffmangel überbrücken).
Lebensform: Ausdauernd.
Typ: Unverwüstlich.

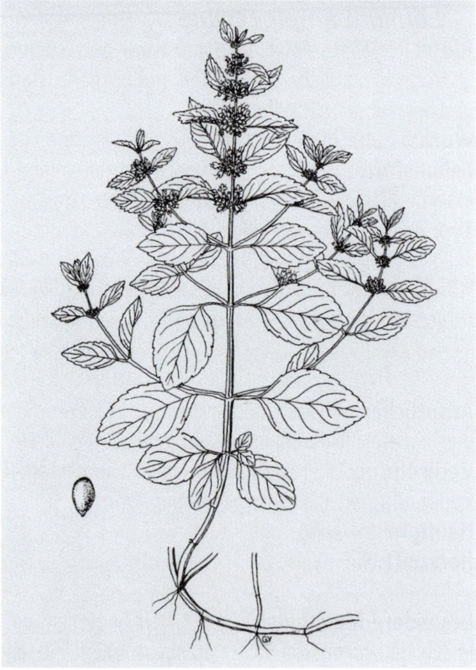

Acker-Minze

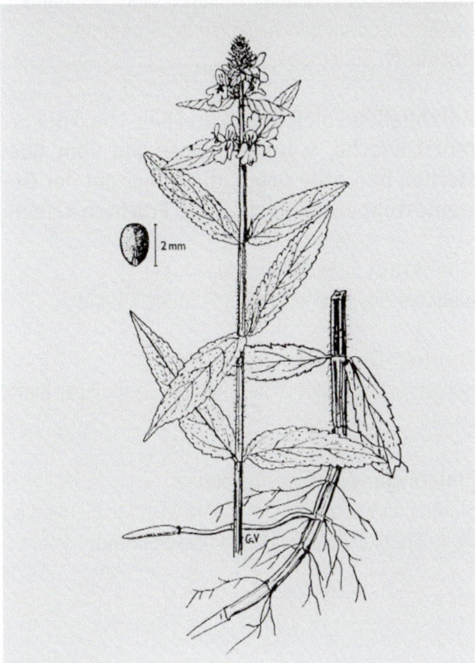

Sumpf-Ziest

Bedeutung in der Landwirtschaft: Konkurrenzkraft mittel (3); in den letzten Jahren in verschiedenen Gebieten Zunahme (z.B. in Mais).

Ansprüche: In Gebieten mit trockenem Klima Vernässungszeiger, in kühl-feuchtem Klima auch auf zeitweise austrocknenden Böden; bevorzugt saure Standorte.
Verbreitung: Überall, vor allem in höheren Lagen.
Häufigkeit: Zerstreut.
Wuchsorte außerhalb der Äcker: Nasswiesen, Sümpfe.
Herkunft: Einheimisch.

Besondere Merkmale: Formenreich; unverwechselbar durch den milden Minzen-Duft (mit etwas Zitronen-Aroma).
Ähnliche Arten: Andere Minzen (und Minze-Bastarde), die jedoch kaum jemals in Äckern auftreten.
Anmerkung: Wird nicht als Heilpflanze verwendet, doch für aromatischen Minze-Tee durchaus geeignet.

Sumpf-Ziest
Stachys palustris

Blüte: Rosaviolett mit weißen Malen, außen behaart; Juni – September.
Wuchs: Aufrecht, 30 – 100 cm, mit unterirdischen (speichernden) Stängelausläufern; Tiefwurzler.
Lebensform: Ausdauernd.
Typ: Unverwüstlich.

Bedeutung in der Landwirtschaft: Konkurrenzkraft mittel (3); selten massenhaft, jedoch Verbreitung auf entsprechenden Standorten zunehmend.

Ansprüche: Vernässte, luftarme, eher saure Böden (im feuchten Klima auch auf trockeneren Standorten).
Verbreitung: Überall.
Häufigkeit: Zerstreut.
Wuchsorte außerhalb der Äcker: Ufer, Nasswiesen.
Herkunft: Einheimisch.

Besondere Merkmale: Charakteristischer dumpfer Ziest-Geruch; ausdauernd: kräftige unterirdische Organe im Unterschied zum Hohlzahn oder der Taubnessel (die einjährig sind).

Gelber Günsel

Gelber Günsel (Acker-Günsel)

Ajuga chamaepitys

Blüte: Gelb; Mai – September.

Wuchs: Stängel oft verzweigt und niederliegend; selten länger als 10 cm.

Lebensform: Sommer-einjährig (oder überwinternd bis mehrjährig).

Typ: Anspruchslose Begleiter.

Bedeutung in der Landwirtschaft: Konkurrenzkraft sehr gering (1); Wärmekeimer; optimale Entwicklung auf der Stoppel.

Ansprüche: Mittelmeerpflanze, im pannonischen Raum auf allen (ausgenommen ausgesprochen nassen) Böden; nach Westen bzw. mit zunehmend kühlerem Klima Zeiger für kalkreiche Böden.

Häufigkeit: Im pannonischen Raum zerstreut, war schon vom Aussterben bedroht, durch Schutzmaßnahmen (Ökostreifenprogramme und Brachen) wieder zunehmend.

Wuchsorte außerhalb der Äcker: Acker-Brachen (mit schütterer Vegetation!) sind optimal zur Erhaltung der Art aufgrund der Magerkeit der Standorte.

Herkunft: Südeuropa.

Anschließend gleich noch drei hübsche, konkurrenzschwache, wärmeliebende und vom Aussterben bedrohte Arten, die früher auf der Getreidestoppel zum Blühen und Fruchten kamen:

Gliedkraut *Sideritis montana*
Blüte winzig, zitronengelb mit braunem Rand.

Trauben-Gamander *Teucrium botrys*
Blüten rosa-purpurn ohne Oberlippe, auffälliger Blattschnitt.

Einjähriger Ziest *Stachys annua*
Blüten blassgelb; war früher eine wichtige Bienenweide im Spätsommer bis Herbst (Wusperkraut).

Gliederkraut

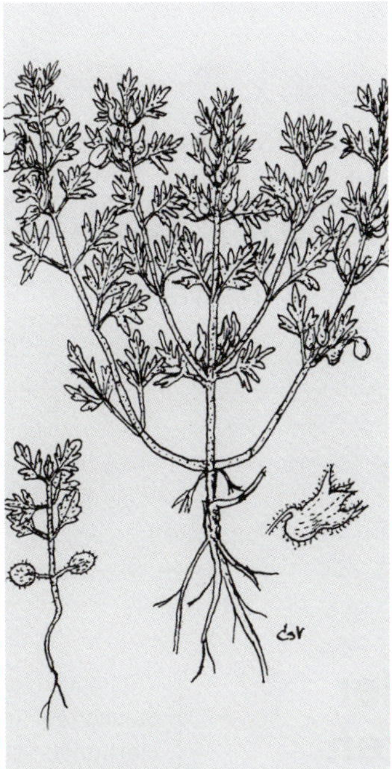

Trauben-Gamander

Einjähriger Ziest

Familie

Malvengewächse

Malvaceae

Sozusagen nur die Ausläufer dieser riesigen tropischen Familie, zu der auch Holzgewächse wie die Baumwolle gehören, kommen bei uns vor, und auch von diesen wenigen sind die meisten nicht einheimisch und können nur unter dem Schutz des Menschen hier überleben. Wegen ihrer auffälligen Blüten mit dem zentralen „Springbrunnen" aus Staubblättern sind Arten der Familie als Zierpflanzen bekannt und beliebt. Außerdem werden sie seit alters her wegen ihres hohen Gehaltes an Schleim als Mittel gegen Husten und Entzündungen (Eibisch), aber auch als Gemüse (Malven, Okra) verwendet.

Beschreibung der wichtigsten Arten

Weg-Malve (Kleine Käsepappel)
Malva neglecta

Blüte: Hellrosa, Mai – Oktober.
Wuchs: Niederliegend, auf dem Boden ausgebreitet, Stängel bis 50 cm lang.
Lebensform: Sommer-einjährig, außerhalb der Äcker und an geschützten Standorten auch mehrjährig.
Typ: Anspruchsvolle Kleine.

Bedeutung in der Landwirtschaft: Konkurrenzschwach (2); nur in Gärtnereien von Bedeutung; wird von einigen neueren Herbizidgruppen nur ungenügend erfasst.

Ansprüche: Sehr anspruchsvoll gegenüber der Versorgung mit Nährstoffen (gilt als „Stickstoffzeiger und Ammoniakpflanze"), unempfindlich gegenüber Trockenheit.
Verbreitung: Überall.
Häufigkeit: Selten.
Wuchsorte außerhalb der Äcker: „Dorfpflanze", d.h. Begleiter menschlicher Siedlungen: Wächst bevorzugt am Fuß von Mauern und Zäunen sowie an Wegrändern und ist heute wegen Versiegelung dieser Standorte selten geworden.
Herkunft: Mittelmeerraum, aber schon seit undenklichen Zeiten als Gemüse und Heilpflanze bei uns.

Besondere Merkmale: Unverwechselbar: Blattform, Blüten, Früchte wie Brotlaibe, die radial in Segmente zerfallen.
Ähnliche Arten: Von anderen kleinen Malven, die aber sehr selten sind und nicht als „Unkräuter" auftreten, nur durch Fruchtmerkmale sicher zu unterscheiden. Das gleiche gilt für die **Wild-Malve** (Große Käsepappel, M. sylvestris). Sie hat allerdings normalerweise viel größere Blüten, deren Blätter an der Spitze tief eingebuchtet sind, und wächst aufrecht. Auch sie ist heute bei uns selten geworden und tritt nur gelegentlich und vereinzelt in Ackerland auf.

Stundenblume
Hibiscus trionum

Blüte: Sehr hübsche gelbe Trichterblüten mit dunkelpurpurnem bis schwarzviolettem Mittelfleck, Juni – August. Der Name der Art bezieht sich darauf, dass die Blüten schon am frühen Nachmittag wieder verwelken.
Wuchs: Aufrecht, breit verzweigt, 10 – 30 cm.
Lebensform: Sommer-einjährig.
Typ: Anspruchsvolle Kleine.

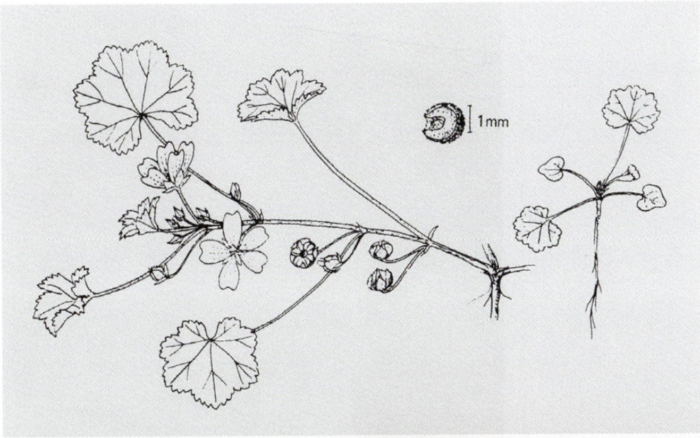

Weg-Malve (Kleine Käsepappel)

Bedeutung in der Landwirtschaft: Sehr konkurrenzschwache (1) Rarität in Hackfruchtäckern und Weingärten des pannonischen Gebietes; heute vom Aussterben bedroht.

Besondere Merkmale: Blüten groß (Blütenblätter 2 cm lang); Kelch mit auffallenden dunkelpurpurnen Nerven, zur Fruchtzeit aufgeblasen, pergamentartig durchscheinend. Die zottige Kapsel bleibt im Kelch eingeschlossen (zerfällt also nicht in Teile wie bei den Malven), öffnet sich bei der Reife und entlässt die Samen; sehr charakteristisch ist auch die Blattform.

Samtpappel
Abutilon theophrasti

Blüte: Gelb.
Wuchs: Aufrecht, 50 – 100 (150) cm.
Lebensform: Sommer-einjährig.
Typ: Kraftlackel (Zuordnung unsicher).

Bedeutung in der Landwirtschaft: Sehr konkurrenzstark (5); Samen mit unterschiedlicher Keimruhe, lange im Boden lebensfähig, Keimung und Auflaufen auch in / aus größeren Bodentiefen, zeitlich stark verlängerte Auflaufperiode; durch mechanische und chemische Bekämpfungsmaßnahmen teilweise nicht erfasst; derzeit noch keine herbizidresistenten Typen in Österreich beobachtet.

Ansprüche: Wärmebedürftig; bevorzugt feuchte, gut mit Nährstoffen versorgte Böden.
Verbreitung: Ursprünglich in allen östlichen und südlichen Bundesländern gelegentlich (vermutlich mit Vogelfutter und / oder verunreinigtem Saatgut) eingeschleppt; mittlerweile regional kleinflächig etablierte Unkrautart.
Häufigkeit: Ursprünglich selten, vereinzelt; regional seit wenigen Jahren deutliche Zunahme.
Herkunft: Östlicher Mittelmeerraum.

Besondere Merkmale: Pflanze stark behaart (Name!); Blüten kleiner als die der Stundenblume (Blüten-

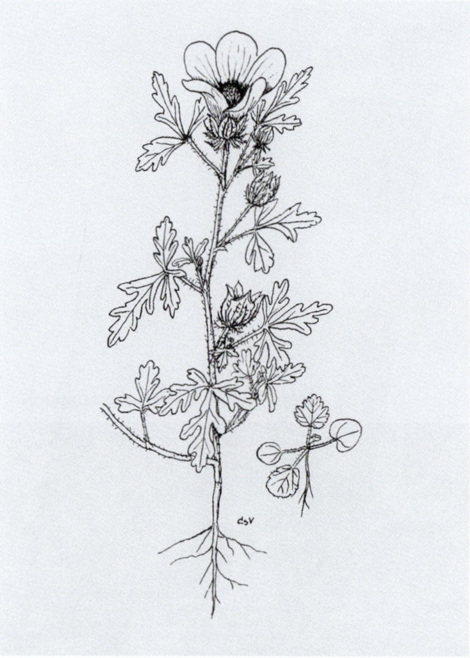

Stundenblume

Samtpappel

Im Knospenzustand eingedrehte Blütenblätter (bei allen Malvengewächsen)

blätter 7 – 13 mm lang), ohne Außenkelch; Früchte schwarz und behaart, fallen nicht ab, sondern platzen an der Pflanze auf und entlassen die Samen.

Anmerkungen: Als Zierpflanze in Töpfen kultiviert.

Samtpappel

Familie

Mohngewächse

Papaveraceae

Der Kulturmohn oder Schlafmohn ist wegen seines Gehaltes an verschiedensten Alkaloiden, die einerseits von größter medizinischer Bedeutung sind (Morphin, Codein), andererseits als Rausch- und Suchtgift (Opium = getrockneter Milchsaft, Heroin = Laborprodukt) heute weltweit missbraucht werden, eine berühmt-berüchtigte Pflanze. Dabei wird er schon seit der Steinzeit wegen seiner ölreichen Samen angebaut und ist eine sehr schöne Pflanze, aus der manche Ziersorten (z.B. der Pfauenmohn) hervorgegangen sind.

Beschreibung der wichtigsten Arten

Obwohl es einige Mohn-Arten bei uns gibt, wird es kaum jemals falsch sein, wenn man zu einem Wildmohn im Acker von vornherein Klatsch-Mohn sagt, da die anderen Arten der Gattung sehr selten sind. Dass immer wieder **„Saat-Mohn"** *(P. dubium)* als häufig bezeichnet wird, kommt daher, dass die Kapseln des **Klatsch-Mohns** *(P. rhoeas)* meist fast kugelig dargestellt werden. Tatsächlich können sie auch recht schlank sein. Entscheidend ist nicht die Form der Kapsel, sondern, ob sie unten abgerundet ist *(P. rhoeas)* oder allmählich in den Stängel übergeht *(P. dubium agg.)*. Andere Merkmale sind komplizierter. Am ehesten ist noch die Farbe des Blütenstaubs zur Unterscheidung geeignet: *P. rhoeas* graugrün, *P. dubium* gelb. Die Stängel sind übrigens beim Klatsch-Mohn meist mit steifen, abstehenden Haaren bestückt, die auffällig rot werden können. Bei den anderen Mohn-Arten sind die Haare hingegen angepresst, zumindest im oberen Teil des Stängels.

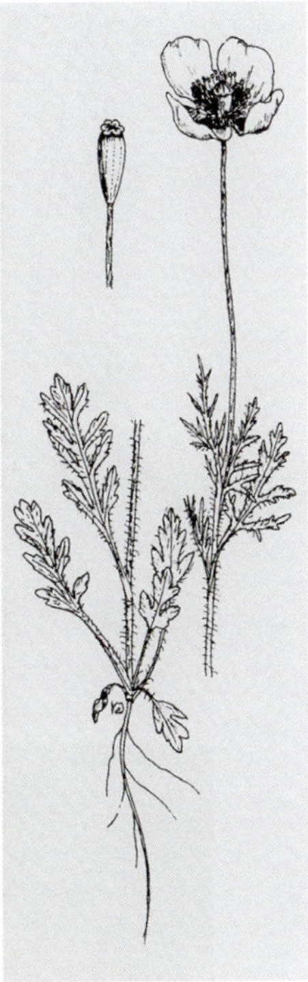

Schmalkopf-Mohn („Saat-Mohn")

Die Doppelgänger des Klatsch-Mohns kann man schon an den Blättern gut von diesem unterscheiden: Die **Schmalkopf-Mohne** („Saat-Mohne") haben zartere, feiner eingeschnittene, hell-graugrüne Blätter mit ausgesprochen regelmäßiger Blattform (die nicht so variabel ist), der **Sand-Mohn** besitzt ganz zarte Blätter.

Doch, wie gesagt, in fast allen Fällen wird es der Landwirt mit dem Klatsch-Mohn zu tun bekommen und kann getrost diesen Namen verwenden.

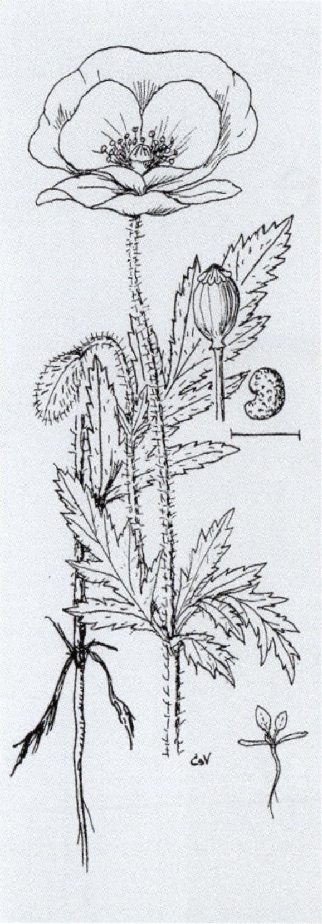

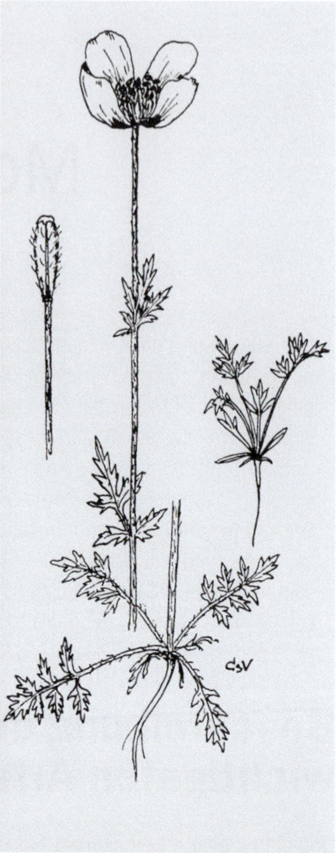

Klatsch-Mohn (Mohnblume)

Sand-Mohn

Klatsch-Mohn (Mohnblume)

Papaver rhoeas

Blüte: Rot (mit oder ohne dunkle „Male"); Mai – Juli.

Wuchs: Meist steif aufrecht; (5) 30 – 70 cm (sehr plastisch).

Lebensform: Überwinternd-(sommer-)einjährig; Kältekeimer.

Typ: ± Steppenblume (mit Piooniercharakter, d.h. anpassungsfähiger).

Bedeutung in der Landwirtschaft: Konkurrenzkraft mittel (3); starke Verbreitung bes. in Ostösterreich durch Ausbreitung des Rapsanbaues, aber kaum Probleme bei der Bekämpfung.

Ansprüche: Bevorzugt optimal mit Wasser versorgte, lehmige Böden; pH-indifferent; wärmeliebend, in kühlen Klimalagen (Gebirge, Waldviertel) Kalkzeiger.

Verbreitung: Fast überall.

Häufigkeit: Mäßig häufig, v.a. in Wintergetreide und Raps; unter bestimmten Bedingungen dominierend in einjährigen Brachen.

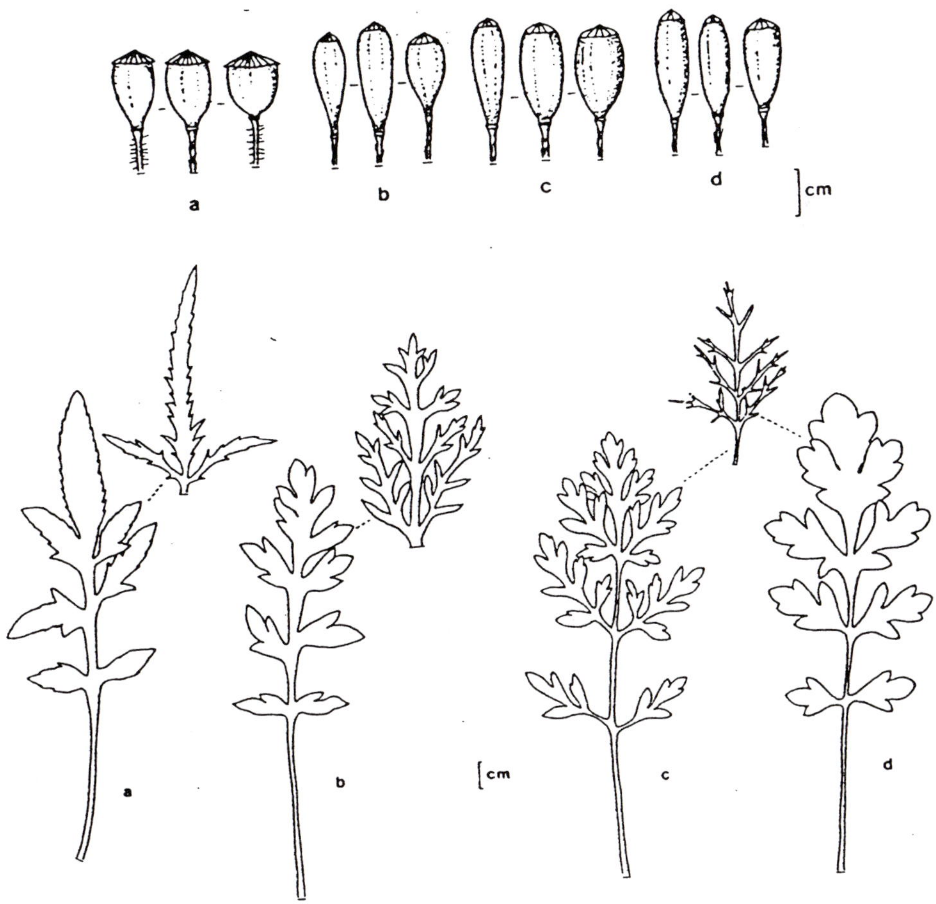

Kapseln und Blätter vom Klatsch-Mohn (a) und drei Unterarten des Schmalkopf-Mohns b: *dubium*, c: *confine* und d: *austromoravicum*. (Zeichnungen Elvira Hörandl)

Wuchsorte außerhalb der Äcker: Außerhalb der Äcker meist nur vorübergehend (dort, wo Ackererde aufgeschüttet wurde).
Herkunft: Unsicher, Vorfahren vielleicht in Süd(west)-europa beheimatet (Grus- und Felsschutt-Pionierpflanzen).

Besondere Merkmale: Stängel unter der Blüte bzw. unter der Kapsel mit abstehenden Haaren (außer bei der seltenen Varietät *strigosum*), Blüten leuchtend „mohnrot", Kapsel halbkugelig bis halbellipsoid, jung mit „Chinesenhütchen", Endabschnitt der Blätter mit gesägtem Rand und größer als die Seitenabschnitte.

Naturschutz: Durch intensive Landwirtschaft in vielen Gegenden Mitteleuropas scheinbar selten geworden, dürfte aber immer noch in der Samenbank vieler Ackerböden vorrätig sein.

Anmerkung: Vielleicht schwach giftig (?); Heilpflanze (Volksmittel): schwach beruhigend, Hustenmittel, Stoffwechseltee, Blütenblätter zur Verschönerung von Tee.

Schmalkopf-Mohn-Gruppe *Papaver dubium* agg.
Die Schmalkopf-Mohne sind ein polyploider Formenschwarm, der mit dem Klatsch-Mohn nicht näher verwandt ist und sich meist durch Selbstbefruchtung fortpflanzt – der Pollen bestäubt die Narben schon in der geschlossenen Knospe. Die daraus entstehenden Nachkommen sehen haargenau so aus wie die Mutterpflanzen. Kommt es doch einmal zu einer Fremdbestäubung, so entsteht eine neue, etwas andere Form, die sich dann wieder durch Selbstbestäubung und daher weiterhin ganz gleichförmig vermehrt. Der dadurch entstehende Formenreichtum ist schwer zu kategorisieren. Dies ärgert die Botaniker, und daher nennen sie diesen Mohn „kritische Art", wobei sie allerdings übersehen, dass nicht die Pflanzen „dubios" sind, sondern die Idee, dass alle Lebewesen in ein vorgefertigtes Schubladensystem passen müssen.

Zur Aufmunterung wollen wir nun noch erwähnen, dass die Mohne dieser Gruppe zu unserer Unterhaltung auch insofern beitragen, als ihr Milchsaft gefärbt sein kann (vor allem weiß oder gelb, so bei *austromoravicum*) und / oder sich beim Trocknen verfärbt, also z. B. rot werden kann. – Ausprobieren!

Der zuletzt genannte blüht übrigens meist weiß, selten dunkelrot, in beiden Fällen mit dunklem Grundfleck. Bei den Kapseln ist vor allem zu beachten, dass die des Klatsch-Mohns auch recht schlank sein können, aber doch eine andere Form haben als die der Schmalkopf-Mohne. Außerdem haben sie meist ein etwas überragendes Chinesenhütchen (die „Narbenscheibe"). Da sie in den meisten Büchern fast kugelig dargestellt werden, so auch in unserer großen Zeichnung – genau genommen sind sie halbkugelig bis halb-ellipsoid –, kommt es oft zu Verwechslungen und daher wird der Schmalkopf-Mohn öfter auch als Ackerunkraut angegeben (daher rührt auch sein irreführender Name „Saat-Mohn"). Tatsächlich hat er als Unkraut keine Bedeutung.

Der **Sand-Mohn** *(Papaver argemone)* ist ein zarter Vertreter der Gattung, der nur ganz wenige Dezimeter hoch wird. Er hat einige originelle Merkmale: eine schmal keulenförmige Kapsel, die mit abstehenden Borsten besetzt ist, und keulenförmige Staubblätter. Seine Blüten sind klein und dunkelrot. Das konkurrenzschwache Ackerwildkraut ist sehr selten geworden, am ehesten findet man es auf sauren, nährstoffarmen Böden unter Winterrogen.

Die exzellenten Zeichnungen stammen von Frau Dr. E. Hörandl und sind mit ihrer Genehmigung – herzlichen Dank! – aus ihrer Studie „Systematik und Verbreitung von Papaver dubium L. s.l. in Österreich", Linzer biol. Beitr. 26/1, S. 407, entnommen worden. Auch manche Information in diesem Text kommt aus dieser Publikation.

Familie

Nachtkerzengewächse

Onagraceae

Die bekanntesten Pflanzen aus dieser Familie sind wohl die aus Süd- und Mittelamerika stammenden Fuchsien. Die Nachtkerzen-Arten stammen ebenfalls aus Amerika, allerdings eher aus dem Norden des Kontinents. Einige wenige zweijährige Pionierpflanzenarten der Gattung kamen im 17. Jh. nach Europa. Auf Grund eines speziellen Fortpflanzungsmechanismus entstanden erst hier, in der neuen Heimat, eine Reihe von neuen Arten. Dieser Prozess ist noch im Gange, sodass Nachtkerzen schwer zu bestimmen sind. Man findet sie häufig auf offenen Stellen an eher trockenen Standorten wie Sandgruben, Steinbrüchen und Straßenböschungen. Einige Arten sind auch als Zierpflanzen beliebt. Ihre gelben Blüten öffnen sich abends und blühen bis in den kommenden Vormittag hinein (Nachtfalterblüten). Zu dieser Familie gehört auch die Gattung Weidenröschen mit etwa 20 bei uns vorkommenden Arten.

Weidenröschen
Epilobium spp.

Schmalblättriges Weidenröschen

Ausdauernde Pflanzen, die vor allem in feuchtem Gelände, an Ufern, in Gräben und auf schweren, feuchten Böden auch in Ackerland, vor allem in Brachen, häufig zu finden sind. Mit ihren sehr weit fliegenden Samen können sie offene Bodenstellen rasch besiedeln. Die wegen ihrer hübschen großen Blüten und ihrer weiten Verbreitung bekannteste Art ist das **Schmalblättrige Weidenröschen** *(Epilobium angustifolium)*. Es wächst auch auf ausgesprochen trockenen, aber kalkfreien Böden und kann vor allem auf Waldschlägen große Bestände bilden. Die Arten mit kleinen Blüten sind für Laien nicht leicht zu unterscheiden – sogar der Fachmann tut sich hier gelegentlich schwer, da Hybriden nicht selten vorkommen. In Äckern können sie gelegentlich auftreten (nachgewiesen ist: E. roseum, außerdem zu erwarten v.a. eine amerikanische Art E. *ciliatum*), wenn die Bodenbedingungen passen, so vor allem in der Steiermark (Mais, Feldgemüse, Kürbis und andere Hackfrüchte, Obstgärten, Gartenbau) und in Tirol (Obstgärten); sie sind aber bisher wegen ihrer geringen Größe (meist unter 1 m) und Schwachwüchsigkeit nicht als Problemunkräuter anzusehen. Weitaus größer ist ihre Bedeutung als Heilpflanzen. Seit Jahrzehnten genießen sie in der Volksmedizin als „Männerkraut", genauer als Mittel gegen leichte Prostataerkrankungen (benigne Prostatahyperplasie) großes Ansehen, eine Indikation, die inzwischen auch wissenschaftlich bestätigt worden ist.

Familie

Nachtschattengewächse

Solanaceae

Die Gewächse mit dem düsteren Namen sind eine „Alkaloidfamilie" (wie die Mohngewächse). Hauptverbreitungsgebiet sind die Tropen und Subtropen. Die wenigen Arten, die bei uns vorkommen, sind wegen ihrer Giftigkeit berühmt-berüchtigt, vor allem die Tollkirsche. Auch der – übrigens noch viel giftigere – Tabak gehört in diese Verwandtschaft. Es mag daher vielleicht überraschen, dass eine ganze Reihe von Solanaceen (bei der Vollreife) alkaloidfreie Beeren ausbildet, die für die menschliche Ernährung gut geeignet sind (Tomate, Paprika, Melanzani). Auch die unterirdische Stängelknolle der Kartoffelpflanze ist ja im reifen und gesunden Zustand weitgehend alkaloidfrei.

Beschreibung der wichtigsten Arten

Schwarzer Nachtschatten
Solanum nigrum

Blüte: Blüten weiß, Juli – Oktober.
Wuchs: Aufrecht, breit ausladend verzweigt, 10 – 50 (100) cm hoch.
Lebensform: Sommer-einjährig; Spätkeimer.
Typ: Anspruchsvolle Kleine.

Bedeutung in der Landwirtschaft: Konkurrenzkraft mäßig (2 – 3); Hackfrüchte; in einigen Regionen Kärntens, der Steiermark und Oberösterreichs stark in Mais, Sojabohne usw. verbreitet; sonst eher vereinzelt; Massenauftreten in Silomais kann unangenehm werden, da die Pflanzen schwach giftig sind (s. Anmerkungen); verheerend als Unkraut in Erbsenkulturen, weil die grünen Beeren die Ernte verderben; wird von verschiedenen Herbiziden nur ungenügend erfasst; triazinresistente Typen aus Oberösterreich bekannt.

Ansprüche: Anspruchsvoll: auf mäßig trockenen (ausgedehntes Wurzelsystem) bis gut mit Wasser versorgten, nährstoffreichen, garen Böden.

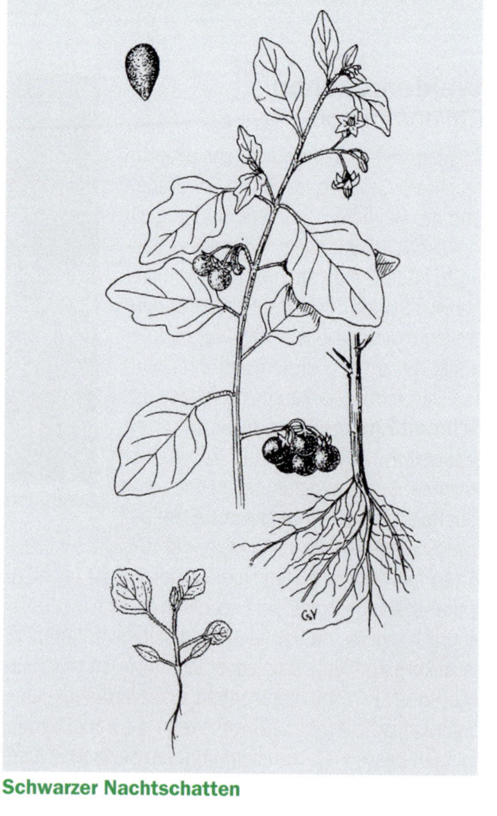

Schwarzer Nachtschatten

Schwarzer Nachtschatten

Verbreitung: Sehr weit verbreitet, Optimum (und stärkstes Auftreten als Ackerunkraut) in wärmeren Lagen.
Häufigkeit: Häufig.
Wuchsorte außerhalb der Äcker: Schutthaufen, Hecken, Baumscheiben.
Herkunft: Unbekannt, heute weltweit verbreitet.

Besondere Merkmale: Blätter und Stängel auffällig dunkelgrün; reife Beeren schwarz.
Ähnliche Arten: Seltene Nachtschatten-Arten mit gelben oder orangeroten Beeren, die aber kaum in Äckern auftreten.
Weitere Solanum-Arten: In jüngster Zeit tauchten vereinzelt in Südösterreich weitere Solanum-Arten (sogar solche mit stacheligen Blättern) in Mais und Sojabohne auf, die bisher in Äckern nicht zu finden waren (v. a. Solanum rostratum, eventuell auch Solanum carolinense, beide aus Nordamerika; Giftpflanzen!).

Anmerkung: Die Giftigkeit scheint nicht ganz geklärt (Rassen?); die Pflanze ist jedenfalls giftig, die vollreifen(!) Beeren sind allerdings vielleicht sogar ungiftig (es gibt Kultursorten, aus denen Marmelade und Kompott gemacht wird, „huckleberry"); manche Autoren vertreten die Ansicht, dass der Nitratgehalt (bei Reduktion zu Nitrit), der je nach Standort und Düngung sehr hoch sein kann, gefährlicher sei als der an Alkaloiden und Saponinen; jedenfalls ist bei höheren Mengen an Schwarzem Nachtschatten im Futter Gefahr gegeben!

Anschließend müssen wir noch jeweils eine Art dreier weiterer, hochgiftiger Gattungen erwähnen, die gelegentlich als Unkräuter auftreten können. Es gibt ganze Bücher, die sich mit diesen gefährlichen „Hexendrogen" beschäftigen. Leider können wir dies aus Platzgründen hier nur kurz tun.

Stechapfel
Datura stramonium

Blüte: Bis 7 cm lange, weiße Trompetenblüten, die sich erst nachts ganz öffnen und intensiv duften (Nachtfalterbestäubung); Juli – Oktober.
Wuchs: Aufrecht, oben breit ausladend verzweigt, 30 – 100 (vereinzelt bis 250) cm, sehr plastisch; bei üppiger Entwicklung (guter Boden, keine Konkurrenz) auch breite Riesenbüsche bis 250 cm Höhe.
Lebensform: Sommer-einjährig; Spätkeimer (Mai).
Typ: Kraftlackel.

Stechapfel

Bedeutung in der Landwirtschaft: Sehr konkurrenzstark (4 – 5), vor allem in Mais problematisch; nahm in einigen Regionen Österreichs in den letzten Jahren stark zu.

Ansprüche: Hoher Nährstoffgehalt, gute Wasserversorgung, warmes Klima.
Verbreitung: Nur in tiefen, warmen Lagen.
Häufigkeit: Zerstreut bis selten.
Wuchsorte außerhalb der Äcker: Müllplätze, Schutthaufen.
Herkunft: Mexiko; als Heilpflanze im 16. Jh. zu uns gekommen, dann vielfach als Rauschgift missbraucht; heute weltweit verschleppt.

Besondere Merkmale: Blätter beim Drücken unangenehm riechend.
Ähnliche Arten: Blattform ähnelt etwas der des Bastard-Gänsefußes.
Anmerkung: Sehr giftig.

Bilsenkraut
Hyoscyamus niger

Pflanze 20 – 80 cm hoch, auffällig lang behaart, klebrig; Blüten blassgelb, violett geädert; überwinternd-einjährig bis sommer-einjährig, uralte Heilpflanze und gefährliches Rauschgift; Samen wie beim Stechapfel (und anderen Nachtschattengewächsen) im Boden sehr langlebig, daher treten beide Arten immer wieder überraschend ganz sporadisch irgendwo auf; insgesamt selten, gelegentlich auf Äckern (Zuckerrübe, Sonnenblume, Mais, Sojabohne) im östlichen Österreich.

Experimente mit Bilsenkraut und Stechapfel (sowie den nahe verwandten Engelstrompeten) zur Verwendung als Rauschdrogen sind wegen der hohen Giftigkeit und der Unmöglichkeit, genau zu dosieren, lebensgefährlich.

Bilsenkraut in Maisacker (Seewinkel, Burgenland)

Bilsenkraut; Merkmal: langzottige, klebrige Behaarung

Giftbeere
Nicandra physalodes

Blüte: Glockig, hellblau (Zierpflanze), Frucht vom aufgeblasenen Kelch umhüllt. Sommer-einjährig, spätkeimend, hoch- und breitwüchsig (30 – 200 cm und mehr).

Herkunft: Peru; neuerdings lokal stärker in Maisäckern (in Österreich südliche Steiermark, vereinzelt auch in Oberösterreich) und auch in Kürbis. Zur Zeit noch kein ernstes Problem, möglicherweise zunehmend; konkurrenzstark.

Typ: Wärmeliebende Riesen.

Giftbeere

Giftbeere in Mais

Familie

Nelkengewächse

Caryophyllaceae

Die Mitglieder dieser Familie sind leicht an ihren fünf Blütenkronblättern und den einfach gebauten Blättern zu erkennen, die immer in Paaren am Stängel stehen, wobei jeweils das nächste Paar um 90° verdreht ist. Wegen ihres Gehaltes an Saponinen und anderen (schwach) giftigen chemischen Verbindungen enthält die Familie einige Heil- (Bruchkraut) und Giftpflanzen (Kornrade). Viele Nelkengewächse sind wegen ihrer schönen, bunten Blüten als Zierpflanzen beliebt. Auch unter den Unkräutern gibt es, oder, richtiger, gab es einige „Zierden der Äcker", wie etwa die **Kornrade** oder die **Kuhnelke.** Beide sind heute in Mitteleuropa praktisch ausgestorben, feiern aber soeben ein Comeback als Kult(ur)pflanzen falsch verstandenen Naturschutzes bzw. erstere als potentielle Nutzpflanze.

Beschreibung der wichtigsten Arten

Unkräuter (d.h. Arten, die schädlich werden können)

Vogelmiere (Hühnerdarm)

Stellaria media s.str.

Blüte: Weiß, Blütenblättchen 3 – 5 mm lang – manchmal fehlend (Selbstbestäuber); Staubblätter purpurn; blüht ganzjährig, sogar im Winter (dann Selbstbestäubung).

Wuchs: Stängel 5 – 25 cm; zart, weich, zuerst aufrecht, bald auf den Boden sinkend und an den Knoten wurzelnd (schwer zu jäten); flaches, aber reich verzweigtes Wurzelsystem.

Lebensform: Einjährig; Hauptkeimzeiten Herbst und Frühling; Oberflächenkeimer; kommt in wenigen Wochen von der Keimung bis zur Samenreife; Pflanze lebt aber weiter und produziert Samen, bis Ernte, Bodenbearbeitung oder Dürre sie abtötet; Frost schadet ihr nicht.

Typ: Frühreife.

Bedeutung in der Landwirtschaft: Konkurrenzkraft mittel (3); wertvoller Bodendecker (z.B. in Weingärten); unter Umständen (feuchte Witterung, konkurrenzschwache Kultur) lästiger Konkurrent, da die Pflanzen wegen ihrer raschen Entwicklung viel Wasser und Nährstoffe aufnehmen; im Gemüsebau; in bestimmten Fällen in Winterraps und Wintergerste; es gibt unterschiedliche Typen mit deutlichen Empfindlichkeitsunterschieden gegenüber einigen herbiziden Wirkstoffen.

Ansprüche: Anspruchsvoll: Im Krumenbereich gut mit Nährstoffen sowie Wasser versorgter und gleichzeitig gut durchlüfteter Böden; bevorzugt Halbschatten.

Verbreitung: In allen Ackerbaulagen und -gebieten (in Trockengebieten auf den Frühling beschränkt).

Häufigkeit: Sehr häufig.

Einer der Gründe für den weltweiten Erfolg der Vogelmiere ist die Eigenschaft, viele Rassen mit unterschiedlichen Eigenschaften und Ansprüchen auszubilden. Die zwei Generationen (herbst- und frühlingsgekeimte), die pro Saison auf einer Fläche auftreten können, dürften zwei Rassen mit unterschiedlichen Temperaturansprüchen bei der Keimung sein.

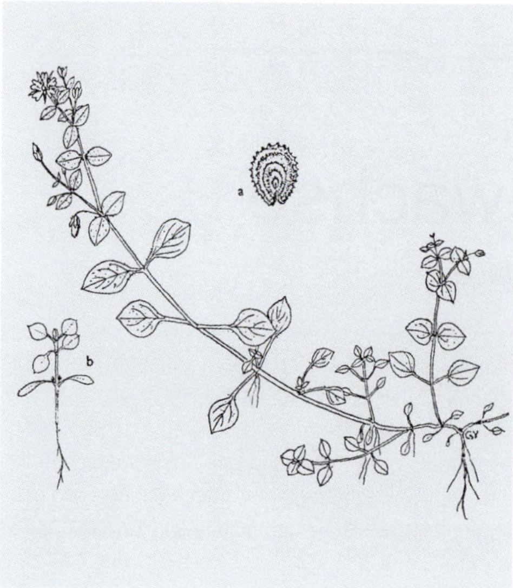

Vogelmiere

Eindeutiges Merkmal: der schmale Streifen Haare am Stängel

Wuchsorte außerhalb der Äcker: Erdhaufen, Gebüsch.
Herkunft: Heimisch.

Besondere Merkmale: Die Art ist einer der „Punks" im Pflanzenreich: ein einziger, schmaler Streifen Haare zieht sich am Stängel entlang und ist bei jedem Blattpaar um 90° verschoben. Dies ist ein sicheres Merkmal zur Unterscheidung von den vielen anderen zarten Nelkengewächsen mit weißen Blütchen.

Ähnliche Arten:
Die **Großblütige Vogelmiere** *(Stellaria neglecta)* mit 5 – 7 mm langen Kronblättchen und (meist) 10 Staubblättern (leicht zu zählen: auffallend purpurrot) ist eine im Sommer blühende Auwaldpflanze.
Die kümmerliche **Bleiche Vogelmiere** *(Stellaria pallida)* ist nicht nur blassgrün, sie muss auch ohne oder mit sehr winzigen Kronblättchen auskommen, und ihre Staubbeutel sind nur graulila. Man findet sie zeitig im Frühling in Parkrasen, wo sie durch ihre helle Farbe auffällt.

Anmerkung: Volksheilpflanze, Wildsalat, Vogel- und Hühnerfutter.

Konkurrenzschwache Ackerwildkräuter, die eher als Zeigerpflanzen für saure Bodenbedingungen, aber kaum wegen ihrer Unkrautwirkung von Interesse sind

Viele Nelkengewächse sind wichtige Säurezeiger: In ihrem Stoffwechsel spielt (ähnlich wie bei den Knöterichgewächsen) Oxalsäure eine andere und größere Rolle als bei den meisten übrigen Pflanzen. Auf kalkhältigen Böden stehen sie vor einem Problem, da die aufgenommenen Kalziumionen sich mit den Oxalationen zu einer schwer löslichen Verbindung vereinigen. Die wertvolle Oxalsäure wird also in Kristallform gebunden und muss so laufend nachproduziert werden. Das bedeutet, dass diese Pflanzen auf kalkfreien Böden ein leichteres Leben haben und diese bevorzugen. Ein starkes Auftreten von Knäuel oder Spörgel zeigt daher verlässlich sauren Boden an. Die Konkurrenzkraft dieser kleinwüchsigen, auf das Ertragen extremer Böden (=stresstoleranter) angepasster Arten ist logischerweise gering, so dass sie nicht als „Unkräuter" bezeichnet werden können.

Knäuel *Scleranthus annuus*
Blüten grün, Wuchs niederliegend moosartig; Stängel derb, 5 – 10 cm; auf stark sauren, lockeren, sandig-grusigen, zur Austrocknung neigenden Böden.

Spörgel *Spergula arvensis*
Blüten weiß, 10 – 15 cm; nadelförmige Blätter in Quirlen; Pflanze zart, zerbrechlich; sommer-einjährig (keimt vor allem im Spätfrühling, daher gerne unter Kartoffeln); auf sauren, aber gut mit Feuchtigkeit versorgten Böden.
Üppigere Kultursorten als Gemüse und Futterpflanze.

Knäuel-Hornkraut *Cerastium glomeratum*
Blüten weiß, unscheinbar, dicht gedrängt (geknäuelt); Pflanze klein, aufrecht, 2 – 20 cm, gelbgrün, oft klebrig. Zeiger für (oberflächlich) vernässte, oft verdichtete, saure Böden.

Mastkraut *Sagina procumbens*
Sehr zartes, sternförmig niederliegendes Pflänzchen mit ganz unscheinbaren, winzigen weißen Blütchen, auf krumenfeuchten, sauren Böden.
Ausdauernd (an den Knoten wurzelnd), im Acker aber einjährig (d.h. durch Bodenbearbeitung vernichtet).

Sandkraut *Arenaria serpyllifolia*
Blüten weiß, sehr klein, Stängel derb, oft stark verzweigt, 5 – 10 cm; sehr trockenfest, auf entsprechenden Standorten oft massenhaft, aber ohne Konkurrenzwirkung.

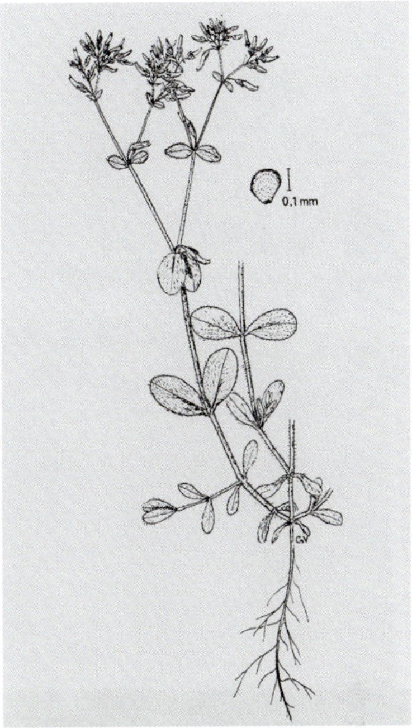

Knäuel-Hornkraut

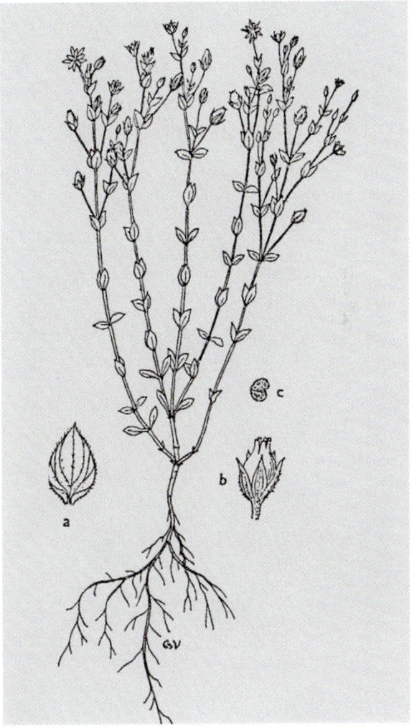

Sandkraut

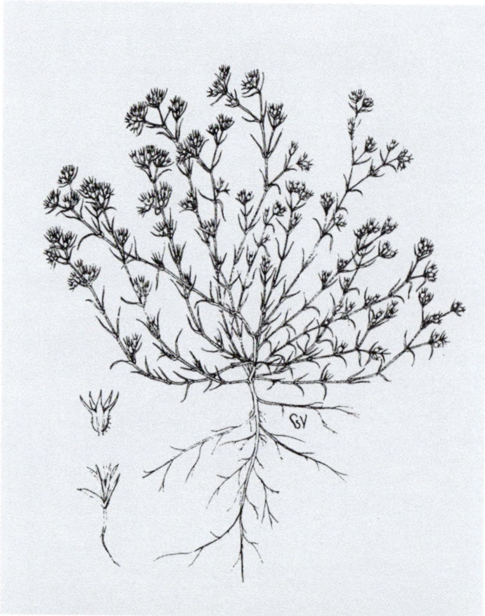

Knäuel

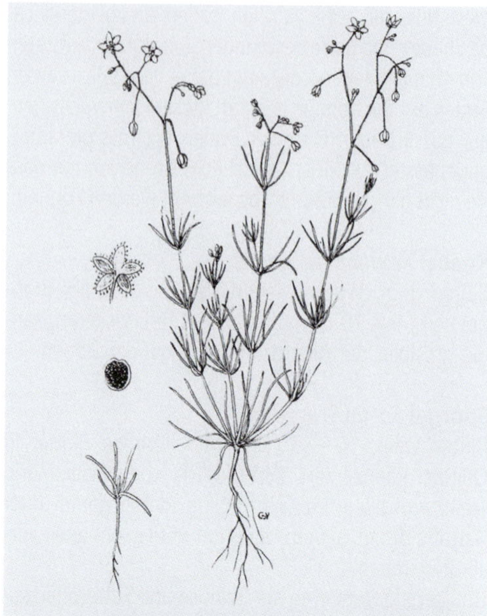

Spörgel

Mastkraut

Weitverbreitete Arten der Wiesen und Wälder, die nur gelegentlich in Äckern auftreten

Weiße Nachtnelke (Weiße Lichtnelke)

Silene latifolia (Silene alba, Melandrium album)

Blüte: Weiß (in manchen Gebieten auch hellrosa), groß (bis 3 cm); Blüten öffnen sich je nach Witterung oft erst nachmittags oder abends und duften dann intensiv (Nachtfalterbestäubung); es gibt männliche, weibliche und zwittrige Pflanzen (bei den beiden letzteren ist der Kelch aufgeblasen); Juni – Oktober.
Wuchs: Aufrecht, oft von unten schon breit verzweigt, 30 – 100 cm.
Lebensform: Meist überwinternd einjährig und langlebig, manchmal auch sommer-einjährig.
Typ: Unsicher, (Streuner?).

Bedeutung in der Landwirtschaft: Konkurrenzkraft mittel (3), aber langsamwüchsig und daher sehr selten Unkrautwirkung.

Ansprüche: Weite Amplitude, etwas wärmeliebend.
Verbreitung: Überall.
Häufigkeit: Besonders an Ackerrändern und im Feldfutterbau häufig; unter Getreide oft im Rosettenstadium; wird die Stoppel nach der Ernte nicht gleich gestürzt, so kann es zu einer Massenblüte kommen.

Weiße Nachtnelke

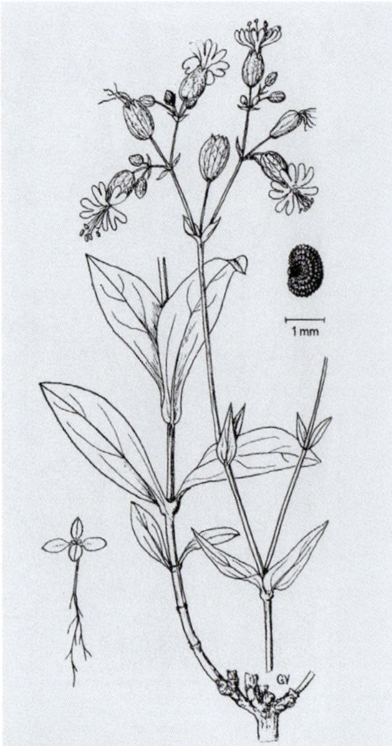

Klatschnelke

Wuchsorte außerhalb der Äcker: Wüste Plätze, Böschungen, Bahndämme, lückige Wiesen.
Herkunft: Vermutlich einheimisch; Begleiter des Menschen seit der Jungsteinzeit.

Besondere Merkmale: Unverwechselbar.

Anmerkung: Die saponinhältigen Wurzeln wurden (wie auch die anderer Nelkengewächse) früher für Heilzwecke und als Waschmittel verwendet.

Andere Arten der Gattung Silene, die gelegentlich in Äckern auftreten

Die ebenfalls sehr hübsche **Rote Lichtnelke** *Silene dioica* ist eine Wiesenpflanze kühl-feuchter Gebiete.

Die bekannte **Klatschnelke** (Taubenkropf) *Silene vulgaris*; (Blüten weißlich, Kelch aufgeblasen) ist eine ausdauernde Pionierpflanze, die sogar auf Bahnschotter oder in Steinbrüchen zu gedeihen vermag. Auch auf Ackerland kommt sie gelegentlich vor (besonders bei Egartwirtschaft), richtet aber keinen Schaden an. Ihre Blätter eignen sich übrigens gut als Spinat („Klescherlspinat").

Das **Gabelästige Leimkraut** *Silene dichotoma* mit weißen Blüten wächst steif aufrecht (30 – 70 cm). Der Blütenstand ist charakteristisch mehrfach gegabelt, in jeder Gabel sitzt zusätzlich eine einzelne Blüte. Die südosteuropäische Art wird vor allem mit Gras- und Luzernesaatgut eingeschleppt.

Das sehr hübsche **Kegelfrüchtige Leimkraut** und die **Acker-Nachtnelke** werden bei den vom Aussterben bedrohten Arten weiter unten beschrieben.

Gewöhnliches Hornkraut *Cerastium holosteoides* Blüten weiß, klein (Blütenblatt ca. 5 mm); ganze Pflanze samtig behaart, dunkelgrün, ausdauernd, mit auf dem Boden liegendem, wurzelndem Stängel, ca. 10 – 20 cm hoch. Bevorzugt auf schweren, gut mit Wasser versorgten Böden. Keine Schadwirkung.

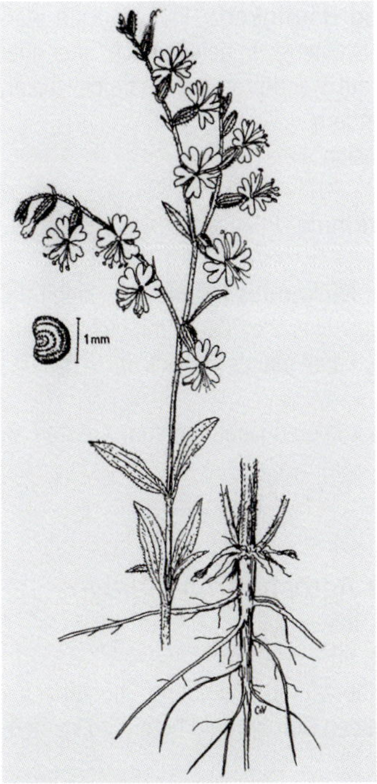

Gabelästiges Leimkraut

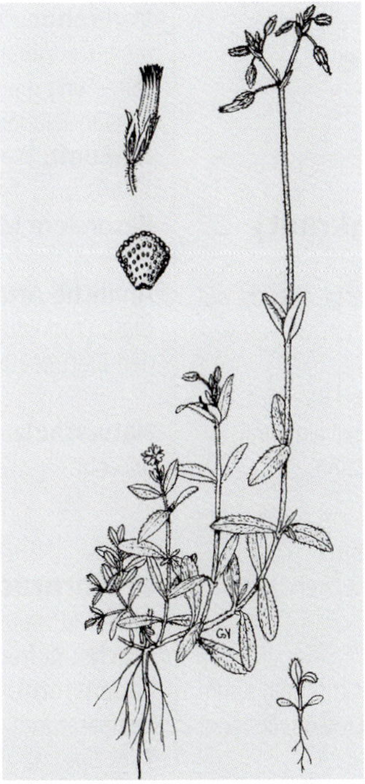

Gewöhnliches Hornkraut

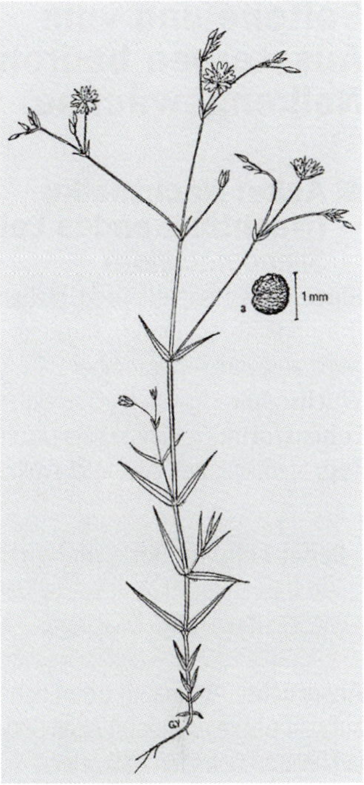

Gras-Sternmiere

Wassermiere

Anmerkung: Das **Acker-Hornkraut** *Cerastium arvense* kommt wegen seines Namens immer wieder in Unkrautbüchern, aber kaum in Äckern vor.

Wassermiere *Myosoton aquaticum*

Blüten weiß, ca. 1 cm; Stängel lang (20 – 50 cm), aber zerbrechlich, am Boden liegend oder an anderen Pflanzen kletternd; sehr feuchtigkeitsbedürftige, kräftige Miere an Ufern und in Auwäldern; gelegentlich auf nassen, nährstoffreichen Äckern.

Gras-Sternmiere *Stellaria graminea*

Blüten weiß, über 1 cm im Durchmesser; Stängel schlaff, oft am Boden liegend, kantig, kahl, 10 – 50 cm; Blätter schmal, „grasartig". Magerwiesenpflanze, ab und zu in Äckern mit saurem Boden, als Unkraut ohne Bedeutung.

Seltene und vom Aussterben bedrohte Nelkengewächse

Acker-Nachtnelke (Nachtblühendes Leimkraut) *Silene noctiflora*

Blüte: Blassrosa, Pflanzen blühen erst abends auf (Nachtfalterbestäubung), tagsüber sehen sie wie verwelkt aus; Juni – September.
Wuchs: Aufrecht, oben verzweigt, 15 – 30 cm.
Lebensform: Frühlingskeimer, sommer-einjährig.
Typ: Steppenkraut, Anspruchsvolle Kleine.

Bedeutung in der Landwirtschaft: Konkurrenzkraft gering (2); lokal in den letzten Jahren wieder stärker zu beobachten.

Ansprüche: Auf mäßig trockenen bis frischen, kaum auf sehr trockenen oder nassen Böden, wärmeliebend, in kühleren Gebieten Kalkzeiger.

Verbreitung und Häufigkeit: Häufig nur im warmen, trockenen Ostösterreich; gelegentlich, aber eher selten und meist auf Standorten außerhalb der Äcker, in allen Bundesländern.
Herkunft: Westasien.

Besondere Merkmale: Pflanze klebrig (Drüsenhaare).
Ähnliche Arten: **Nickendes Leimkraut** (vielblütig, Blüten nickend, ausdauernde Pflanze mit nichtblühenden Blattrosetten, kaum jemals in Äckern).

Naturschutz: In kühleren Gebieten vom Aussterben bedroht.

Kornrade *Agrostemma githago*

Blüte: Purpurrot, Juni – Juli.
Wuchs: Aufrecht, 50 – 100 cm.
Lebensform: Überwinternd-einjährig; beginnt bei Temperaturen um den Gefrierpunkt bereits zu keimen.
Typ: Spezialisten.

Acker-Nachtnelke

Kornrade

Bedeutung in der Landwirtschaft: Konkurrenzkraft mittel (3); heute extrem selten geworden, durch moderne Saatgutreinigung praktisch ausgerottet; ob sich die angeblich neu auftretenden Typen mit selbst ausstreuenden Kapseln (die dadurch nicht mehr darauf angewiesen sind, mit dem Saatgut angebaut zu werden) wirklich ausbreiten, bleibt abzuwarten; im (Winter-)Getreide war die Kornrade jedenfalls früher sicher eine zwar sehr hübsche, bei Massenauftreten aber lästige Pflanze; hohe Anteile der giftigen Samen im Mehl führten zu Vergiftungen; dies wäre heute kein Problem, da die Unkrautsamen vor dem Backen ohne weiteres entfernt werden können; die Kornrade ist eines jener Unkräuter, von dem positive Eigenschaften genützt werden sollen: So laufen seit Jahren vereinzelt Versuche über eine Stimulierung der Eiweißbildung im Weizenkorn, eine mögliche Wirkung gegen bodenbürtige Nematoden, die Eignung als Gründüngungspflanze oder als Bienenweide.

Kornrade (Kapseln) und Roggentrespe in einer Roggengarbe

Kuhnelke

Verbreitung: Überall (in Vorarlberg ausgestorben).
Häufigkeit: Sehr selten und meist nur vereinzelt.

Wuchsorte außerhalb der Äcker: Die Kornrade ist eng an den Wintergetreidebau angepasst: Die Samen reifen zur Zeit der Getreidereife, können aber nicht von selbst ausfallen, weil sich die Kapseln nicht weit genug öffnen. Die Pflanzen werden mitgeerntet, gedroschen und wurden früher mit dem Getreidesaatgut wieder angebaut. Die Samen sind im Boden relativ kurzlebig. Daher tritt die Kornrade außerhalb von Wintergetreideäckern gelegentlich nur für eine Saison auf, wenn Samen auf irgendeine Weise dorthin verschleppt werden.
Herkunft: Unbekannt, vermutlich Vorderasien; Wildformen unbekannt.

Besondere Merkmale: Weiche, schlanke, lang behaarte Blätter.

Naturschutz: Die schöne, große Kornrade ist heute ein beliebtes Paradebeispiel für die vom Aussterben bedrohten Ackerwildkräuter (von denen die meisten kleiner und unscheinbarer sind). Aktionen zu ihrer „Rettung" durch Verteilen der Samen, um sie an allen möglichen Orten, wie etwa im Garten, anzubauen, sind aber auch ein Paradebeispiel für falsch verstandenen Naturschutz: Gefährdete Arten können nicht im Gartenbeet erhalten werden, sondern nur durch Erhaltung ihrer natürlichen Wuchsbedingungen und Standorte. Es ist also kontraproduktiv, die Ansicht zu verbreiten, dass Artenschutz so einfach sei. Außerdem ist es für eine genetisch sehr vielfältige Art wie die Kornrade – sie besteht aus vielen unterschiedlichen Rassen – gefährlich, wenn eine einzige Herkunft in großen Massen vermehrt und verbreitet wird. Sinnvolle Erhaltungsaktionen wären in Genbanken, Naturschutzgebieten, Freilicht- oder Ackerbaumuseen (gemeinsam mit alten Getreidesorten) oder durch Förderung im Rahmen einer „biologischen" Landwirtschaft möglich.

Anmerkung: Zur Giftigkeit der Samen gibt es recht unterschiedliche Angaben (von leicht bis schwer giftig) – der Giftgehalt könnte rassenabhängig sein.

Weitere bedrohte Arten

Kuhnelke *Vaccaria hispanica*
Blüten rosa, Pflanze einjährig, 30 – 60 cm, aufrecht, kahl, Blätter blaugrün. Hübscher Getreidebegleiter (vielleicht aus Vorderasien stammend), heute praktisch nicht mehr zu finden und vom Aussterben bedroht.

Acker-Gipskraut *Gypsophila muralis*
Zartes, vom Boden an breit verzweigtes, bis etwa 10 cm hohes Pflänzchen mit winzigen rosa Blütchen. Sommer-einjähriger Frühlingskeimer, der zur Entwicklung viel Feuchtigkeit braucht; findet sich daher nur auf oberflächlich vernässten Böden (Krumenfeuchtezeiger) in Jahren mit feuchtem Frühling.

Kegelfrüchtiges Leimkraut *Silene conica*
Eine besondere Schönheit mit hellpurpurnen Blüten in eleganten Kelchen (hellgrün mit 30 feinen Nerven). Einjährig, aufrecht, 10 – 50 cm hoch. Bevorzugt Sandböden in Gebieten mit sommerwarmem Klima; ist heute fast ausgestorben.

Kegelfrüchtiges Leimkraut

Acker-Gipskraut

Spurre

Behaartes Bruchkraut

Spurre *Holosteum umbellatum*
Blüht zeitig im Frühling (weiß oder rosa), Blätter bläulichgrün, Fruchtstiele zurückgeschlagen, nach der Reife wieder aufrecht. Herbstkeimer, früher massenhaft im Wintergetreide und in Weingärten, wo die nur etwa 10 cm hohen Pflänzchen keine Bedrohung der Kulturen darstellten, aber zusammen mit kleinen Ehrenpreisen (s. dort) im zeitigen Frühling Farbe in die Landschaft brachten. Die Pflanzen sterben bei der Samenreife im Spätfrühling rasch ab, sind also schon aus diesem Grund keine Gefahr für die Kulturen. In Äckern findet man sie heute kaum mehr, wohl aber auf trockenen Böschungen mit schütterer Vegetation.

Bruchkraut *Herniaria hirsuta* und *H. glabra*
Blüten winzig grün; Stängel dicht an den Boden gedrückt und ausgebreitet, Stängel und Blätter beim Behaarten Bruchkraut *(H. hirsuta)* kurzhaarig; Pflanzen ausdauernd, im Acker (durch Bodenbearbeitung) einjährig. Die beiden Bruchkraut-Arten sind zwar total anspruchslos, was den Boden betrifft, brauchen aber volles Sonnenlicht. Wegen ihres bescheidenen, erdnahen Wuchses können sie sich auf Dauer nur auf extrem kargen, sandig-grusigen, stark sauren Böden halten,

Bruchkraut

denn auf diesen extremen Standorten macht ihnen keine andere Pflanzenart Konkurrenz. Vor wenigen Jahrzehnten war vor allem das Behaarte Bruchkraut auf Äckern mit lockerem, saurem Boden im warmen Ostösterreich noch ein selbstverständlicher Gast. Hier gibt es die Art nun überhaupt nicht mehr, sie kann sich nur mehr auf sandigen Wegen und ähnlichen Wuchsorten, die auch immer seltener werden, behaupten. Das ist aus verschiedenen Gründen schade, unter anderem sind beide Arten wertvolle Arzneipflanzen (z.B. in Nieren- und Blasentees).

Familie

Portulakgewächse

Portulacaceae

Unser Portulak ist ein Einzelgänger aus dieser recht großen Familie, der sich sozusagen zu uns verirrt hat. Der Rest der Familie ist hauptsächlich in den Trockengebieten der Subtropen Amerikas und Afrikas zu Hause.

Portulak (Wilder Portulak)

Portulaca oleracea (subsp. oleracea)

Blüte: Goldgelb, 8 – 12 mm im Durchmesser; Juni – Oktober.

Wuchs: Stängel niederliegend, 10 – 30 cm lang, meist rot.

Lebensform: Sommer-einjährig, Spätkeimer (braucht hohe Bodentemperaturen: Wärmekeimer), Lichtkeimer; hohe Samenproduktion; sehr rasche Entwicklung nach der Keimung.

Typ: Unsicher, ev. Anspruchsvolle Kleine (Wüstenpflanze!).

Bedeutung in der Landwirtschaft: Konkurrenzkraft gering (1 – 2); selten; nur ganz lokal massenhaft (z.B. in Gemüsekulturen im Seewinkel), aber auch hier nur in Ausnahmefällen Konkurrenzwirkung; leicht bekämpfbar.

Ansprüche: Hohe Sommerwärme, lockerer Boden.

Verbreitung: Nur in den wärmsten Gegenden in Ackerland (v.a. Weingärten), sonst an warmen und konkurrenzfreien Sonderstandorten: Mauerfüße, Pflasterritzen, Kieswege.

Häufigkeit: Selten.

Herkunft: Unbekannt (gehört zu den ältesten Kulturpflanzen der Welt), in den Tropen und Subtropen fast weltweit verbreitet und sowohl als Futterpflanze, Salat und Gemüse gebraucht als auch als Unkraut (Wasserkonkurrenz in Trockengebieten) unbeliebt.

Portulak als Bodendecker im Weingarten (Seewinkel, Burgenland)

Portulak auf Sandboden

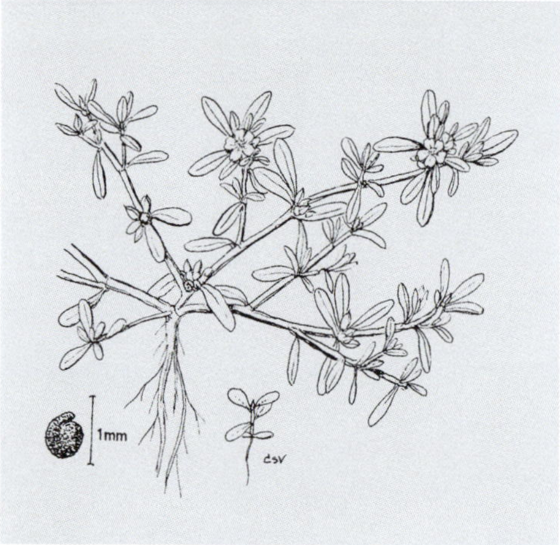

Portulak

Besondere Merkmale: Blätter vorn gerundet, dicklich, fleischig (sukkulent).

Anmerkung: Aufrechte, höherwüchsige Kultursorten als Gemüse- und Viehfutter.

Familie

Primelgewächse

Primulaceae

Während die Blüten des Gauchheils noch entfernt an die einer Primel erinnern, so mag es doch für Nicht-Botaniker überraschend sein, dass auch die Zyklamen oder die blauen Alpenglöckchen (Soldanellen) zu dieser Familie gestellt werden.

■ Acker-Gauchheil

Anagallis arvensis

Blüte: Kräftig hellrot (zinnoberrot), selten blau, noch seltener lila, rosa oder weiß, Juni – Oktober.

Wuchs: Aufrecht oder niederliegend, meist bereits vom Grund weg breit verzweigt, 5 – 30 cm hoch.

Lebensform: Sommer-einjährig, in Gebieten mit milden Wintern oder guter Schneedecke auch überwinternd-einjährig. Langlebige Samen sorgen dafür, dass sie in der Samenbank vieler Ackerböden vertreten sind, keimt vom Frühling bis in den Frühsommer.

Typ: Anspruchslose Begleiter mit Eigenschaften der Frühreifen.

Bedeutung in der Landwirtschaft: Konkurrenzschwach (1); kommt in allen Kulturen vor, jedoch als Unkraut ohne Bedeutung.

Acker-Gauchheil

Ansprüche: Keine besonderen Ansprüche an Boden und Klima.
Verbreitung: Überall.
Häufigkeit: Sehr häufig, in fast jedem Acker wenigstens in Einzelexemplaren.
Wuchsorte außerhalb der Äcker: Erdhaufen, Schuttplätze.
Herkunft: Westlicher Mittelmeerraum.

Besondere Merkmale: Stängel scharf vierkantig, kahl; Blätter unterseits mit ockerfarbigen Pünktchen.
Ähnliche Arten: Sehr ähnlich im nichtblühenden Zustand der **Blaue Gauchheil** *(A. foemina, A. coerulea).* In Blüte sind die allerdings seltenen blaublühenden Formen des Acker-Gauchheils leicht mit diesem zu verwechseln. Eine sichere Unterscheidung ist nur mit der Lupe, besser mit dem Mikroskop, möglich.
Die leuchtend azurblaue Schönheit ist viel wärmebedürftiger als ihre Verwandte, keimt später und steht auf der langen Liste der in den letzten Jahrzehnten immer seltener gewordenen Ackerwildpflanzen, die nur mehr in den wärmsten Ackerbaulagen regelmäßig zu finden sind. Sie ist wahrscheinlich aus dem Vorderen Orient mit dem Getreidebau zu uns gekommen und verdient wegen ihrer Seltenheit, Schönheit und Harmlosigkeit unseren Schutz.

Das gleiche gilt für zwei andere Zwerge aus der Verwandtschaft der Primeln:

Großer Mannsschild
Androsace maxima

Klein (bis ca. 10 cm), aber elegant; Blüten cremeweiß, manchmal mit rötlicher Tönung und gelbem Schlund. Typ: Hungerblümchen. Charakteristisch für den Frühlingsaspekt in Wintergetreide und Weingärten; nur im

Blauer Gauchheil

Acker-Gauchheil (seltene Farbvariante)

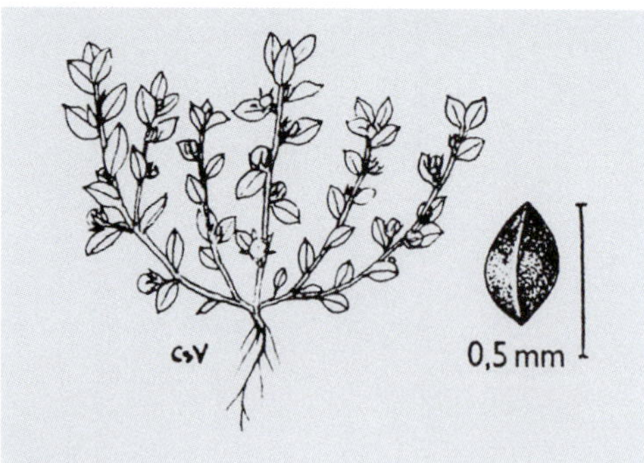

Kleinling

Großer Mannschild

pannonischen Raum Österreichs und auch hier vom Aussterben bedroht.

Kleinling

Centunculus minimus

„Winzling" wäre noch ein besserer Name, denn die Pflänzchen sind nur wenige Zentimeter hoch, die weißen oder rötlichen Blütchen sind so klein, dass man sie kaum sieht; am auffälligsten sind die kugeligen Früchtchen. Sommer-einjährig, keimt spät; auf stark vernässten, sauren Böden; am ehesten findet man die Art (auf allen Vieren kriechend) in den Traktorspuren (wo der Boden noch etwas dichter und nasser ist als im Acker) gemeinsam mit anderen Zeigern für vernässte, luftarme Ackerkrume, wie Kröten-Binse, Sumpf-Ruhrkraut, Acker-Gipskraut.

Die Annahme, dass die Pflanze vom Aussterben bedroht ist, könnte auch daran liegen, dass sie nur sehr schwer zu finden ist, nicht jedes Jahr keimt (nur in Jahren mit nassem Frühjahr) und in Agrarlandschaften wächst, wo niemand sucht, weil überhaupt keine botanischen Raritäten zu finden sind.

Großer Mannschild

Familie

Rachenblütengewächse

Scrophulariaceae

(inklusive Sommerwurzgewächse, *Orobanchaceae*)

Diese Familie ist nach der Gattung Scrophularia benannt: Daher kann man auch den deutschen Namen **„Braunwurzgewächse"** verwenden. „Rachenblütler" ist aber anschaulicher, denn diese Bezeichnung beschreibt die Blütenform einiger bekannter Gattungen, wie dem Löwenmäulchen, das in Österreich zärtlich „Froschgoscherl" genannt wird. Die Familie beschert uns eine unserer wichtigsten Heilpflanzen, den Fingerhut (Digitalis), der aber nur nach ärztlicher Anordnung angewandt werden darf, da er Herzgifte enthält, die bei falscher Anwendung tödlich wirken können. Bedeutende Ackerunkräuter gibt es hier hingegen kaum.

Die vielen **Ehrenpreis-Arten,** die in Äckern auftreten können, sind nicht leicht zu unterscheiden. Allerdings können nur drei davon (Efeublättriger-, Persischer- und Glanz-Ehrenpreis) unter Umständen als Unkräuter lästig werden. Die übrigen sind konkurrenzschwache, eher schützenswerte als bekämpfungswürdige Zwerge, die vor allem im zeitigen Frühling dafür sorgen können, dass ein wenig mehr Farbe in die Ackerlandschaft kommt. Im Folgenden werden zunächst der Efeublättrige Ehrenpreis und ihm sehr nahe stehende Arten, dann der Persische Ehrenpreis und seine näheren Verwandten und schließlich die weiteren Spezies, die in Äckern auftreten können, besprochen.

Beschreibung der wichtigsten Arten

Efeublättriger Ehrenpreis
Veronica hederifolia (s. str.)

Blüte: Violettlich hellblau, mit dunkleren Streifen und weißem Zentrum, 5 – 7 mm Durchmesser; März – Mai.
Wuchs: Stängel ± am Boden liegend, 5 – 40 cm lang.
Lebensform: Sommer-einjährig oder überwinternd-einjährig; sehr kurzlebig, braucht etwa 3 Monate von der Keimung bis zur Samenreife; Kältekeimer; Hauptkeimzeit Oktober/November, Nebenkeimzeit (Vor-) Frühling; Samenreife spätestens Mai, danach sterben die Pflanzen ab.
Typ: Frühreife / Hungerblümchen.

Bedeutung in der Landwirtschaft: Konkurrenzkraft gering (2); im Frühling manchmal teppichartig in Wintergetreide und Weingärten, Wirkung jedoch eher positiv: bewahrt Bodenfeuchte, humusbildend, unterdrückt Konkurrenz stärkerer, langlebigerer Arten; wegen des zeitigen Absterbens verursacht der Efeublättrige Ehrenpreis keine Ertragsverluste bei Getreide. Er kann allerdings in konkurrenzschwachen Sonderkulturen wie z.B. Feldsalat (Vogerlsalat) sehr lästig werden. Vogerlsalat-Arten haben übrigens genau den gleichen Lebensrhythmus (Hungerblümchen) und kommen auch wild in Äckern vor (siehe Baldriangewächse).

Ansprüche: Weite Amplitude, Massenentwicklung nur auf gut mit Nährstoffen und Feuchtigkeit versorgten Böden.

Efeublättriger Ehrenpreis

Verbreitung: In allen Ackerbaulagen außer in extrem kühlen Gebieten.
Häufigkeit: Häufig.
Wuchsorte außerhalb der Äcker: Gebüsch, Erdhaufen, Schutt.
Herkunft: Polyploider und daher besonders wüchsiger und anspruchsloser Hybrid aus zwei heimischen Wildarten (Dreilappiger E. und Hain-E.).

Besondere Merkmale: Blütenfarbe und -größe! Blätter (2) 5-lappig, mittelgrün, Behaarung des Kelchs, des Blütenstiels, Länge des Fruchtstiels (s. Abb.).

Efeublättriger Ehrenpreis; im März in Wintergetreide

Dreilappiger Ehrenpreis

Dreilappiger, Efeublättriger und Hain-Ehrenpreis, drei nahe verwandte Arten

Die Zeichnungen wurden der „Exkursionsflora von Österreich" (W. Adler, K. Oswald, R. Fischer) mit freundlicher Genehmigung des Verlages Eugen Ulmer entnommen.

Dem Efeublättrigen Ehrenpreis ähnliche, aber seltene und konkurrenzschwache Arten

	Dreilappiger Ehrenpreis *Veronica triloba*	**Hain-Ehrenpreis** *Veronica sublobata*
Blüte:	Klein und dunkelblau	Sehr klein und sehr blass
Blätter:	3 (5)-lappig, dunkelgrün, dicklich	(3) 5 (7)-lappig, hellgrün, dünn
Vorkommen:	Im pannon. Raum häufig in Äckern mit sehr trockenem, steinigem Boden, sonst sehr selten (wärmeliebend)	In tieferen Lagen häufig unter Gebüsch und in Auwäldern; in kühl-feuchten Lagen auch ab und zu in Äckern

Persischer Ehrenpreis
Veronica persica

Persischer Ehrenpreis

Blüte: Kräftig himmelblau mit dunkleren Streifen, relativ groß (8 – 14 mm Durchmesser), unterer (kleinerer) Lappen manchmal weiß; blüht das ganze Jahr!

Wuchs: Stängel niederliegend, teppichbildend, 10 – 50 cm lang, kräftig.

Lebensform: Sommereinjährig bis kurzlebig ausdauernd (wenn keine Bodenbearbeitung die Pflanze abtötet); keimt in einem sehr weiten Temperaturbereich – Hauptkeimzeit Frühling, im Sommer (seltener später) gekeimte Pflanzen können den ganzen Sommer hindurch blühen und fruchten; die Pflanzen entwickeln sich am stärksten in feuchten Jahreszeiten.

Typ: Frühreife.

Bedeutung in der Landwirtschaft: Konkurrenzkraft (2 – 3). Nahm seit der Umstellung der chemischen Unkrautbekämpfung im Maisbau in den Neunzigerjahren (Atrazinverbot) deutlich zu; die Ansichten über die Konkurrenzwirkung in Mais gehen auseinander, kann aber in Sonderkulturen sehr unangenehm werden.

Ansprüche: Polyploide Art mit sehr weiter ökologischer Amplitude; bevorzugt feuchtes Klima (siehe Herkunft) und gut mit Wasser versorgte (aber nicht vernässte), lehmige Böden.

Verbreitung: In allen Ackerbaulagen; im sommertrockenen Ostösterreich Schwerpunkt im Frühling.

Häufigkeit: Sehr häufig.

Wuchsorte außerhalb der Äcker: Garten, offene Bodenstellen in Wiesen, Parkrasen.

Herkunft: Elburs-Gebirge (Nord-Persien), kam Anfang des 19. Jh.s nach Europa, verwilderte aus Botanischen Gärten und verbreitete sich innerhalb eines Jahrhunderts praktisch über den ganzen Kontinent (heute in gemäßigten Zonen weltweit verbreitet).

Besondere Merkmale: Große Blüten, die Blütenblätter überragen den Kelch, dieser ist daher beim Blick in die geöffnete Blüte nicht sichtbar; lange Blüten- (und Frucht)stiele; Früchte zusammengedrückt, oben mit breiter (stumpfwinkeliger) Bucht; Kelch schmal, spitz.

Die exzellenten Zeichnungen auf den Seiten 209 und 210 unten stammen aus der Zeitschrift FLORA (1994). Wir danken den Autoren Frau Heide und Herrn Gerold HÜGIN sowie dem Urban & Fischer Verlag für die großzügige Abdruckgenehmigung.

Verwandtschaft des Persischen Ehrenpreises im Vergleich

Persischer E. *V. persica*	**Glanz E.** *V. polita*	**Acker E.** *V. agrestis*	**Glanzloser E.** *V. opaca*
Blüten groß, himmelblau mit dunklen Streifen, ein Lappen meist kleiner und heller	Blüten ähnlich wie bei persica, aber kleiner und kürzer gestielt	Blüten blass (bläulich, rosa, oder weiß)	Blüten klein, dunkel, gleichmäßig tiefblau
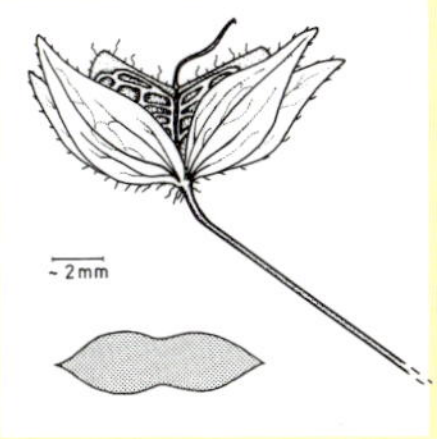		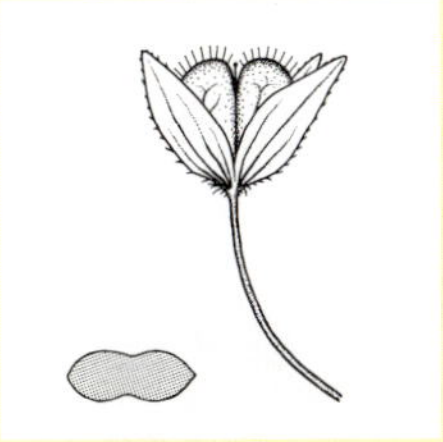	
Frucht stark zusammengedrückt, am Rücken mit Kiel	Frucht aufgeblasen (hodenartig), kaum gekielt	Frucht nur etwas zusammengedrückt, deutlich gekielt	Frucht nur etwas zusammengedrückt, gekielt, Kelchgrund mit langen Haaren
sehr häufig und verbreitet (siehe vorige Seite)	häufig in sommerwarmen Gegenden, sonst auf kalkhältige Böden beschränkt	selten, vor allem auf sauren, sandigen, aber nährstoffreichen Böden, vor allem in Berggebieten	sehr selten (in Ö.: Mühlv.,Klagenfurter Becken, Lungau und angrenzende Stmk.)

Weitere Ehrenpreis-Arten, die in Äckern auftreten, aber sehr konkurrenzschwach sind und daher hier nur kurz erwähnt werden. Die meisten sind außerdem Seltenheiten.

Fremdländischer Ehrenpreis *Veronica peregrina*
Stängel aufrecht, 5 – 20 cm hoch, Blüten klein, blassblau oder weiß, herzförmige Kapseln sitzen in den Achseln von schmalen, ungestielten, höchstens leicht gekerbten Blättchen. Ende des 19. Jh.s aus Südamerika eingeschleppt; bevorzugt schwere, nasse Böden; häufig in Gärtnereien und Baumschulen.

Steinquendel-Ehrenpreis *Veronica acinifolia*
Wenige Zentimeter hohe, hellblau blühende Einjährige auf schweren, zeitweise vernässten Pseudogley-Böden. Ehemals in der Südoststeiermark, dürfte seit der ersten Auflage dieses Buches in Österreich ausgestorben sein.

Finger-Ehrenpreis *Veronica triphyllos*
Obere Blätter auffällig tief „handförmig" geteilt, dunkelgrün, oft mit dunkelroter Unterseite, Blüten leuchtend tiefblau, Fruchtstiele oft aufwärtsgebogen abstehend; Pflanze beim Zerdrücken unangenehm riechend.
Kleiner (5 – 15 cm) Vorfrühlingsblüher (Typ: Hungerblümchen), besonders auf sandigen oder krustigen, trockenen Äckern (Wintergetreide, Weingärten); nicht schädlich, schützenswert (wenigstens Ackerränder nicht „spritzen").

Dillenius-Ehrenpreis *Veronica dillenii* und
Frühlings-Ehrenpreis *Veronica verna*
Winzige Vorfrühlingsblüher mit exquisitem Blattschnitt auf sehr trockenen, sandigen, meist silikatischen Böden (Weingärten, Winterungen). Die beiden Arten unterscheiden sich vor allem durch die Länge des Griffels. Der Frühlings-Ehrenpreis ist die wesentlich seltenere Art.

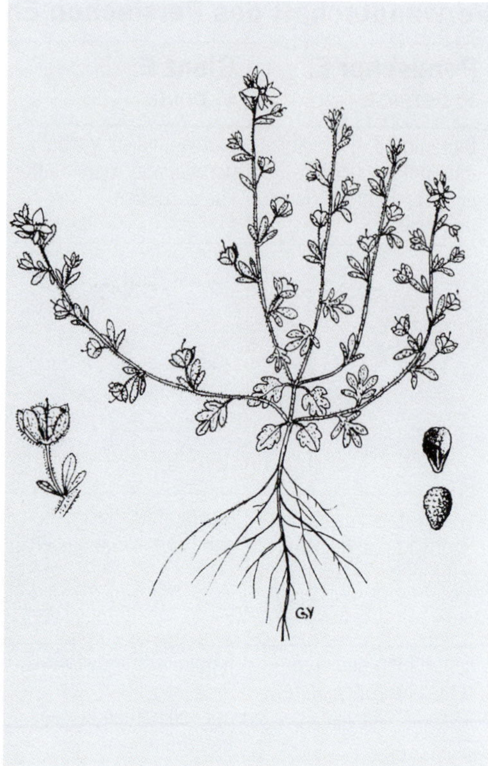

Finger-Ehrenpreis im Vorfrühling (in einem Weingarten)

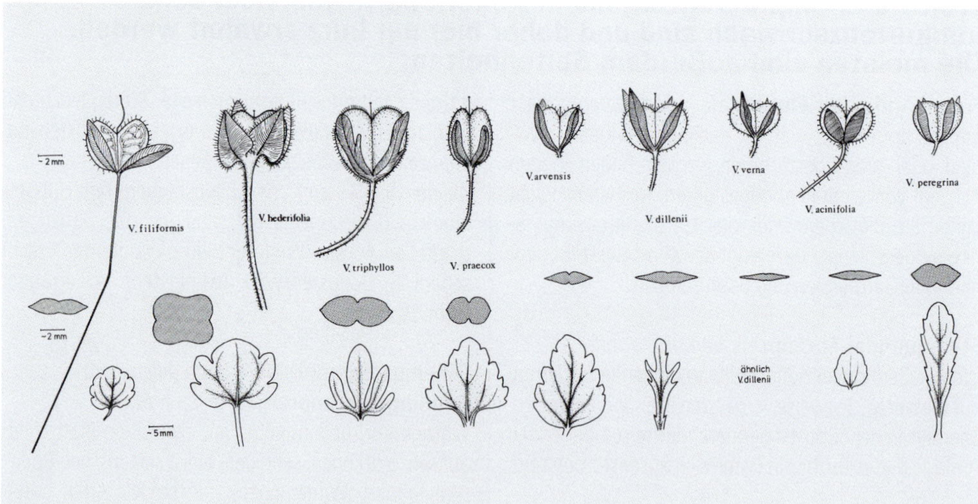

Frucht, Fruchtquerschnitt, Blatt von: Faden-E., Efeublättriger E., Finger-E., Früher E., Feld-E., Dillenius-E., Frühlings-E., Steinquendel-E., Fremdländischer E.

Früher Ehrenpreis

Dillenius-Ehrenpreis

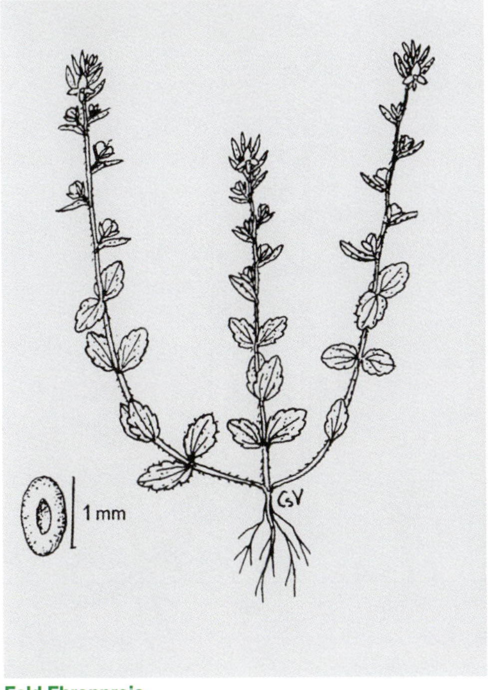

Feld-Ehrenpreis

Faden-Ehrenpreis in Parkrasen

Feld-Ehrenpreis
Veronica arvensis
Winzige himmelblaue Blütchen, zarte einjährige Pflänzchen (3 – 20 cm); ganz kurz gestielte flache, herzförmige Früchtchen; auf mageren Böden (Anspruchslose Begleiter), sehr häufig aber kein „Unkraut", da keine Konkurrenzwirkung.

Früher Ehrenpreis
Veronica praecox
Kleiner (3 – 20 cm) Vorfrühlingsblüher mit hübschen, leuchtend azurblauen Blüten; Blätter nur gelappt, oft mit dunkelroter Unterseite; schützenswerte Seltenheit (vor allem im pannonischen Raum).

Faden-Ehrenpreis *Veronica filiformis*
Ausdauernd, mit fadendünnen, kriechenden und wurzelnden Stängeln teppichbildend; Blüten an sehr langen Stielen und relativ groß, blassblau oder kräftig lilablau (Zierde eines Blumenrasens); fühlt sich vor allem in sehr klimafeuchten Lagen (Nordalpentäler) wohl und wuchert in lückigem Grünland („Wiesenpest"), Zierrasen und gelegentlich auch in Ackerland. Aus dem niederschlagsreichen Nord-Persien ca. 1930 als bodendeckende Zierpflanze eingeführt, bildet bei uns kaum Samen, sondern verbreitet sich nur vegetativ (durch Ausläuferstückchen z. B. mit Mähgeräten verschleppt).

Quendel-Ehrenpreis *Veronica serpyllifolia*
Ebenfalls herzförmige Früchtchen, aber blassblaue (oder weiße) Blüten in aufsteigendem Blütenstand; sonst kriechende, dünne Stängel, wurzelnd, ausdauernd; nur auf vernässten, luftarmen, schweren Böden; selten, als Unkraut unbedeutend.

Quendel-Ehrenpreis

Die Familie der Rachenblütler hat neben den Ehrenpeis-Arten noch einige weitere besonders hübsche Ackerwildkraut-Kostbarkeiten anzubieten:

Kleines Löwenmaul (Acker-Löwenmaul)

Misopates orontium

Die bekannten Löwenmaul-Blüten sind hier nur etwa einen Zentimeter lang (daher „Katzenmaul") und hübsch hell-purpurrosa mit dunkler Aderung. Die konkurrenzschwachen, einjährigen Pflanzen findet man heute nur mehr ganz vereinzelt in wärmeren, tieferen Lagen auf trockenen, eher sauren Böden.

Klaffmund (Kleines Leinkraut) *Microrrhinum minus*

Kleine (unter einem Zentimeter lange), ganz hell-lila Löwenmäulchen-Blüten mit gelblichem Fleck auf der Unterlippe und einem Sporn hintendran.

Sehr anspruchsloser, trockenfester, einjähriger Fels-Schutt-Pionier (5 – 20 cm hoch), auf trockenen, steinigen Böden auch in Äckern; sehr häufig im Gleisschotter von Bahnhöfen und ähnlichen Standorten.

Acker-Leinkraut (wahrscheinlich ausgestorben)

Kleines Löwenmaul

Echtes Leinkraut

Aus der nah verwandten Gattung **„Leinkraut"** *(Linaria)* – der Name kommt von den schmalen lein(=flachs) ähnlichen Blättern – kommen zwei Arten gelegentlich in Äckern vor. Von diesen ist die eigentliche Ackerpflanze das einjährige **Acker-Leinkraut** *(Linaria arvensis)*, ein Winzling mit hell-blassblauen Blütchen, praktisch ausgestorben. Das bekannte, weil sehr hübsche, große, leuchtend hellgelb (mit orangem Schlund) blühende **Echte Leinkraut** *(Linaria vulgaris)* ist eine ausdauernde, tiefwurzelnde und daher recht trockenfeste Pionierpflanze, die gelegentlich in steinigen Äckern als Verzierung auftreten kann, ohne Schaden anzurichten.

Tännel-Leinkraut (Tännelkraut) *Kickxia*

Es ist eine Überraschung, wenn man diese Pflänzchen mit ihren am Boden liegenden Stängeln in einem Acker findet; erstens, weil sie sehr selten geworden und vom Aussterben bedroht sind, weiters, weil sie sehr eigenartige Blattformen und vor allem bezaubernde, gelbliche, innen violette, lang gespornte Blüten haben. Verblüffend sind auch die Namen, besonders der wissenschaftliche, den sich vor allem Sportfans leicht merken werden (und den man im betrunkenen Zustand am ehesten aussprechen kann).

Beide Arten bevorzugen schwere Böden und sind wärmebedürftig:

Spießblatt-Tännelkraut *(Kickxia elatine)*
Eiblatt-Tännelkraut *(Kickxia spuria)*

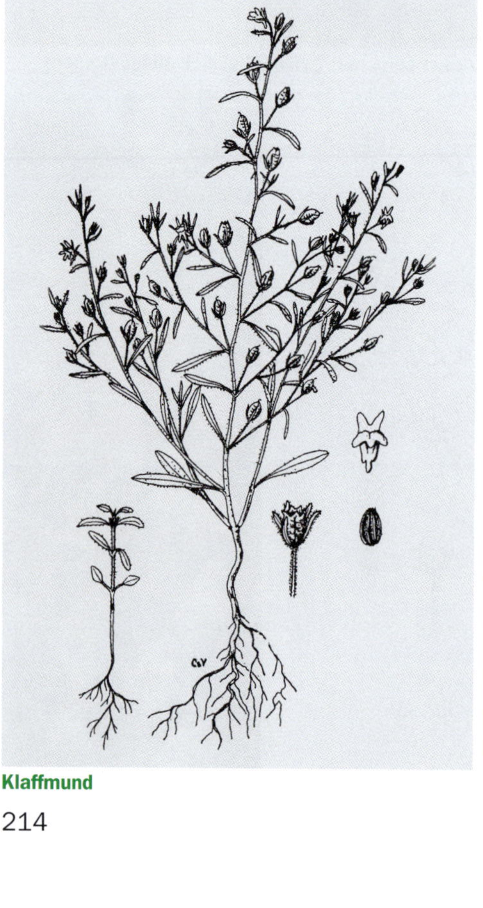

Klaffmund

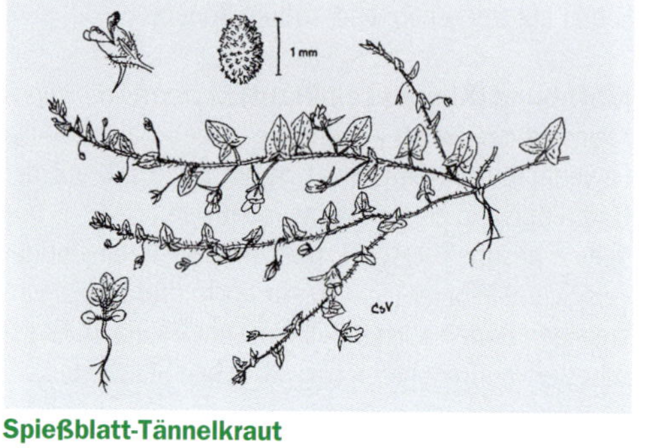

Spießblatt-Tännelkraut

Eiblatt-Tännelkraut

Eiblatt-Tännelkraut

Parasitische Arten

Eine ganze Gruppe von Rachenblütlern hat sich auf eine besondere Form der Ernährung spezialisiert. Sie saugen mit ihren Wurzeln an denen anderer Pflanzen und sparen so ein eigenes, gut ausgebildetes Wurzelsystem und sogar den mühseligen Aufwand der Assimilation. Die Vollparasiten darunter haben nicht einmal Chlorophyll, sind daher von bleicher Farbe und holen sich alles, was sie zum Leben brauchen, von ihrer Wirtspflanze. Die Halbparasiten haben zwar grüne Blätter, aber ganz schwach entwickelte Wurzeln, die man leicht aus dem Boden ziehen kann. Trotz ihrer anrüchigen Lebensweise können sich Parasiten in gut entwickelten Kulturen wegen ihrer Konkurrenzschwäche fast nicht durchsetzen und spielen als Ackerunkräuter (heute) keine Rolle (mehr).

Zottiger Klappertopf *Rhinanthus alectorolophus*
Blüten gelb; Mai – September; 10 – 50 cm hoch; Stängel, Kelch und Hochblätter zottig behaart. Einjährig; Halbschmarotzer (parasitiert mit Saugwurzeln auf den Wurzeln des Getreides); früher Problemunkraut, da die Samen schwer aus dem Getreide herauszubekommen waren, aber schwach giftig sind; heute in Äckern selten geworden; sehr häufig aber in lückigem Grünland.

Acker-Wachtelweizen
Melampyrum arvense
Blütenstand und Blüten gelblichweiß, purpurn überlaufen; Mai – September; 15 – 30 cm hoch. Einjährig, Halbschmarotzer; Samen etwa so groß wie Getreidekörner, sie werden daher leicht mitgeerntet (Saatgutunkraut, am Feld verbleibende Samen kurzlebig), Kältekeimer (Herbst, Winter, zeitiges Frühjahr); früher vor allem in Wintergetreide häufig, heute nur mehr sehr selten in Äckern; wärmeliebend.

Bärtiger Wachtelweizen *Melampyrum barbatum*
Blüten gelb; Mai – September; 10 – 20 cm hoch. Einjährig, sehr wärmeliebend (im östlichsten Österreich, auf trockenen, steinigen, meist kalkreichen Böden; heute fast verschwunden).

Sommerwurz-Arten *Orobanche* ssp.
(Werden heute als eigene Familie abgetrennt.)
Chlorophyllfreie Vollschmarotzer mit schuppenförmigen Blättern. Bilden Unmengen von winzigen Samen, die leicht an Saatgut haften und mit diesem verschleppt werden; vor allem im Feldfutterbau (Klee, Luzerne) ein Problem, heute aber in Österreich von untergeordneter Bedeutung.

Acker-Zahntrost *Odontites verna (= rubra* s. l.*)*
Blüten rot, filzig behaart, Mai – September; 10 – 25 cm hoch. Einjährig, vor allem in Wintergetreide auf feuchten Böden; Halbschmarotzer, sehr selten geworden.

Sommerwurz mit Wirtspflanze

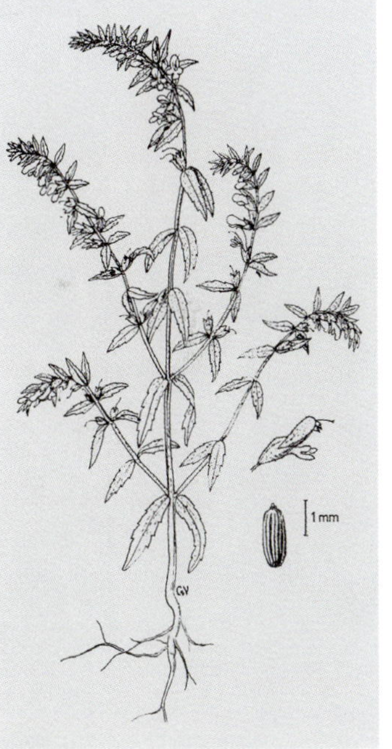

Zahntrost

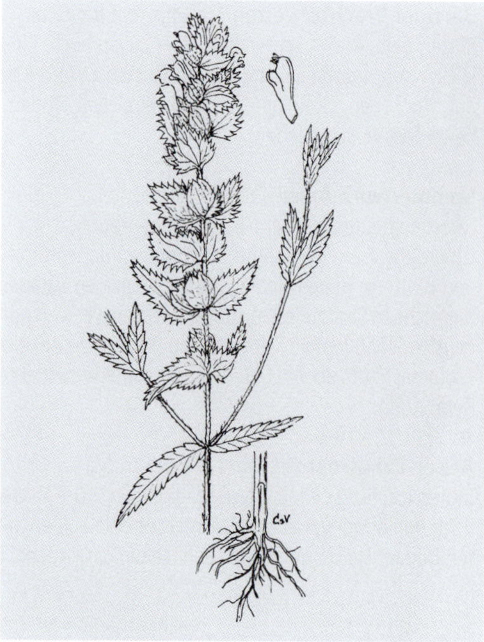

Zottiger Klappertopf

Acker-Wachtelweizen

Bärtiger Wachtelweizen

Familie

Raublattgewächse

Boraginaceae

Die wörtliche Übersetzung des Familiennamens wäre Borretschgewächse, da sich der Name von dem bekannten Gurkenkraut (oder Borretsch, *Borago officinalis*) ableitet. Die Bezeichnung „Raublattgewächse" ist aber anschaulicher, da sie die einfach gebauten, ± zungenförmigen, rau behaarten Blätter vieler Arten der Familie gut beschreibt.

Beschreibung der wichtigsten Arten

Acker-Steinsame (Steinsame)
Buglossoides arvensis
(Lithospermum arvense)

Blüte: Weiß (manchmal mit blauer oder rötlicher Tönung), April – Juli.

Wuchs: Aufrecht, im dichten Getreide nur wenig verzweigt, 10 – 80 cm, Mitteltiefwurzler.

Lebensform: Überwinternd-einjährig; optimale Keimung bei tiefen Bodentemperaturen im Herbst oder im Februar / März.

Typ: Steppenkräuter.

Bedeutung in der Landwirtschaft: Konkurrenzkraft mäßig (2); vor allem in Wintergetreide (Frühlingsaspekt) und früh gebauten sommer-einjährigen Kulturen (z.B. Zuckerrübe); relativ unempfindlich gegenüber verschiedenen herbiziden Wirkstoffen (u.a. bestimmte Wuchsstoffherbizide); manchmal Massenauftreten, trotzdem selten nennenswerte Ertragsverluste, da geringer Wasser- und Nährstoffbedarf; die Samen reifen über einen längeren Zeitraum, nach der Samenreife sterben die Pflanzen ab.

Ansprüche: Trockene, leichte oder steinige Böden; meidet Nässe; je feuchter das Klima, desto mehr wird die Art zum Zeiger für trockene Bodenbedingungen; wenig nährstoffbedürftig; optimale Entwicklung bei mittlerer Nährstoffversorgung; meidet stark saure Böden.

Acker-Steinsame

Früchte des Acker-Steinsamens

Verbreitung: Fast überall, vereinzelt bis zur Getreidebaugrenze; aber nur in warmen Gebieten Mitteleuropas häufig (Österreich: in allen Bundesländern, in Vorarlberg ausgestorben; Schwerpunkt: Pannonikum).
Häufigkeit: Zerstreut bis sehr selten, nur ganz lokal häufig.
Wuchsorte außerhalb der Äcker: Trockenrasen, Straßenböschungen, Bahndämme.
Herkunft: Waldsteppen- oder Steppenpflanze; zumindest im südöstlichen Mitteleuropa einheimisch (Trockenrasen), Eiszeitfunde – später zusätzlich wohl mit dem Getreide aus Vorderasien bzw. Südosteuropa.

Besondere Merkmale: Charakteristische Verzweigung, Äste aufrecht abstehend, schmale Blätter mit rauer Behaarung; dunkelbraune, sehr harte Früchte (Name!), die zu vieren stehen, junge Wurzeln mit rotem Farbstoff.
Ähnliche Arten: Unverwechselbar.

Naturschutz: Gilt als „gefährdet"; in den Siebzigerjahren gehörte er noch in vielen Gebieten zu den selbstverständlichen Frühlingsbegleitern des Wintergetreides, danach wurde er rapide selten und ist heute vielerorts fast oder ganz verschwunden. Ab den Neunzigerjahren wurde die Art allerdings regional in Ostösterreich wieder häufiger. Die Ursachen für diese Bestandesschwankungen sind vielfältig (z.B. Saatgutreinigung, Herbizide, intensive Düngung, Aufgabe von Grenzertragsäckern). Außerdem stirbt die Art in einer Gegend leicht aus, weil sie keinen lange keimfähigen Samenvorrat im Boden aufbauen kann. Ihre Samen sind nämlich sofort nach dem Abfallen keimbereit und im Boden nur kurzlebig. Sie halten sich – außer in sehr trockenen Böden – nur wenige Jahre. Die Populationen sind daher darauf angewiesen, dass wenigstens alle paar Jahre Pflanzen zur Samenreife kommen. Eine Neueinwanderung ist heute unwahrscheinlich (früher Verbreitung durch das Saatgut, weil die Samen nicht leicht von selbst abfallen und mitgedroschen wurden).

Anmerkung: Der Name kommt von einer anderen Art mit steinharten, weißen Samen.

Acker-Vergissmeinnicht
Myosotis arvensis

Blüte: Blassvergissmeinnichtblau; April – September.
Wuchs: Aufrecht, stark verzweigt mit grundständiger Blattrosette; 10 – 30 cm hoch.
Lebensform: Sommer-einjährig oder überwinternd-einjährig, Frühlings- oder Herbstkeimer (Überwinterung mit Rosette).
Typ: Anspruchslose Begleiter.

Bedeutung in der Landwirtschaft: Konkurrenzkraft gering (1 – 2); in sehr vielen Äckern auf fast allen Bodenarten, meist nur vereinzelt; keine Bekämpfungsprobleme; unangenehm in konkurrenzschwachen Sonderkulturen.

Ansprüche: Anspruchslos, auf fast allen Bodenarten (außer auf stark vernässten).
Verbreitung: Weit verbreitet, vor allem in kühleren, luftfeuchteren Gebieten.
Wuchsorte außerhalb der Äcker: Waldschläge.
Herkunft: Einheimisch.

Acker-Vergissmeinnicht

Besondere Merkmale: Unter den gar nicht einfach unterscheidbaren Vergissmeinnicht-Arten gehört es zu den kurzlebigen (d.h. nicht ausdauernden) mit trichteriger Blütenkrone; Kelche lang gestielt, Kelchzipfel zusammenneigend (dadurch Kelch im Fruchtzustand geschlossen).
Ähnliche Arten: In trockenen Äckern mit saurem, lockerem Boden: **Sand-Vergissmeinnicht** *(M. stricta):* winzig, Kelche ganz kurz gestielt; selten (gefährdet).

Krummhals (Wolfsauge, Acker-Ochsenauge)

Anchusa arvensis (Lycopsis a.)

Blüte: Hellblau; Mai – September.
Wuchs: Aufrecht, meist wenig verzweigt; 20 – 40 cm.
Lebensform: Überwinternd- oder sommer-einjährig.
Typ: Anspruchsvolle Kleine.

Bedeutung in der Landwirtschaft: Konkurrenzkraft gering (2); meist nur vereinzelt in allen Kulturen; als Unkraut bedeutungslos.

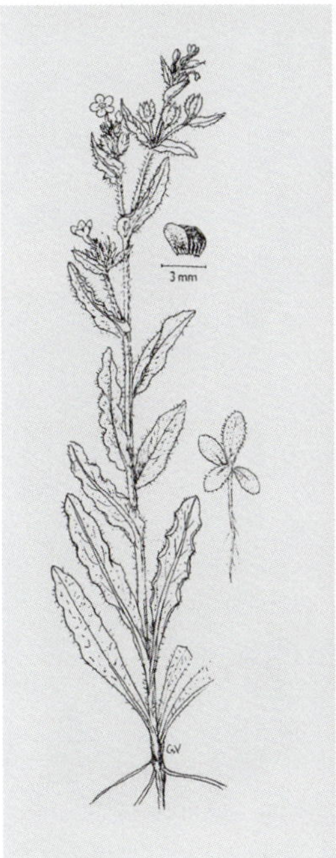

Krummhals

Ansprüche: Eher saure, aber nährstoffreiche, lockere Böden.
Verbreitung: Eher wärmeliebend, meidet aber auch ± den pannonischen Raum (häufig z. B. im südlichen Waldviertel).
Häufigkeit: Sehr zerstreut.
Herkunft: Westasien?

Besondere Merkmale: Blätter ausgeschweift gezähnt, zungenförmig; Pflanze stechend borstig, Kronenröhre (Blüte herauszupfen) weiß und charakteristisch krumm gebogen (Name!).

Gelegentlich in Äckern auftretend

Beinwell *Symphytum officinale*
Blüten rötlich, violett oder gelblichweiß (vermehrt man die Art durch Samen, bekommt man Blüten von weiß bis dunkelviolett); Mai – Juli; 30 – 100 cm; ausdauernd mit tiefer, dicker, schwarzer Pfahlwurzel; Pflanze nasser Wiesen und Gräben, auf feuchten Standorten auch in Äckern; nimmt in einigen Bundesländern seit wenigen Jahren besonders in Mais merkbar zu, aber harmlos. Wichtige Heilpflanze bei Knochenverletzungen, Wunden; enthält aber Lebergifte, daher ist heute der Verkauf verboten (ausgenommen homöopathische Präparate und nachgewiesenermaßen alkaloidfreie Zubereitungen).

Wachsblume *Cerinthe minor*
Blüten gelb, manchmal mit roten Fleckchen; Mai – Juli, 10 – 50 cm hoch. Ein völlig kahles „Raublatt"-Gewächs mit blaugrünen, weißgefleckten, wachsartigen Blättern.
In Kalkgebieten verbreitete Pionierpflanze offener Böden, in steinigen Äckern vor allem im pannonischen Raum, keine Schadwirkung.

Scharfkraut *Asperugo procumbens*
Blüten zuerst violett dann blau, Kelche wachsen nach dem Verblühen zackig aus; einjährig, 10 – 30 cm hoch; auf sehr nährstoffreichen, feuchten Böden (Äcker im Aubereich).

Beinwell

Wachsblume

Scharfkraut

Sonnenwende

Igelsame

Weitere Ackerwildkräuter, die heute vom Aussterben bedroht sind

Sonnenwende (Sonnwendkraut)

Heliotropium europaeum

Winzige, aber sehr hübsche weiße bis hellblaue, innen gelbe Blütchen in charakteristischen, eingerollten Blütenständen; Pflanze nur 10 – 30 cm hoch; früher vor allem im pannonischen Raum in Hackfruchtäckern (auf nährstoffreichen Böden) und Weingärten, heute praktisch ausgestorben.

Igelsame *Lappula squarrosa*

Vergissmeinnichtähnliche, einjährige Pflanze (Blüte leuchtend blau) mit Klettfrüchten; wärmebedürftiges Mittelmeerpflänzchen (10 – 40 cm); früher auf trockenen, steinigen Böden im pannonischen Raum häufig, in allen Kulturen aber besonders auf der Stoppel, heute selten geworden; in kühlerem, feuchterem Klima Kalkzeiger.

Familie

Resedengewächse

Resedaceae

Diese kleine Familie ist nahe mit dem als Gewürz bekannten Kapernstrauch verwandt und hat zwar kleine, aber sehr exquisite Blüten, bei denen die Blütenblätter tief gefranst sind (s. Detailzeichnung der Blüten der Gelben Reseda).

Beschreibung der wichtigsten Arten

■ Gelbe Reseda (Wau)

Reseda lutea

Blüte: Blassgelb, Mai – September.
Wuchs: 20 – 50 cm hoch; Früchte aufrecht.
Lebensform: Einjährig (außerhalb der Äcker auch länger lebend).

Pionierpflanze trockener, steiniger Standorte, gelegentlich auch im Ackerland; als Unkraut ohne Bedeutung.

■ Kleine Reseda

Reseda phyteuma

Blüte: Weißlich, Juli – September.
Wuchs: 10 – 20 cm hoch, Stängel ± niederliegend, Früchte dick, hängend. Sommer-einjährig, wärmebedürftig, Pflänzchen mediterraner Herkunft, heute bereits fast ausgestorben. Am ehesten begegnet man ihm noch in Weingärten in der Wachau. Als Unkraut völlig harmlos, schützenswert.

Gelbe Reseda

Kleine Reseda

Familie

Rosengewächse

Rosaceae

Die Familie der Rosengewächse ist überaus artenreich und umfasst sowohl holzige wie krautige Pflanzen. U. a. gehören alle wichtigen Obstbaumarten, wie Apfel, Birne, Kirsche, Marille und Zwetschke, ebenso hierher wie die zahlreichen Rosenformen bzw. -sorten, die als Ziersträucher sehr viele Gärten bereichern. Nur wenige Arten treten als Unkräuter auf, wobei diesen keine größere Bedeutung zukommt. Als bekämpfungswürdig erweist sich am ehesten die Acker-Brombeere, die stellenweise vom Rand her in Äcker einwandert.

Beschreibung der wichtigsten Arten

■ Acker-Frauenmantel

Aphanes arvensis, (Alchemilla a.)

Einjährig; Stängel niederliegend oder aufsteigend, 2 – 20 cm, behaart; Stängelblätter handförmig und 3 – 5-spaltig, Nebenblätter halbeiförmig, einge schnitten-gezähnt; Blüten winzig, grün-gelblich in 10 – 20-blütigen Knäueln, Mai – September. Typ: Sandblümchen.

Lokal massenhaft auf sauren, aber nährstoffreichen, lehmigen, gut mit Wasser versorgten Böden; besonders in Wintergetreide, aber auch in Klee, Weinbergen usw. Sehr konkurrenzschwach (1); nicht bekämpfungswürdig.

Sehr ähnlich, aber äußerst selten ist der **Kleinfrüchtige Acker-Frauenmantel** *(Aphanes microcarpa, Alchemilla m.)*, der auf stark sauren, nährstoffarmen, sandigen Böden in Äckern (vermutlich nur mehr im nordwestlichen Waldviertel, NÖ) vorkommt.

Fingerkraut-Arten sind selten in Äckern zu finden; zuweilen erfolgt ein Einwandern vom Rand her; am ehesten werden sie auf feuchten bis nassen, nährstoffreichen Böden beobachtet.

■ Gänse-Fingerkraut

Potentilla anserina

Blüten gelb, Mai – August; ca. 10 cm hoch, Stängel kriechend; Blätter unterseits silbrig, seidig behaart. Ausdauernd, auf feuchten, nährstoffreichen, meist verdichteten, schweren Böden (Gänseweide); nur manchmal auf entsprechenden Standorten in Äckern. Heilpflanze.

■ Kriechendes Fingerkraut

Potentilla reptans

Blüten gelb, Juni – August, wenige Zentimeter hoch, Stängel lang kriechend. Vorkommen ähnlich Gänse-Fingerkraut. Ausdauernd.

■ Niedriges Fingerkraut

Potentilla supina

Blüten gelb, Juni – Oktober; Pflanze niederliegend. Einjährig, zerstreut auf feuchten bis nassen, sauren, aber meist nährstoffreicheren Böden in wärmeren Gegenden, oft gemeinsam mit den beiden anderen Fingerkraut-Arten.

■ Acker-Brombeere, Kratzbeere

Rubus caesius

Ausdauernd; Stängel (Ranken) lang, kriechend; Blätter groß, 3-zählig; aus den Blattachseln blütentragende Seitentriebe; Blüten weiß, Mai – Juli; Beeren bläulich bereift, sauer. Eigentlich Ufer- und Auenpflanze; in Äckern auch auf trockeneren, steinigen Böden.

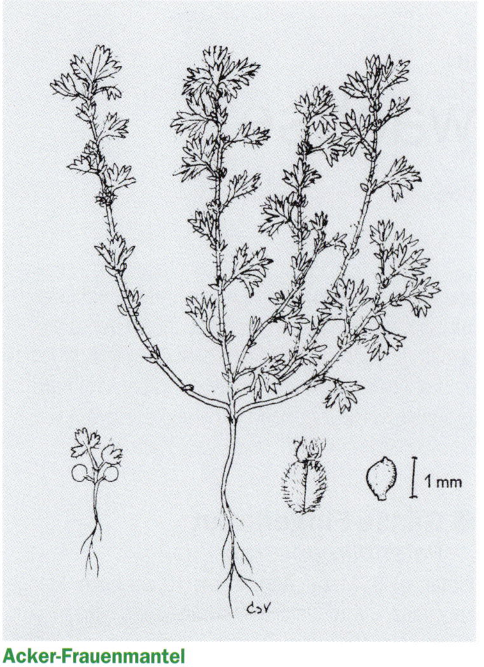

Acker-Frauenmantel

Gänse-Fingerkraut

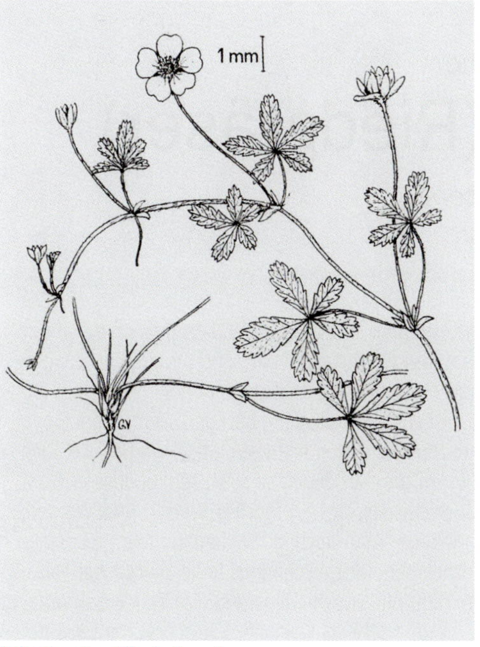

Kriechendes Fingerkraut

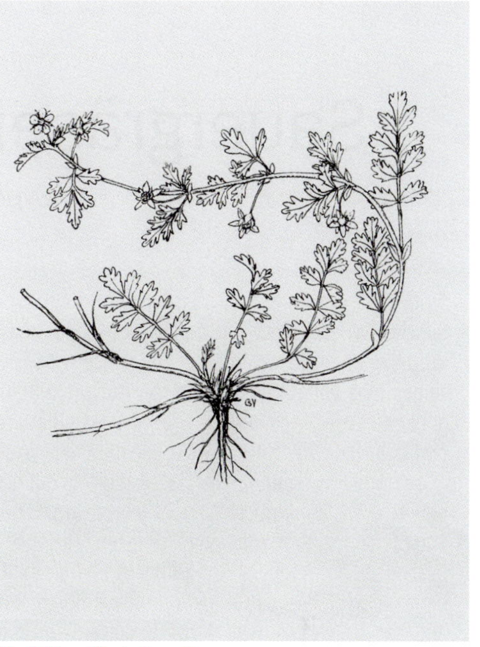

Niedriges Fingerkraut

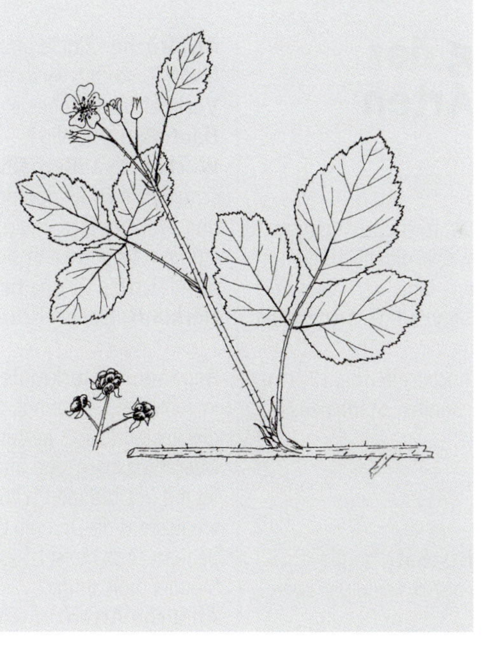

Acker-Brombeere

Familie

Sauergräser (Riedgräser)

Cyperaceae

Trotz ihres grasähnlichen Aussehens sind die Cyperaceen nicht näher mit den Gräsern verwandt. Sie unterscheiden sich nicht nur durch subtile Blütenmerkmale, sondern auch dadurch, dass ihre Blätter meist dreizeilig angeordnet sind (bei den Gräsern zweizeilig), so dass sie von oben betrachtet in drei Richtungen zeigen (wie beim Mercedes-Stern). Auch ihre Stängel sind oft dreikantig und kaum je hohl und in Knoten gegliedert wie die Halme der Gräser. Da die Blätter meist sehr stark „verkieselt", hart und scharf schneidend und daher als Viehfutter wenig geeignet sind (Ausnahme: Pferde, zumindest Kaltblüter), werden sie auch „Sauergräser" genannt. Das hat also nichts mit den Böden zu tun, auf denen sie wachsen. In unserer Flora beherrschen Sauergräser sowohl extrem trockene als auch ausgesprochen feuchte Wiesen und Weiden, Sümpfe und Seeufer und die extremsten Matten im Hochgebirge. Aber auch in Wäldern können sie bestandesbildend auftreten. Als Unkräuter spielen sie in Mitteleuropa nur eine ganz geringe Rolle, glücklicherweise, denn weltweit betrachtet, gehören die gefürchtetsten Unkräuter in verschiedensten Kulturen hierher, unter anderem deswegen, weil Vertreter dieser Familie mit Herbiziden sehr schwer oder kaum bekämpfbar sind, was zum Teil mit der starken Verkieselung zusammenhängen mag.

Beschreibung der wichtigsten Arten

Haarige Segge

Carex hirta

Blüte: Blüten in länglichen, walzlichen (wurstförmigen) Ähren; die oberen Ähren rein männlich, die unteren nur mit weiblichen Blüten, daher nach dem Verblühen mit dicken Früchten (während die männlichen Ähren vertrocknen).

Wuchs: Aufrecht, 10 – 30 cm hoch (selten bis 100 cm), mit unterirdischen, lang kriechenden Stängelausläufern (Rhizomen).

Lebensform: Ausdauernd.

Typ: Unverwüstliche.

Bedeutung in der Landwirtschaft: Häufig, aber meist vereinzelt auftretend; bisher keine größeren Probleme bekannt.

Ansprüche: Pionierpflanze auf eher gut mit Wasser und Nährstoffen versorgten offenen Böden.

Verbreitung: Allgemein verbreitet.

Häufigkeit: Häufig.

Wuchsorte außerhalb der Äcker: Wegränder, Böschungen, Straßengräben, (wechsel)feuchte Wiesen und Weiden: siedelt sich hier auf Stellen mit Bodenstörung an und kann sich anschließend halten, auch wenn sich die Grasnarbe wieder geschlossen hat.

Herkunft: Einheimisch.

Besondere Merkmale: Die einzige Seggen-Art, die in Ackerland eindringt, und eine der ganz wenigen, die imstande ist, gestörte Bodenstellen zu erobern. Charakteristisch sind auch die unterirdischen Ausläufer mit (rot)braunen Schuppen sowie das Faktum, dass wenigstens die unteren Blattscheiden fast immer dicht behaart sind; meist ist sogar die ganze Pflanze haarig. Stängel dreikantig.

Ähnliche Arten: Unverwechselbar.

Haarige Segge

Erdmandel in Mais (Steiermark)

Erdmandel
Cyperus esculentus

Blüte: Blütenstand elegant, springbrunnenartig verzweigt (Dolde); Blüten in 6 – 30 cm langen, schmalen, spitzen goldgelben oder gelblichbraunen Ähren.
Wuchs: Aufrecht, bis 80 cm hoch; unterirdisch lange (1 mm) dünne, gelbliche Ausläufer, am Ende mit etwa 1cm dicken, kugeligen oder eiförmigen Knöllchen.
Lebensform: Ausdauernd.
Typ: Unverwüstliche.

Bedeutung in der Landwirtschaft: Derzeit nur kleinräumig bzw. vereinzelt in Österreich auftretend; flächenmäßig am verbreitetsten in Kärnten; in den letzten Jahren auf neuen Standorten beobachtet. Unter günstigen Bedingungen hohe Vermehrungsrate. Bekämpfung schwierig; Kombination verschiedener Gegenmaßnahmen über längeren Zeitraum notwendig.

Ansprüche: Gut mit Wasser versorgte, lehmreiche, kalkfreie Böden; wintermildes Klima.
Verbreitung: Nur ganz lokal eingeschleppt (vermutlich Stückchen der unterirdischen Organe in Reifenprofilen).
Häufigkeit: Selten.
Wuchsorte außerhalb der Äcker: Praktisch nur in Ackerland.
Herkunft: Heimat unbekannt; in den Subtropen weit verbreitet; auch kultiviert.

Anmerkung: Knöllchen (Erdmandeln) essbar und geschmackvoll; es gibt Kulturformen mit größeren Knöllchen. Fettgehalt 20 – 24 % in der Trockensubstanz (hoher Anteil an Linolsäure).

Ähnliche Arten: Das **Knollen-Zypergras** *(Cyperus rotundus)* hat ebenfalls lange dünne Ausläufer, die aber dunkelbraun sind und ebenfalls kleine, ellipsoidische Knöllchen tragen. Auch die Blütenährchen sind dunkelbraun. Es wird etwa 50 cm hoch und ist ein weltweit in tropischen und subtropischen Regionen verbreitetes Ungras, das auch nach Südeuropa verschleppt wurde und gelegentlich auch bei uns in Mais auftreten kann (so etwa in Kärnten).

Knollen-Zypergras

Gelegentlich tritt auch die **Knollenbinse** *(Bolboschoenus maritimus)* in Äckern mit schwerem, feuchtem Boden auf und ist dann wegen ihrer regenerationsfähigen unterirdischen Ausläufer (Typ: Unverwüstliche), die ebenfalls Knöllchen tragen, schwer wieder los zu werden. Die Pflanzen sind sehr derb, haben einen rauen, dreikantigen Stängel, der bis fast 2 m hoch werden kann (im Acker nur bis etwa 1m), und einen deutlich kompakteren Blütenstand als die Cyperus-Arten. Die Art ist bei uns heimisch und bildet vor allem im Brackwasser Röhrichte (daher sehr häufig im Bereich des Neusiedlersees), seltener in Süßwasser. Neuerdings kleinflächig in Äckern in der Steiermark und Niederösterreich beobachtet. Schwer bekämpfbar.

Ebenfalls grasähnlich und nahe verwandt sind die **Binsengewächse** *(Juncaceae)*, verbreitete Pflanzen von Feuchtstandorten. Die bekannte **Flatterbinse** *(Juncus effusus)*, deren Blätter genauso wie die Stängel aussehen, d.h. glatt und im Querschnitt rund sind, kann auf feuchten Weiden lästig werden.

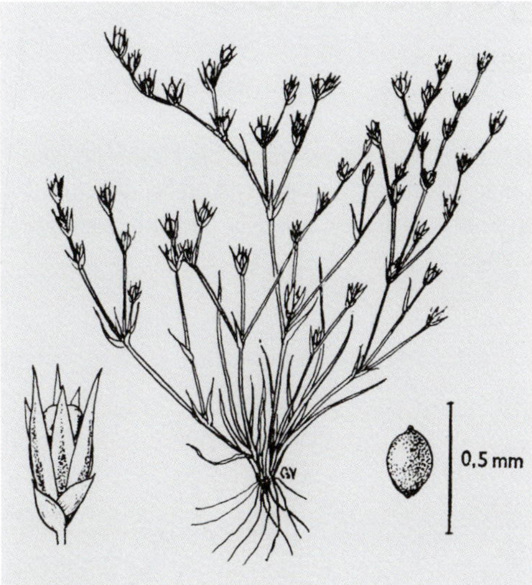

Krötenbinse

Regelmäßig in nassen Äckern findet man die **Krötenbinse** *(Juncus bufonius)*, ein winziges, sommer-einjähriges Pflänzchen, das oberflächlich verdichtete, vernässte Böden anzeigt (Krumenfeuchtezeiger; oft nur in den Traktorspuren). Als Unkraut hat es wegen seiner geringen Größe (5 bis max. 30 cm) und seiner Anspruchslosigkeit keine Bedeutung. Typ: Schlammzwerge, Konkurrenzkraft sehr gering (1).

Familie

Sauerkleegewächse

Oxalidaceae

Die erste Silbe des Namens bezieht sich auf den Geschmack der Blätter, die zweite auf ihre Kleeähnlichkeit. Mit dem Rotklee sind die Pflanzen allerdings nicht verwandt, dieser hat ganz anders aussehende Schmetterlingsblütchen. Der hohe Gehalt des Zellsaftes an Ionen einer organischen Säure, die natürlich Oxalsäure heißt, verleiht ihnen einen angenehm erfrischenden Geschmack.

Acker-Sauerklee (Aufrechter Sauerklee)

Oxalis stricta
(= O. europaea, O. fontana)

Blüte: Gelb, Juni – Oktober.

Wuchs: Aufrecht, 10 – 40 cm; mit dünnen, meist unterirdischen, flach streichenden Ausläufern, die vor der Überwinterung zu kleinen Speicherknöllchen anschwellen. Ältere Pflanzen mit zusätzlichen aufrechten Trieben, die aus den Ausläufern sprossen.

Lebensform: Sommer-einjährig, außerhalb der Äcker auch ausdauernd, Pflanzen sterben im Herbst oberirdisch ab und treiben im Frühling aus den Speicherknöllchen wieder aus. Neben der Vermehrung durch Samen (hohe Samenproduktion, Schleuderverbreitung) auch vegetativ durch Ausläuferstückchen und Knöllchen (bei der Bodenbearbeitung verschleppt).

Typ: Anspruchsvolle Kleine bzw. Unverwüstliche.

Bedeutung in der Landwirtschaft: Konkurrenzschwach (2 – 3); in allen Kulturen, jedoch nur in Gärtnereien problematisch als Unkraut.

Ansprüche: Bevorzugt sehr gut mit Wasser und Nährstoffen versorgte gare Böden in mildem, feuchtem Klima.

Verbreitung: Im Osten Österreichs fast nur in Gärten, nach Westen überall, mit zunehmender Klimafeuchte auch in Hackfrüchten und schließlich unter Getreide.

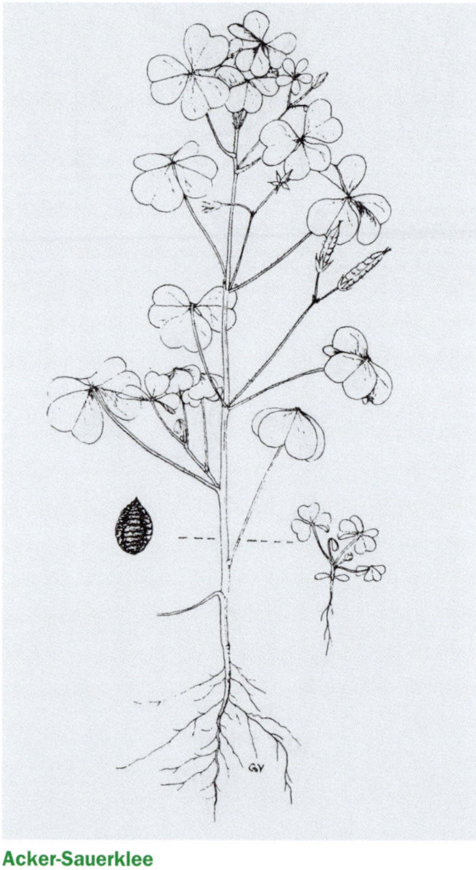

Acker-Sauerklee

Häufigkeit: Häufig.
Wuchsorte außerhalb der Äcker: Friedhöfe, feuchte Waldschläge, Erdhaufen.
Herkunft: Nordamerika?, heute weltweit verschleppt (bei uns seit der Mitte des 19. Jh.s).

Besondere Merkmale: Pflanze frischgrün. Stängel ± aufrecht, nur wenig behaart; Fruchtstiele nicht zurückgeschlagen, sondern gerade abstehend, Früchte wenig behaart.

Ähnliche Arten

Dillenius-Sauerklee *Oxalis dillenii*
Stängel aufrecht, 10 – 30 cm, Fruchtstiele zurückgeschlagen, Blätter grün, ganze Pflanzen und vor allem Früchte ± grau durch dichte Behaarung. Diese erst etwa in der Mitte des 20. Jh.s vermutlich aus Nordamerika eingeschleppte Art scheint in Ausbreitung begriffen zu sein. Bisher besiedelte sie v.a. Gärten, Parks und Friedhöfe. Nun tritt sie auch in Maisäckern auf (häufig bereits im Mittleren Burgenland und in der Steiermark).

Horn-Sauerklee *Oxalis corniculata*
Fruchtstiele zurückgeschlagen, Pflanze kriechend und an den Knoten wurzelnd, Blätter oft dunkelrotbraun getönt.

Horn-Sauerklee

Dieser auffällige, hübsche kleine Sauerklee unbekannter Herkunft ist häufig und typisch für Mauerfüße, Pflasterritzen und Friedhöfe. Ab und zu tritt er als „Unkraut" in Gärten und Parks auf.

Familie

Schachtelhalmgewächse

Equisetaceae

Schachtelhalmgewächse sind eine sehr urtümliche Familie, die ganz unten am Stammbaum der Pflanzen steht, während der Urzeiten gab es baumartige Schachtelhalme. Die heutigen Vertreter sind nur mehr relativ kleine, ausdauernde Kräuter, die allgemein bekannt und mit ihren hohlen, gegliederten Stängeln, ihrer quirligen Verzweigung und den ganz unscheinbaren, schuppenförmigen Blättern, die zu gezähnten Scheiden um den Stängel herum verwachsen sind, leicht zu erkennen sind.

Acker-Schachtelhalm

(„Katzenschw(o)af", Zinnkraut)

Equisetum arvense

Blüte: Sporenpflanze; die hellrotbraunen, unverzweigten Sporentriebe (in der Zeichnung links dargestellt) erscheinen im März – April und sterben dann ab.

Wuchs: Anschließend kommen die grünen, verzweigten Triebe aus dem Boden, 20 – 60 (100 cm).

Lebensform: Ausdauernd; unterirdische ± waagrecht laufende, stark verzweigte (Stängel-)Ausläufer, oft in mehreren Stockwerken übereinander; Ausbildung und Tiefe abhängig von Boden und Bearbeitungstiefe.

Typ: Unverwüstliche, jedoch mit geringer Regenerationsfähigkeit.

Bedeutung in der Landwirtschaft: Konkurrenzkraft sehr gering (1 – 2), kein Konkurrent für Kulturpflanzen um Nährstoffe und Wasser (Ausläufer meist unter der Wurzelzone der Feldfrüchte), Lichtkonkurrenz nur in Ausnahmefällen; früher häufig in Mais (nach langjähriger Triazinanwendung); zuweilen unerwünscht in Rasenflächen; Bekämpfung (über begrenzten Zeitraum) mit verschiedenen Herbiziden möglich; wahrscheinlich positive Wirkung auf den Boden durch Aufschluss tieferer Schichten und Herauftransport von Nährstoffen.

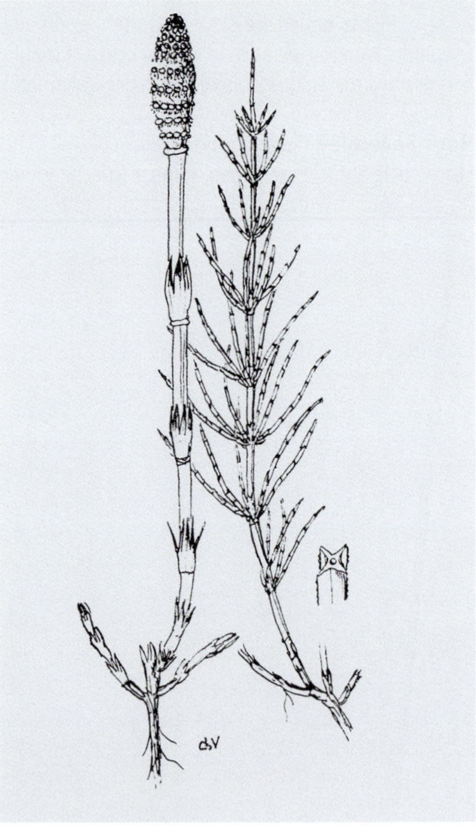

Acker-Schachtelhalm

Sporentriebe im Frühling

Das erste Glied ist länger als die Stängelscheide

Ansprüche: Tiefenfeuchte.
Verbreitung: ± überall an vielerlei Standorten.
Häufigkeit: Sehr häufig; in Äckern manchmal massenhaft durch einseitige Herbizidanwendung (der konkurrenzschwache Schachtelhalm kann sich nach Entfernen der anderen Unkrautarten ungestört entwickeln) und ungünstige Bodenbedingungen (oben trocken, unten vernässt; Bodenverdichtungen).
Wuchsorte außerhalb der Äcker: Auwälder, Ufer, Gräben, nasse Wiesen, Feldraine, Straßenböschungen (Unterhang).
Herkunft: Einheimische Uferpflanze.

Besondere Merkmale: Brauner Frühlingstrieb, grüner Sommertrieb; erstes Glied der Seitenäste (g) länger als die Scheide (s) (siehe Zeichnung).
Ähnliche Arten: In Äckern kommt praktisch nur diese eine der etwa 10 heimischen Equisetum-Arten vor; der sehr ähnliche **Sumpf-Schachtelhalm** *(E. palustre)* wächst vor allem in sehr nassen Wiesen und ist wegen seiner Giftigkeit gefürchtet. Bei ihm erscheint der braune Sporenstand im Sommer – Herbst auf der Spitze der verzweigten grünen Pflanze.
Beim Acker-Schachtelhalm ist außerdem das erste Glied der (oberen und mittleren) Äste länger als die dazugehörige Stängelscheide.*

Anmerkung: Wichtige Heilpflanze in Nieren- und Blasentees; früher wegen des hohen Gehaltes an „Kieselsäure" (SiO_2) zum Putzen von Zinngeschirr verwendet: „Zinnkraut".

* Dies ist eine der tückischen Merkhilfen, die eigentlich keine ist, weil man sie sich leicht genau verkehrt merken kann. Dieses Problem kann leicht mit folgendem tiefsinnigen Merkspruch gelöst werden (Achtung: Jugendverbot bis 16 Jahre!): Wenn das Glied länger als die Scheide ist, dann zieht der Bauer den Kürzeren. Wer sich das dann noch plastisch vorstellt und darüber grübelt, was das heißen soll, der wird die beiden Schachtelhalme nie mehr verwechseln.

Familie

Schmetterlingsblütengewächse (Leguminosen)

Papilionaceae, Fabaceae, Leguminosae

Einjährige Leguminosen der drei Gattungen Wicke, Platterbse und Klee treten in Äckern häufig, aber selten massenhaft auf. Sie sind daher höchstens ausnahmsweise als „Unkräuter" einzustufen, ganz abgesehen davon, dass sie mit Hilfe der Knöllchenbakterien Stickstoff aus der Luft in eine Form bringen, die ihn auch für andere Pflanzen nutzbar macht. In Feldern mit geringerer Stickstoffversorgung, etwa in Biobetrieben, sind sie daher häufiger anzutreffen. Die Arten der Gattung Wicke *(Vicia)* haben Fiederblättchen mit vielen Blattpaaren, die der Gattung Platterbse *(Lathyrus)* nur ein Paar.

Artenübersicht

Schmalblättrige Wicke *Vicia angustifolia*
Blüten rotviolett, Mai – Juli; wenig verzweigte, kurze (15 – 60 cm) Wicke, die selten über das Getreide hinausragt. Hülse schwarz. Anspruchslos gegenüber Boden und Klima; sehr verbreitet und häufig, aber kaum massenhaft, konkurrenzschwach (Konkurrenzkraft [2]).

Zottel-Wicke *Vicia villosa*
Blüten zweifarbig: violett / weiß, Juni – August; hochwüchsig (bis 120 cm), klettert und ragt aus dem Getreide heraus; Konkurrenzkraft mittel (3 – 4), überwinternd-einjährig; als Futterpflanze angebaut, im Getreide manchmal massenhaft (Saatgutverunreinigung?).

Kahle Zottelwicke *Vicia villosa subsp. varia (V. dasycarpa, V. pseudovillosa, V. glabrescens)*
Blüten etwas kleiner und rotviolett, Juni – August, Pflanze nicht zottig (höchstens anliegend behaart oder ganz kahl); sommer-einjährig, hochwüchsig, rankend, Konkurrenzkraft mäßig (3 – 4); Mittelmeerpflanze, in warmen Gebieten (mit Grassaatgut?) eingeschleppt und ab und zu massenhaft in Getreideäckern.

Rauhaarige Wicke *Vicia hirsuta*
20 – 60 cm; Blütchen winzig, weißlich-blassviolett, Mai – Oktober, Hülse weichhaarig, 2-samig; zarte Wicke, die nur selten wuchert, v.a. in Getreide auf sauren Böden.

Viersamige Wicke *Vicia tetrasperma*
20 – 50 cm; Blüten winzig, bläulichweiß, oben violett geadert, Mai – Oktober; Hülse kahl, 4-samig. Ähnliche Verbreitung wie *V. hirsuta* und oft mit dieser gemeinsam, aber insgesamt seltener.

Großblütige Wicke *Vicia grandiflora (V. sordida)*
Blüten bleichgelb, violett, grün oder bräunlich überlaufen, Mai – Juni; Pflanze 30 – 60 cm, wenig verzweigt, konkurrenzschwach (2 – 3); Zeiger für warm-feuchtes Klima.

Knollige Platterbse *Lathyrus tuberosus*
Blüten groß, sehr auffallend leuchtend karminrot, duftend, Juni – August; Stängel 30 – 100 cm lang, am

Schmalblättrige Wicke

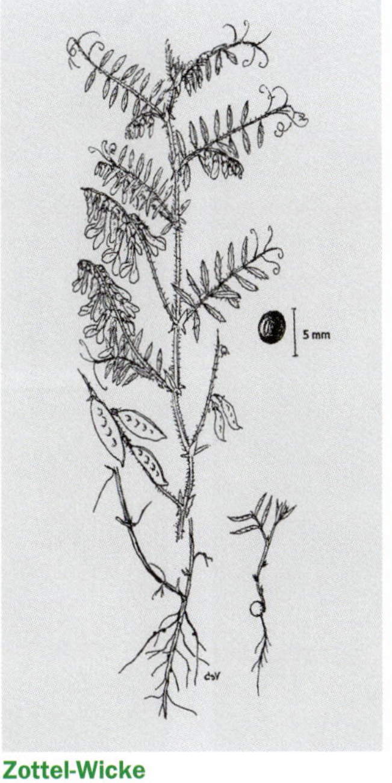

Zottel-Wicke

Rauhhaarige Wicke

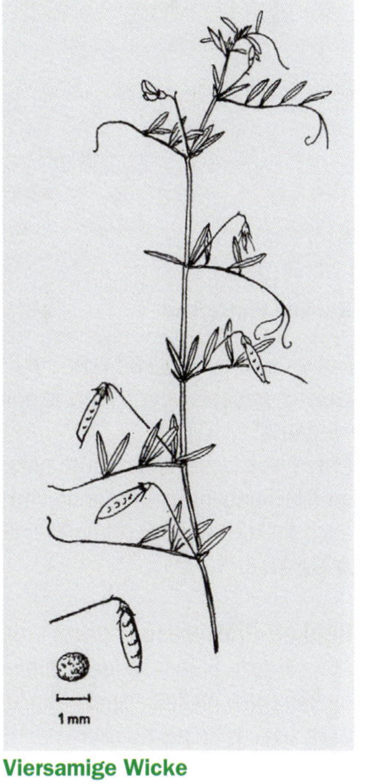

Viersamige Wicke

Großblühende Wicke und Inkarnatklee

Knollige Platterbse in Gerste

Ranken-Platterbse

Getreide emporrankend oder am Boden liegend. Tiefwurzler mit (essbaren) Wurzelknollen („Erdmandel", „Erdnuss").
Etwas wärmeliebende, ausdauernde Pionierpflanze an Böschungen, Bahngelände und dgl. Immer wieder auch in Äckern, aber selten Massenauftreten („Wurzel-Unkraut").

Ranken-Platterbse *Lathyrus aphaca*

10 – 40 cm; Blüten hellgelb, Juni – Juli; Stängel kurz rankend oder niederliegend. Wärmeliebender Südeuropäer, bei uns heute in Äckern praktisch ausgestorben.

Knollige Platterbse

Mäuse-Klee, Hasen-Klee *Trifolium arvense*

Blüten weißlich, später rötlich (Juni – September) von dicht grau-zottig behaarten Hüllblättern umgeben, so dass die Köpfchen wie mit Mäusefell überzogen aussehen.
Kleiner (5 – 20 cm), sehr konkurrenzschwacher (1) Pionier auf trockenen, sauren (Sand-) Böden. Heute aus Ackerland fast verschwunden.

Ein einjähriger, kleiner Klee, der **Feld-Klee** *(Trifolium campestre)*, mit gelben Blüten, kommt ebenfalls in trockenen Äckern vor, ist aber ohne praktische Bedeutung.
Eine ganze Reihe weiterer, ausdauernder Grünland-Leguminosen (z.B. versch. Klee-Arten, Vogel-Wicke) kann gelegentlich in Äckern auftreten, wird hier aber nicht genauer beschrieben, da es sich um keine typischen Unkräuter handelt.

Mäuse-Klee auf Quarzsand

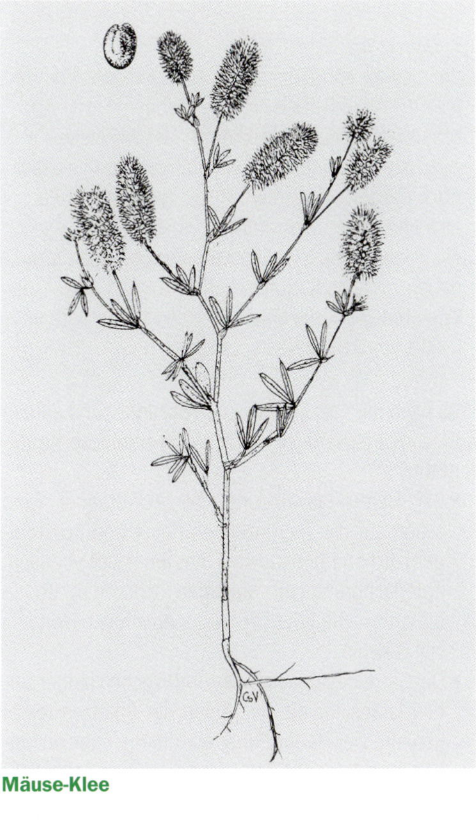

Mäuse-Klee

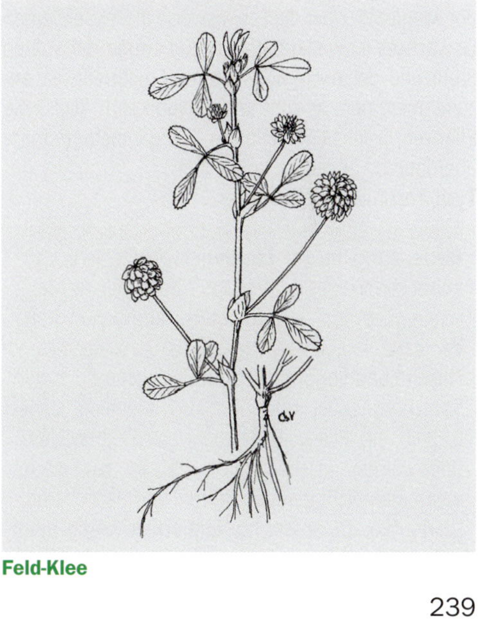

Feld-Klee

Familie

Spatzenzungengewächse (Seidelbastgewächse)

Thymelaeaceae

Außer Spezialisten kennt niemand die Gattung, nach der die Familie benannt ist. In Südeuropa gehören dazu aber bereits ganz ansehnliche Sträucher. Innerhalb der Familie gibt es sogar weit mehr Holzgewächse, ja sogar Bäume, als Kräuter. Darauf weisen bei uns die Arten der Gattung *Daphne* (Seidelbast) hin, die alle Gehölze (und außerdem schwer giftig) sind. Einige davon sind wichtige Rindenbastlieferanten und werden z.B. zur Papiererzeugung verwendet.

Spatzenzunge

Thymelaea passerina

Blüte: Gelblichgrün, winzig, Juli – Oktober.
Wuchs: Steif aufrecht, 10 – 30 cm hoch.
Lebensform: Sommer-einjährig; Spätkeimer (April / Mai), sehr geringe Samenproduktion, Samen im Boden langlebig. Über die Lebensweise dieses seltsamen Gewächses ist wenig bekannt. Auf Grund der späten Blüte und der noch viel späteren Fruchtreife ist anzunehmen, dass es spät im Frühling keimt. (Dass die Pflanzen vielleicht überwintern, ja sogar mehrere Jahre überdauern können, ist vorstellbar).
Typ: Anspruchslose Begleiter.

Bedeutung in der Landwirtschaft: Sehr konkurrenzschwach (1). Wenn der Bauer einen Menschen sieht, der – hoffentlich nur – am Rande seines Ackers kniet, dann hat er sicher einen Naturfreund vor sich, der auf der Suche nach der Spatzenzunge ist (oder nach dem Kleinling, siehe S. 204). Die Pflanzen sind zwar gar nicht so klein, aber extrem unscheinbar und kaum zu finden, wenn man nicht gerade mit der Nase darauf stößt (darum kann man sie nur entdecken, wenn man den Acker entlangkriecht). Als „Unkraut" kann man die Art jedenfalls nicht bezeichnen. Sie ist ganz offensichtlich eine Bereicherung des Ackers wie eine ganze Reihe von anderen Pflanzen, die in diesem Buch dargestellt werden. Auch der Landwirt kann also an seinen „Unkräutern" Freude haben, wenn er sie kennt. Dazu wollen wir beitragen und darum haben wir auch Raritäten aufgenommen. Die Stadt Wien hat sogar ein eigenes Artenschutzprogramm für die Spatzenzunge ins Leben gerufen.

Was kann man also für die Spatzenzunge (und andere aus landwirtschaftlicher Sicht völlig harmlose Raritäten) tun?

- Bei Herbizidanwendung die Ackerränder (und schon gar die angrenzenden Raine und Böschungen) nicht mitbehandeln – dies lohnt sich vor allem auf flachgründigen, steinigen, trockenen Böden ohnehin nicht, bringt der Natur aber hier besonders viel Gewinn.
- Die Getreidestoppeln zwei, drei Wochen länger stehen lassen, damit die Samen der Pflanzen reifen können. Der Hauptgrund, warum die Spatzenzunge und eine ganze Reihe von hübschen Arten (sie-

Spatzenzunge: Winzige Blüten, Juli – Oktober

he z.B. Acker-Schwarzkümmel) so selten geworden sind, ist der Stoppelsturz sofort nach der Ernte.

- Auf Brachen mit natürlicher Begrünung hält sich die Spatzenzunge recht gut, vorausgesetzt die Vegetation bleibt schütter, was auf entsprechend magerem, trockenem Boden meist für einige Jahre der Fall ist. Dann muss wenigstens teilweise wieder umgebrochen werden, damit die Vegetationsentwicklung von neuem beginnen kann. Die Art wird durch Beweidung mit Schafen gefördert (Samen klemmen sich in die Hufe und werden so verbreitet).

Ansprüche: Braucht warme Sommer; bevorzugt schwere Böden. Da die Art konkurrenzschwach ist, findet man sie v. a. auf eher trockenen und sehr steinigen Standorten.

Verbreitung: Vor allem im östlichen Österreich.

Häufigkeit: Unklar, vielleicht gar nicht so selten, weil schwer zu finden.

Wuchsorte außerhalb der Äcker: Schütter bewachsene Böschungen, lückige (ehemalige) Trockenweiden.

Herkunft: Vorderasien.

Besondere Merkmale: Früchte behaart.

Familie

Storchschnabelgewächse

Geraniaceae

Der anschauliche Name dieser Familie bezieht sich auf die langschnabeligen Früchte. Hierher gehören neben Storch- und Reiherschnabel auch die süd- und mittelafrikanischen Arten der Gattung *Pelargonium*, die bei uns als beliebte Balkonpflanzen deshalb auch oft als „Geranien" bezeichnet werden.

Kleiner Storchschnabel

Geranium pusillum

Blüte: Blass rosaviolett, Mai – Oktober.

Wuchs: Am Boden ausgebreitet oder bogig aufsteigend, Stängel 15 – 30 cm lang (auf günstigen Standorten länger).

Lebensform: Sommer- und überwinternd einjährig, keimt in 2 (3) Wellen (Hauptkeimzeiten Spätfrühling und Herbst), kann ohne Bodenbearbeitung auch länger leben. Überwintert mit Blattrosette. Katapultverbreitung (Schnabelteile rollen sich ruckartig von unten nach oben auf und schleudern den von Teilen der Frucht umhüllten Samen weg) (1). Samen im Boden langlebig.

Typ: Anspruchsvolle Kleine bzw. Flexible.

Bedeutung in der Landwirtschaft: Konkurrenzschwach (2 – 3), in allen Kulturen, massenhaft in Weingärten; u. U. Selektion durch Herbizide (z.B. in Mais durch Sulfonylharnstoffe).

Ansprüche: Braucht Wärme, gute Nährstoff- (Stickstoff-)versorgung und gut durchlüftete, sich daher früh erwärmende Böden.

Verbreitung: Überall, aber wärmeliebend, in kühleren Lagen nur auf warmen Sonderstandorten.

Häufigkeit: Sehr häufig.

Wuchsorte außerhalb der Äcker: Böschungen, Wegränder, Gebüsch.

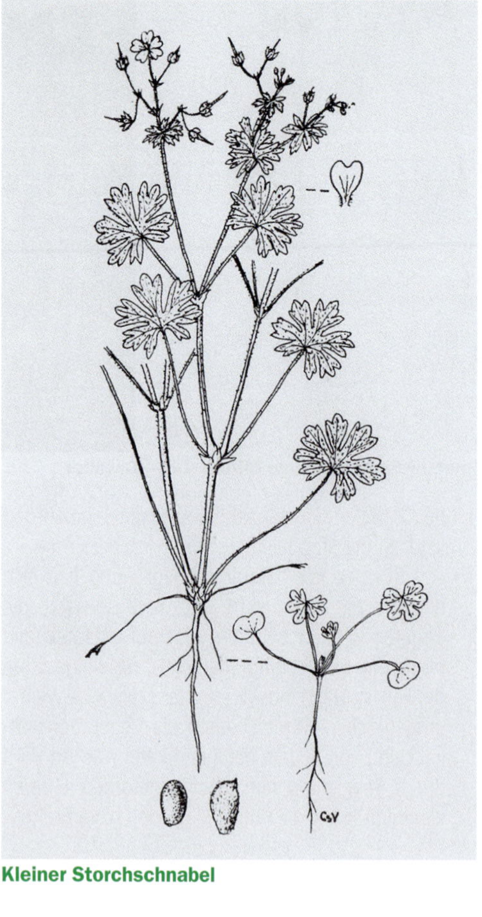

Kleiner Storchschnabel

Kleiner Storchschnabel

Herkunft: Mittelmeerraum?, jedenfalls aber schon seit vielen Jahrtausenden als Kulturbegleiter in Mitteleuropa.

Besondere Merkmale: Blattform! Blütenfarben! Blütenblätter an der Spitze eingebuchtet, Stängel mit ganz kurzen, schräg abstehenden Haaren.

Ähnliche Arten

Einige andere kleine *Geranium*-Arten können gelegentlich in Äckern auftreten, vor allem die beiden im Folgenden angeführten, die sich vom Kleinen Storchschnabel durch die viel stärker eingeschnittenen Blätter und die Blütenfarbe unterscheiden:

Schlitzblatt-Storchschnabel *Geranium dissectum*
Blüte: Leuchtend purpurrot, Blütenstiele abstehend behaart, mit Drüsenhaaren. Auf nährstoffreichen, meist gut mit Wasser versorgten Böden; liebt mildes Klima und schwere Böden: nicht im sommertrockenen Ostösterreich und nicht in kühlen Bereichen.

Schlitzblatt-Storchschnabel

Tauben-Storchschnabel *Geranium columbinum*
Blüte: Größer (bis 2 cm Durchmesser), blass-purpurne Blütenstiele angedrückt behaart, ohne Drüsenhaare. Auf eher trockenen (kalkhältigen) Böden in warmen Lagen.

Reiherschnabel
Erodium cicutarium

Blüte: Purpurrosa (manchmal blasser bis weiß), März – November.

Lebensform: Sommer- und überwinternd-einjährig, keimt im Frühling und Herbst; bei der Fruchtreife zerfällt der Schnabel in Teile, die unten je einen Samen enthalten. Der Schwanz dreht sich bei Trockenheit zu einer Spirale, bei Feuchtigkeit streckt er sich. So können die Früchtchen ein Stück kriechen und sich in den

Reiherschnabel (zu beachten: die elegant geschwungenen Keimblätter)

Boden hineinbohren. Die Spiralen bleiben auch leicht im Pelz von Tieren, in Verpackungsmaterial (Jutesäcke) u. dgl. hängen und werden so verbreitet. Tiefgehende Pfahlwurzel (trockenheitsresistent); vor allem in Trockengebieten zu finden.
Typ: Anspruchslose Begleiter.

Bedeutung in der Landwirtschaft: Sehr konkurrenzschwacher (1) Bodendecker (v.a. in Weingärten).

Ansprüche: Keine besonderen Ansprüche an Boden und Klima, bevorzugt lockere, gut durchlüftete, steinige Böden; erträgt Trockenheit (Tiefwurzler, bis über 2 m).
Verbreitung: Überall häufig.
Wuchsorte außerhalb der Äcker: Trockene Pionierstandorte: Böschungen, Straßenbankette u.dgl.
Herkunft: Einheimisch.

Besondere Merkmale: Sieht aus wie ein Storchschnabel mit Fiederblättern.

Familie

Veilchengewächse

Violaceae

Weltweit betrachtet, gibt es etwa 800 Arten in dieser Familie, darunter sogar Sträucher und Bäume. In unseren Breiten ist sie aber nur durch die Gattung *Viola* vertreten. Während die meisten Veilchen ihre beiden unteren seitlichen Blütenblätter abwärts gerichtet tragen, so strecken einige wenige Arten diese exklusiv nach oben. Diese Veilchengruppe nennen wir Stiefmütterchen.

Beschreibung der wichtigsten Arten

Acker-Stiefmütterchen
Viola arvensis

Blüte: Gelblichweiß, manchmal blau überlaufen, die oberen Blütenblätter im oberen Teil mit purpurvioletten Flecken, April – Oktober.
Wuchs: Aufrecht oder unten verzweigt, Seitenäste bogig aufsteigend, 5 – 20 (80) cm hoch.
Lebensform: Sommer- und überwinternd einjährig, keimt fast das ganze Jahr außer im Hochsommer. Samenverbreitung durch Ausschleudern und Ameisen (Samen mit Ölkörperchen, die für die Ameisen Leckerbissen sind). Samen im Boden Jahrhunderte lebensfähig; keimen, wenn sie durch Bodenbearbeitung ans Licht gebracht werden.
Typ: Frühreife.

Bedeutung in der Landwirtschaft: Fast in jedem Acker, vor allem unter Getreide, aber nur selten massenhaft; außerdem konkurrenzschwach (1 - 2), daher nur in Ausnahmefällen auf leichten, sandigen Böden ein Problem. Bekämpfung z.B. in Getreide oder Rübe schwierig, da ungenügende Wirkung verschiedener herbizider Wirkstoffe.

Acker-Stiefmütterchen

Ansprüche: In allen Ackerbaugebieten und auf allen Böden.
Verbreitung: Überall.
Häufigkeit: Sehr häufig.
Wuchsorte außerhalb der Äcker: Lückige Weiden und Wiesen, Böschungen, Erdhaufen.
Herkunft: Unbekannt, vielleicht aus einheimischen Wildformen *(V. kitaibeliana, V. tricolor)* entstanden.

Besondere Merkmale: Das Acker-Stiefmütterchen ist nicht nur an seinen Blüten, sondern auch an seinen (fiederig) tiefgeteilten Nebenblättchen und den gekerbten Blatträndern auch in ganz jungem Zustand leicht zu erkennen.
Ähnliche Arten: Sehr schwierig ist die Unterscheidung vom **Wilden Stiefmütterchen** *(V. tricolor)* unter anderem, weil das Acker-Stiefmütterchen durch eine großblütige Übergangsform (subsp. *megalantha*) mit diesem verbunden ist.
Viola tricolor wächst auf Magerwiesen und schattigen Böschungen im Gebirge und hat entweder violettblaue Blütenblätter oder ganz große ± reingelbe Blüten.

Anmerkung: Heilpflanze.

Acker-Stiefmütterchen

Familie

Wegerichgewächse

Plantaginaceae

Aus der Familie der Wegerichgewächse sind nur wenige Arten (Gattung *Plantago*) hie und da in Äckern zu finden. Eher treten sie auf Wegen, in Rasenflächen, Wiesen und Weiden, an Ackerrändern oder in mehrjährigen Kulturen in Erscheinung. In den letzten Jahren konnte ein verstärktes Auftreten einiger Arten (z.B. Breit-Wegerich) in Mais beobachtet werden.
Die Blätter der hier angeführten Arten sind parallelnervig, die Einzelblüten unscheinbar in dichten Ähren an einzelnen, meist blattlosen Stängeln angeordnet.

Beschreibung der wichtigsten Arten

Breit-Wegerich, Großer Wegerich
Plantago major

Ausdauernd; trittfest; breite Rosette; Blätter eiförmig, groß; Blütenähre langgestreckt (bis 20 cm), bräunlich-grün, Mai – Oktober. In Äckern vor allem auf schweren Böden. Der Breit-Wegerich ist eine typische Trittpflanze: Durch seine widerstandsfähigen Blätter und seine Fähigkeit, verdichtete, luftarme Böden zu ertragen, kann er sich auf Wegen sehr gut behaupten und heftet seine klebrigen Samen an die Schuhsohlen. Diejenigen, die auf den Breit-Wegerich treten, sorgen somit für seine Verbreitung.
Heilpflanze: Die zerriebenen Blätter helfen bei Insektenstichen.

Spitz-Wegerich
Plantago lanceolata

Der Spitz-Wegerich ist zwar eine ausdauernde, aber ausgesprochen kurzlebige Pflanze und tritt daher als Erstbesiedler (Pionier) auf offenen Bodenstellen auf, daher sehr häufig in lückigen Wiesen und besonders in Weiden und gelegentlich auch in Äckern. Blätter schmal, lang zugespitzt, parallelnervig. Blüten auf bis zu 30 cm hohem Stängel, die Blütenähre ist ganz kurzkopfig; Blüten Mai – September.
Heilpflanze: Hustensirup.

Mittlerer Wegerich
Plantago media

Ausdauernd; grundständige Blattrosette; Blätter elliptisch, silbrig behaart, Blütenstandstängel bis 40 cm lang, die Länge der Ähre liegt etwa in der Mitte zwischen der des Breit- und der des Spitz-Wegerichs und ist sehr zierend, denn die einzelnen Blüten haben auffallend lange, weißlich-lila Staubfäden, Mai – September. Der Mittlere Wegerich ist also nicht so unscheinbar wie die beiden anderen Arten und auch keine Pionierpflanze, sondern besiedelt eher naturnahe Standorte, wie trockene, magere Wiesen und Weiden; er kann auch in mehrjährigen Kulturen auftreten, aber ohne Schadwirkung.

Sand-Wegerich
Plantago arenaria, P. indica

Einjährig; 10 – 20 cm. Auf trocken-warmen, sandigen Standorten (nördliches Burgenland); selten (stark gefährdet!).

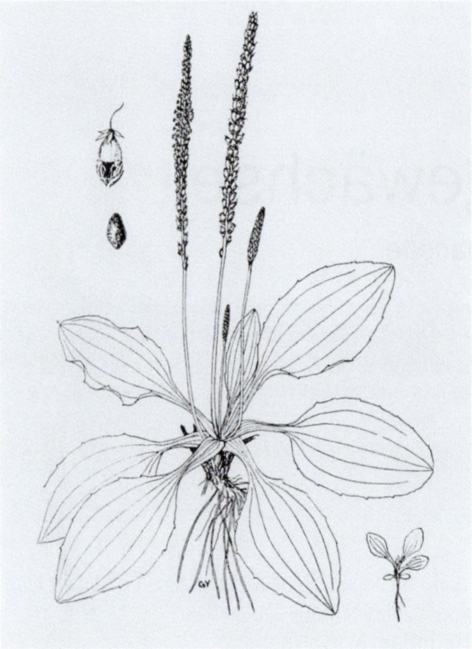

Breit-Wegerich

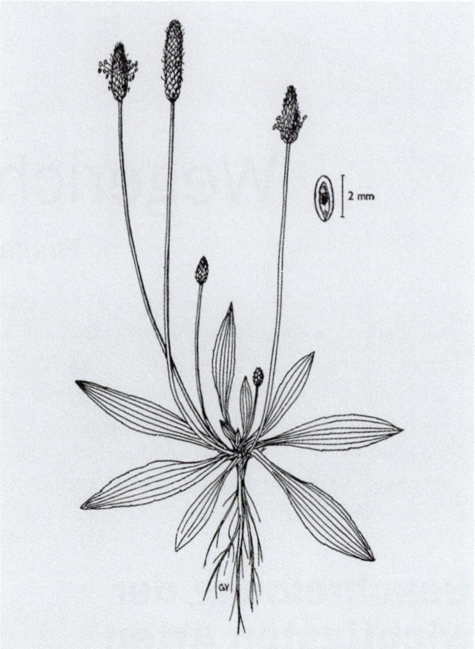

Spitz-Wegerich

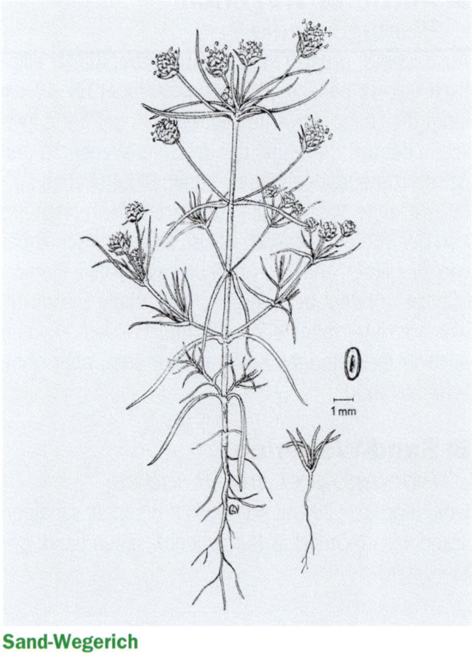

Sand-Wegerich

Mittlerer Wegerich
(mit einem Verwandten des Rosenkäfers)

Familie

(Blut-) Weiderichgewächse

Lythraceae

Aus der kleinen Familie der Weiderichgewächse finden sich nur wenige Arten auf Ackerland und hier vor allem auf feuchten Standorten. Am bekanntesten ist wohl der Große Blutweiderich, der mit seinen schönen purpurroten Blüten auch an Gartenteichen gepflanzt wird und sehr stark Schmetterlinge anzieht. Die Vertreter dieser Familie sind durch einfache, ungeteilte, ganzrandige Laubblätter gekennzeichnet, die 4 – 6 Kelchblätter mit ebenso vielen Außenblättern aufweisen. Die Zahl der Kronblätter beträgt 4 – 6, die der Staubblätter meist doppelt so viel.

Großer Blutweiderich

Lythrum salicaria

Ausdauernd; Stängel meist aufrecht, 30 – 100 (150) cm; Blätter breit-länglich-lanzettlich bis schmal-ei-lanzettlich, sitzend, schwach herzförmiger Grund, meist gegenständig; Blüten purpurrot, Juni – September; Samen 1 mm, bräunlich-gelb.

Kommt vereinzelt auf feuchten bis nassen Feldern in verschiedenen Bundesländern vor; außerdem an Ufern, in Gräben und auf feuchten Wiesen. Auf Ackerland können kräftige Wurzelstücke beim Einsatz von Sägeräten Probleme bereiten. Wenn notwendig, kann mittels Einzelpflanzenbekämpfung mit ausgewählten systemisch wirkenden Herbiziden Abhilfe geschaffen werden.

Kleiner (Ysopblättriger) Blutweiderich

Lythrum hyssopifolia

Einjährig; Stängel 5 – 20 cm; Pflanze niederliegend-aufrecht (Ähnlichkeit mit Vogelknöterich); Blätter variabel (linealisch-länglich), meist wechselständig; Blüten einzeln in den Blattachseln, rot-violett, Juni – September. Frühlingskeimer (Schlammbesiedler); auf oberflächlich vernässten, schweren Böden in warmen Gebieten; auf feuchten Äckern, nassen Wiesen, an Ufersäumen, auf salzhaltigen Böden; stark gefährdet.

Großer Blutweiderich

Vernässter Ackerboden mit Großem Blutweiderich (Südsteiermark)

Kleiner Blutweiderich

Familie

Windengewächse

Convolvulaceae

Durch ihre schönen Blüten und den schlingenden Wuchs bekannte Familie. Weltweit betrachtet, gehören aber sogar Sträucher und Bäume dazu. Eine ausdauernde, nicht kletternde Staude, die Batate oder „Süßkartoffel" wird wegen ihrer stärkereichen Knollen kultiviert.

Beschreibung der wichtigsten Arten

Zaunwinde
Calystegia sepium

Blüte: Weiß, 3,5 – 5 cm, Juni – September.
Wuchs: Stängel windet sich an verschiedenen Pflanzen empor.
Lebensform: Ausdauernd.
Typ: Winden.

Bedeutung in der Landwirtschaft: Konkurrenzkraft sehr groß (5); verursacht besonders auf feuchteren Standorten in verschiedenen Kulturpflanzen große Probleme; sehr massenwüchsig (ist auch bei Maishöhen über 3 m in der Lage, Bestände zu überwuchern); Bekämpfung in Kulturpflanzenbeständen teilweise unbefriedigend; indirekte Förderung durch reduzierte Bodenbearbeitung.

Ansprüche: Feuchtezeiger.
Verbreitung: Alle Ackerbaulagen.
Häufigkeit: Besonders im Maisbau häufig.
Wuchsorte außerhalb der Äcker: Ursprünglich Pflanze der Röhrichte, Ufer und Auen; erst vor einigen Jahrzehnten in die Äcker eingedrungen.
Herkunft: Einheimisch.

Besondere Merkmale: Viel größere und breitere (4 – 5 cm) Blätter, größere Blüten, an deren Grund größere Vorblätter als bei der Ackerwinde (siehe Zeichnung) sind.
Anmerkung: Abführmittel (v.a. Samen werden in der Volksmedizin verwendet).

Acker-Winde
Convolvulus arvensis

Blüte: Trichterblüten, weiß bis rosa; duftend, nur vormittags geöffnet, Juli – September.
Wuchs: Auf anderen Pflanzen windend oder am Boden liegend; 20 – 200 cm.
Lebensform: Ausdauernd mit sehr tief reichenden senkrechten Wurzeln und in unterschiedlicher Tiefe waagrecht laufenden Stängel- und Wurzelausläufern, die im Jahr bis zu 2 m wachsen können und aus deren Knospen wieder oberirdische Triebe entspringen.
Typ: Winden.

Bedeutung in der Landwirtschaft: Konkurrenzkraft mittel (3). Konkurrent um Licht, aber kaum um Nährstoffe: trockenfeste, anspruchslose Steppenpflanze. Durch die hohe Regenerationsfähigkeit der unterirdischen Organe (abgerissene Stückchen von 1 cm Länge treiben wieder aus) durch verschiedene Bodenbearbeitungsmaßnahmen eher gefördert als geschädigt (auch Verschleppung mit Geräten). Mechanische Bekämpfung muss früh erfolgen (3- bis 4-Blatt-Stadium) und mehrmals wiederholt werden. Sehr lichtbedürftig, durch stark

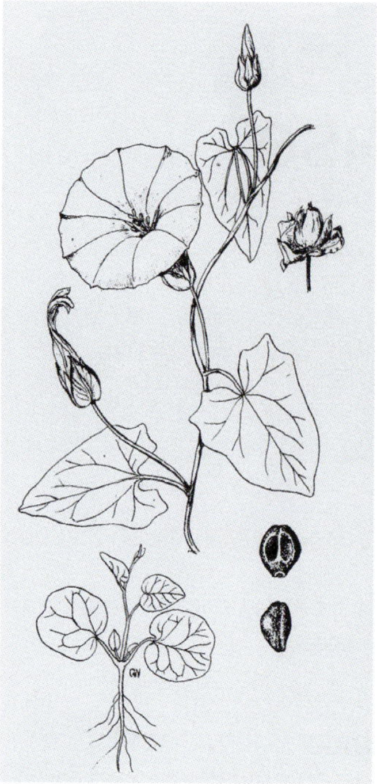

Zaunwinde

schattende Kulturen unterdrückbar. Vor allem im Weinbau problematisch. Nicht so massenwüchsig wie Zaunwinde. Ähnliche Bekämpfungsprobleme wie bei dieser. Indirekte Förderung ebenfalls durch Minimalbodenbearbeitung.

Ansprüche: Mäßig trockene, schwere, aber gut durchlüftete Böden, wärmebedürftig, mit zunehmender Kühle des Klimas Kalkzeiger.
Verbreitung: In ganz Österreich, etwas wärmebedürftig.
Häufigkeit: Häufig, nur in Rebkulturen und Beerenobst massenhaft. In zahlreichen Feldkulturen anzutreffen (oft verstärkt im Bereich von Feldrändern).
Wuchsorte außerhalb der Äcker: Straßenböschungen, trockene Wiesen.
Herkunft: Steppen- und Dünenpflanze.

Besondere Merkmale: Blütentrichter 2 – 3 cm lang und 3 – 4 cm im Durchmesser, sehr vielgestaltig, vor allem was die Blattform und Blütenfarbe betrifft.

Ähnliche Arten: Die nah verwandte **Zaunwinde** hat größere Blüten und breitere Blätter. Die Blättchen unterhalb des Kelchs sind größer (Zeichnung!). In Äckern wächst sie nur auf feuchtem Boden, vor allem in Mais. Auch der **Winden-Knöterich** wird gerne mit der Acker-Winde verwechselt, was unverständlich ist, da er mit ihr nicht einmal entfernt verwandt ist. Die Unterschiede sind daher auch faustdick: Die Wurzeln des Knöterichs lassen sich leicht aus der Erde ziehen, da er einjährig ist. Bei den Winden ist dies völlig unmöglich. Die Blütchen des Knöterichs sind winzig; außerdem besitzt er das Merkmal der Familie, die „Tute", ein zartes Häutchen, das den Stängel am Blattansatz umgibt.

Weitere Arten

Die **Kleeseiden** (*Cuscuta* ssp.) werden heute als eigene Familie „Seidengewächse", *Cuscutaceae,* von den Windengewächsen abgetrennt. Obwohl sie sehr

Acker-Winde

Nessel-Seide

zarte Kletterpflanzen sind, fallen sie doch auf: Als bleiche, chlorophyllfreie Vollparasiten, die an den Wurzeln anderer Pflanzen saugen, umschlingen sie die Wirtspflanzen mit blattlosen Stängeln, an denen winzige Blütchen sitzen. Ihre völlig blattlosen, dünnen, blassen, windenden Stängel wirken wie Zwirnsfäden. Im Volksmund heißen sie daher auch „Teufelszwirn".

Die **Nordamerikanische Kleeseide** *(C. campestris)* schmarotzt auf Klee und Luzerne, spielte in Österreich bisher eine geringe Rolle, nahm aber in den letzten Jahren deutlich zu.

Die wichtigste Bekämpfung ist die Verwendung reinen Kleesamens, da die winzigen Samen mit Saatgut verschleppt werden. Unser Photo zeigt die sehr ähnliche **Nessel-Seide** *(C. europaea)*.

Die **Flachs-Seide** *(C. epilinum)* parasitiert auf Kultur-Lein, galt als ausgestorben, soll aber neuerdings wieder auftreten.

Familie

Wolfsmilchgewächse

Euphorbiaceae

Davon, dass dies eine riesige Familie mit über 8.000 Arten ist, merkt man in unseren Breiten nichts. Weltweit betrachtet, gehören Bäume und kakteenartige Sukkulente ebenso hierher wie eine Reihe von wichtigen Kulturpflanzen, etwa der Kautschukbaum (Milchsaft) oder der Rizinusbaum (ölhältige Samen). Viele Wolfsmilchgewächse sind giftig, einige davon sogar besonders gefährlich (Rizinus).

Jeder weiß wohl, dass die Gattung Wolfsmilch ihren Namen wegen ihrer weißen, giftigen und brennend scharfen Milch bekommen hat. Daran und an den recht einheitlich gebauten, grüngelb oder leuchtend gelb gebauten Blütenständen sind ihre Vertreter leicht zu erkennen. Der Aufbau dieser Blütenstände ist recht kompliziert, doch brauchen wir uns damit nicht abzugeben; für uns zählt allein der Gesamteindruck, der uns sagt, dass wir eine Wolfsmilch-Art vor uns haben. Nur ein, übrigens recht reizvolles Detail ist für das Bestimmen der Arten nützlich, die Nektardrüsen, deren lustige Formen (Halbmond, Kipferl, Knackwurst) beachtet werden sollten.

Nicht alle Wolfsmilchgewächse haben Milchsaft, so die Pflanzen aus der Gattung Bingelkraut, die nach dem griechischen Götterboten Merkur benannt ist (Mercurialis). Diese Gattung ist für das vorliegende Buch wichtig, da hierher das bedeutendste Unkraut dieser Familie gehört. Wir wollen daher mit ihr beginnen.

Beschreibung der wichtigsten Arten

Bingelkraut (Acker-Bingelkraut, Einjahrs-Bingelkraut)

Mercurialis annua

Blüte: Männliche und weibliche Pflanzen schauen recht verschieden aus: Bei den Weibchen sitzen die grünen Blütchen zu wenigen in den Blattachseln (Zeichnung links), die männlichen Pflanzen haben ährenförmige, endständige Blütenstände mit gelbgrünen Blütchen (diese werden beim Aufblühen übrigens weg- und dabei der Pollen herausgeschleudert: Windbestäubung); Blütezeit Juli / August (in milden Gebieten auch noch Oktober / November).

Wuchs: Aufrecht, 15 – 40 cm hoch.

Lebensform: Sommer-einjährig; überwintern nur in ausgesprochen wintermilden Gebieten (Westeuropas) möglich, aber nicht in Österreich: Bei längerem Frost (spätestens bei -5°C) sterben die Pflanzen; Wärmekeimer (ab Mitte April bis in den Mai hinein); bei uns in herbstmilden (spätfrostfreien) Gebieten in manchen Jahren eine zweite Generation.

Typ: Anspruchsvolle Kleine.

Bedeutung in der Landwirtschaft: Konkurrenzkraft gering bis mäßig (2 – 3); vor allem in Hackfrüchten und Gärten; wird von verschiedenen Herbiziden nicht oder nur ungenügend erfasst; mechanisch relativ leicht bekämpfbar.

Ansprüche: Sehr anspruchsvoll; optimale Versorgung der Böden mit Wasser und Nährstoffen; wärmebedürftig; außerdem: Frostanzeiger.

Verbreitung: Als Ackerunkraut vor allem in tieferen,

Bingelkraut

Foto unten: links: männliche, rechts: weibliche Pflanze

sommerwarmen Lagen; an Sonderstandorten (Erdhaufen, Mauerfüße) weiter verbreitet.

Häufigkeit: Häufig.

Herkunft: Vermutlich westlicher Mittelmeerraum, Nordafrika, Kleinasien.

Besondere Merkmale: Unverwechselbar; man darf sich vom sehr unterschiedlichen Aussehen weiblicher und männlicher Individuen nicht verwirren lassen; im frühen Jugendstadium leicht durch die besondere Färbung der Keimblätter erkennbar (siehe Foto).

Ähnliche Arten: Eine ausdauernde, ausläufertreibende Waldpflanze der gleichen Gattung.

Anmerkung: Uralte Heilpflanze, heute kaum mehr angewandt. Giftpflanze: nach Verfüttern an Rinder und Schafe sind auch Todesfälle bekannt geworden.

Sonnenwend-Wolfsmilch
Euphorbia helioscopia

Blüte: Grün, Nektardrüsen oval, gelb; Mai – Dezember (meist zwei Generationen).

Wuchs: Aufrecht, schirmartig: vom Boden her oft breit verzweigt und dann nochmals im Blütenstandsbereich; 10 – 40 cm.

Lebensform: (Bei uns) sommer-einjährig (selten überwinternd); Hauptkeimzeiten März / April und September (2 Generationen, da ein Teil der Samen rasch wieder auskeimt; ein Teil bleibt in Keimruhe und versorgt die „Samenbank" im Boden).

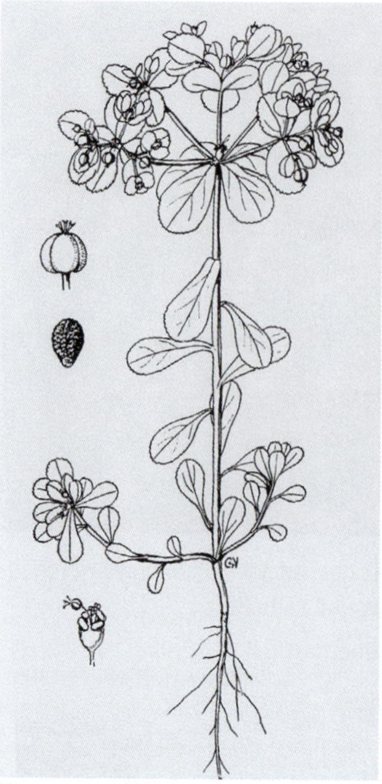

Sonnenwend-Wolfsmilch (man beachte die Blattzähnung)

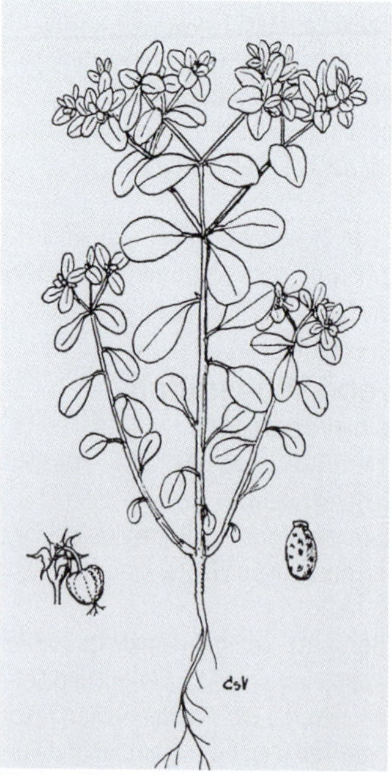

Garten-Wolfsmilch (Zeichnung links unten: gehörnte Nektardrüsen)

Typ: Anspruchsvolle Kleine.

Bedeutung in der Landwirtschaft: Konkurrenzkraft gering (2); in fast allen Kulturen, Schwerpunkt in Gärten, Weingärten und Hackfrüchten.

Ansprüche: Anspruchsvoll: optimale Entwicklung nur auf gut mit Wasser und Nährstoffen versorgten Böden (Flachwurzler), bevorzugt Lehmböden, schlechte Entwicklung auf vernässten, luftarmen Substraten (Pilzbefall).
Verbreitung: Geringe Ansprüche an das Klima, daher weit verbreitet.
Häufigkeit: Häufig.
Herkunft: Nicht geklärt, wahrscheinlich bei uns heimisch.

Besondere Merkmale: Eindeutig an den vorne zur Spitze hin fein gesägten oberen Blättern zu erkennen.

Garten-Wolfsmilch
Euphorbia peplus

Blüte: Grün, Nektardrüsen grünlichgelb, später gelb (selten rötlich) mit haarfein auslaufenden Hörnern; Juli – Oktober.
Wuchs: Aufrecht, etwas verzweigt; 5 – 10 cm hoch, selten größer.
Lebensform: Sommer-einjährig, Spätkeimer, aber sehr rasche Entwicklung (unter günstigen Umständen zwei Generationen / Jahr); bei Frost sterben die Pflanzen bald ab, können also bei uns nicht überwintern.
Typ: Anspruchsvolle Kleine.

Bedeutung in der Landwirtschaft: Konkurrenzkraft sehr gering (1); hauptsächlich Gartenunkraut, seltener in Äckern und Weinbergen; wird bei Bekämpfungsmaßnahmen nicht beachtet.

Ansprüche: Nährstoff- und basenreiche, höchstens mäßig trockene, aber auch nicht nasse, humose, gut durchlüftete Böden.
Verbreitung: Überall, nur etwas wärmeliebend.
Häufigkeit: Häufig.
Wuchsorte außerhalb der Äcker: Vor allem im Bereich menschlicher Siedlungen: Mauerfüße, Pflasterfugen, Friedhöfe, Parks (gerne im Halbschatten).
Herkunft: Mittelmeerraum, heute fast weltweit verschleppt.

Besondere Merkmale: Wenig auffällig: Bestimmung am besten nach dem Ausschlussverfahren, d.h. dass es keine der anderen Wolfsmilch-Arten ist; Merkmalskombination: Klein, einjährig (schwaches Wurzelsystem), Drüsen mit feinen, langen Hörnern, Früchte mit 6 flügelförmigen Längsleisten (auf unserer Zeichnung leider nicht zu sehen, da junge Frucht).

Kleine Wolfsmilch
Euphorbia exigua

Blüte: Hellgrün, Nektardrüsen gelb, zweihörnig; Mai – Oktober.
Wuchs: Oft von unten stark verzweigt, aufrecht, aber auch niederliegend; 5 – 20 cm (in Äckern meist unter 10 cm).
Lebensform: Sommer-einjährig, früh keimend (März/April).
Typ: Anspruchslose Begleiter.

Bedeutung in der Landwirtschaft: Konkurrenzkraft sehr gering (1); vor allem in Getreideäckern, aber auch in Hackfrüchten; als Konkurrent für Kulturpflanzen unbedeutend.

Ansprüche: Weite Amplitude, meidet nasse, sehr dichte und in Gebieten mit kühlem Klima auch ausgesprochen saure Böden.
Verbreitung: Weit verbreitet mit Schwerpunkt im Alpenvorland.
Häufigkeit: Zerstreut.
Wuchsorte außerhalb der Äcker: Wie etwa Klatschmohn nur vereinzelt außerhalb von Äckern und dann oft mit Ackererde verschleppt.
Herkunft: Vermutlich Mittelmeerraum.

Besondere Merkmale: Unverwechselbar: klein, schmalblättrig, einjährig (zarte Wurzeln).

Naturschutz: Viel seltener als früher geworden, aber noch nicht gefährdet.

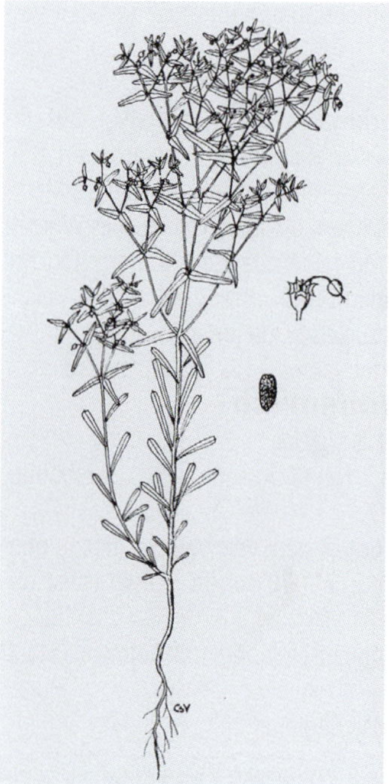

Kleine Wolfsmilch

Sichel-Wolfsmilch

Sichel-Wolfsmilch
Euphorbia falcata

Blüte: Grün, Nektardrüsen grün oder gelblich, zweihörnig; Juni – Oktober.
Wuchs: Aufrecht, 5 – 20 cm.
Lebensform: Sommer-einjährig.
Typ: Anspruchslose Begleiter.

Bedeutung in der Landwirtschaft: Konkurrenzkraft sehr gering (1); immer nur vereinzelt in allen Kulturen.

Ansprüche: Nur in sommerwarmen Gebieten besonders auf schweren, aber zur Austrocknung neigenden Böden (Tiefwurzler); in kühl-feuchterem Klima (z.B. östliches Alpenvorland) Kalkzeiger.
Verbreitung: Ostösterreich.
Häufigkeit: Zerstreut bis selten.
Herkunft: Mittelmeerraum oder Vorderasien.

Besondere Merkmale: Oberste Blättchen eiförmig-dreieckig, oft etwas asymmetrisch, in einer durch den Mittelnerv gebildeten („Sichel"-)Spitze endend (Name).

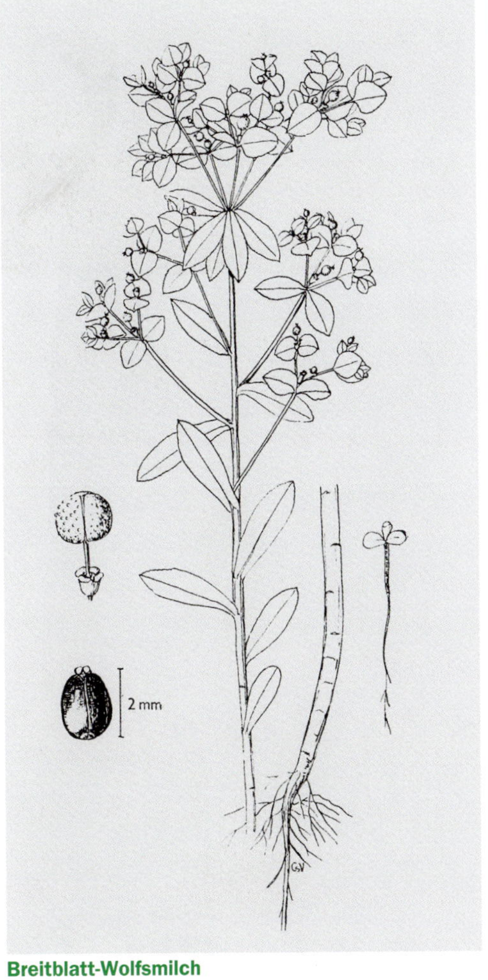

Breitblatt-Wolfsmilch

Esels-Wolfsmilch

Naturschutz: In den letzten Jahrzehnten sehr stark zurückgegangen; in allen Gebieten außerhalb des vom Klima her für die Art optimalen Pannonikums vom Aussterben bedroht.

Eine weitere sommer-einjährige Art ist aus Äckern fast verschwunden, die **Breitblatt-Wolfsmilch** *(E. platyphyllos)*. Früher war sie vor allem in sommerwarmen Lagen auf schweren, nassen Böden häufig. Ihre Merkmale sind warzige Früchte und unterseits behaarte Blätter. Wie die Sonnwend-Wolfsmilch hat sie fein gezähnte Blätter, die aber viel schmäler sind. Außerdem fehlt ihr der baldachinartige Aufbau.

Von den ausdauernden Wolfsmilcharten kann die **Esels-Wolfsmilch** *(E. esula)* mit ihren Wurzelausläufern am ehesten in Äcker hineinkriechen und sich dort mit ihren sehr tiefgehenden Wurzeln vor allem in steinigen Böden trotz Bodenbearbeitung behaupten. Als Unkraut kann man sie aber trotzdem nicht bezeichnen, da sie meist nur vereinzelt auftritt.

Wichtig ist, sich daran zu erinnern, dass alle Wolfsmilch-Arten giftig sind und dass ihr Milchsaft auf Schleimhäuten (Mund, Augen) furchtbar und anhaltend brennt.

Index

E

F

G

H

I/J

K

L

M

N

O

P

Q

R

S

T

U

V

W

X

Z